JN160025

デジタル動画像処理
Digital Image Sequence Processing
―理論と実践―

三池秀敏　古賀和利　［編］
橋本基　山田健仁　百田正広　長篤志　野村厚志　中島一樹　［著］

大学教育出版

はしがき

本書は、12年前の秋に出版を予定し、お蔵入り寸前となっていた「デジタル動画像処理」を復活させ、現代の科学技術の視点でコメントを付加した内容となっています。理論的・技術的内容は、12年の歳月を経て多少陳腐な面もあるものの、当時の学問と技術の普及への各著者の情熱は伝わるのではないかと期待しています。

AI（*Artificial Intelligence*：人工知能）の技術が各分野を席巻しようとしている現代において、多くの注目を引く著書とは言えないまでも、動画像処理の新たな可能性について、また脳の視覚情報処理の視点からも、次世代の技術者の参考になる内容を含んでいると信じています。新たな技術開発のヒントの一つになることを願って、復活版を世に送ります。

20世紀に生まれた科学技術の中で、今なお新たな輝きを放ち続けている研究分野の一つに、コンピュータ・サイエンス（計算機科学）あるいは情報化技術（IT）をあげる事が出来る。前世紀最大の発明ともされる計算機の能力は、1950年代までに完成していた量子力学の応用としての電子工学（エレクトロニックス）の誕生と伴に、飛躍的な発達を遂げてきた。世界初の計算機とも言われる真空管式のENIAC（1946年）は、サイズ1m×3m×30mで30tを越え、150KWを消費するにもかかわらず、5KIPS（1秒間に5,000個の命令を実行）程度の演算能力にすぎなかった。最新のモバイル式ノートパソコンは、1Kgに満たない重量と40W程度の消費電力で、1000MIPS（1秒間に1,000,000,000命令）以上の計算能力と50Gbyte（50,000,000,000byte：1byte=8bit, 1bitは情報量の単位）以上の記憶装置を有している。まさに驚異的と言える。最近では、ウエアラブル（Wearable）コンピュータはもちろん、そのためのファッション・デザインまでも提案されるに至っている。この背景には、シリコン半導体をベースとする大規模集積回路技術（LSI）に代表されるマイクロ・エレクトロニックス技術の驚異的な進歩が有り、メモリやCPU（中央演算装置）など計算機の主役達を進化させて来た。また、その進化は留まるところを知らず、新たな量子コンピュータの実現に向けてナノテクノロジーは着実な一歩を刻み始めている。

一方、計算機の能力の飛躍的な進歩と伴に、科学技術研究のスタイルも大きく変容している。最も基本的なサイエンスである物理学においては、理論物理学と実験物理学が両輪としてその進歩を支えてきた。しかし、研究者一人一人がかつてのスーパーコンピュータの性能を自由に駆使できる現代においては、計算機による数値解析あるいは数値実験が重要な位置を占めるようになっている。特に、1970年代以降に出現した新しい数理物理理論である、カオス、フラクタル、複雑系、さらにはファジイ、ニューラルネットワークそしてウエーブレットなどは、コンピュータ抜きでは生まれえない学問領域である。また、こうしたサイエンスの各分野での新たな知見がフィードバックし、人工生命を始めとする20世紀の情報科学を育てて来た。21世紀はコンピュータ・サイエンスをベースに、脳や心の理解、生命の理解、そして宇宙や素粒子の理解がさらに深まる事が期待される。

従来、専用のハードウエアと特殊な開発環境を必要とした動画像処理も、パソコンレベルで手軽に活用できるようになっている。しかし、科学計測のための動画像処理となると、市販のシステムでは満足できないことが多い。連続画像の標本化における厳密な等時性、画像データの非圧縮性、さらには計測したい画像窓領域や計測時間の自由な設定等が要求されるからである。ただ単に眺めて楽しむことが目的では無く、連続する画像データから運動する物体の速度ベクトルや3次元形状を定量的に計測したいからである。

本書では、大学や企業の研究室レベルでの活用を念頭に、動画像処理の基礎理論を紹介するとともに、科学計測に必要な高精度の計測と解析を可能にするアルゴリズムの実例を紹介する。前身の「パソコンによる動画像処理（1993年出版）」から25年を経たこの「デジタル動画像処理：理論と実践」では、装いを新たに

1）　空間フィルタ法を用いたブラウン運動の動画像処理による粒径計測手法の紹介
2）　空間的不均一や時間変化する照明の下での、オプティカルフロー検出理論
3）　動画像計測処理の生体計測への応用
4）　画素時系列フィルタリングによる動画像強調とその応用
5）　コンピュータグラフィックス（CG）や映像デザインとの係わり
6）　Windows OS、Linux OS、ISA & PCIバスによる連続画像入力システム

などの新しい知見を盛り込んでいる。いずれも、最近の我々の研究グループで開発してきたオリジナルな理論や、1993年に発足した「動画像計測処理研究会」で話題となってきた内容を中心に紹介している。すなわち、本書は動画像処理の基礎理論とその応用に焦点を絞り、画像処理が専門でない研究者にも利用可能なプログラム（WindowsやLinux版）を提供し実用性を持たせるとともに、先端の研究の現状を紹介することで、読者が動画像処理の問題点・可能性・発展性について理解を深められることを目的とする。

なお、本書の構成は、第1章でデジタル動画像データの処理に関する話題や、先端研究の背景を紹介するとともに、画像処理の基礎知識について概説する。2章では、動画像データに格子状のフィルタを重畳して、画像全体の平均速度や速度分布の情報を得る理論を紹介する。3章・4章は、動画像データから速度ベクトル場の情報を高精度で検出する手法（勾配法や相関法）を議論する。5章・6章は、動画像解析理論の応用として、生体情報の

イラスト：Haruka Miike

計測例や最先端の研究への応用例について紹介する。附録（実践編）は、パソコンを用いた動画像の連続入力システムの構成例（附章 A）や、勾配法によるオプティカルフロー解析のプログラム例（附章 B）を紹介する。

著者を代表して　三池秀敏

デジタル動画像処理

―理論と実践―

目　次

第1章　はじめに

デジタル動画像処理に関連する最近の話題や先端研究の背景を紹介するとともに、デジタル動画像処理につながる静止画像処理の基礎知識について概説する。

1．1　序

本書の前進の「パソコンによる動画像処理」[1)] が出版されたのは1993年であった。25年の歳月が流れ、動画像処理の環境は一新した。計算機のハードウエアとソフトウエアの急速な進歩は、画像処理や動画像処理を非常に身近なものとしている。出版をきっかけに、動画像の計測処理とその応用に関する調査研究を行い、動画像計測処理研究会を発足させた（1993年4月）。研究会は、当初コンピュータビジョン系の研究者と科学計測への応用を念頭に置く研究者から構成され、両分野の交流の場ともなってきたが、最近では動画像処理という性格上、コンピュータグラフィックス（以下CGと略す）や映像デザイン分野とのかかわりを持つようになっている。

この節では、本書がカバーする範囲を明確にするとともに、人間の脳（視覚系を含む）の自然認識・理解の機能における、動画像処理の役割を議論する。図1-1は、人間が外界の3次元シーン（画像・映像）を理解する過程のモデルと脳の視覚系を模式的に示してい

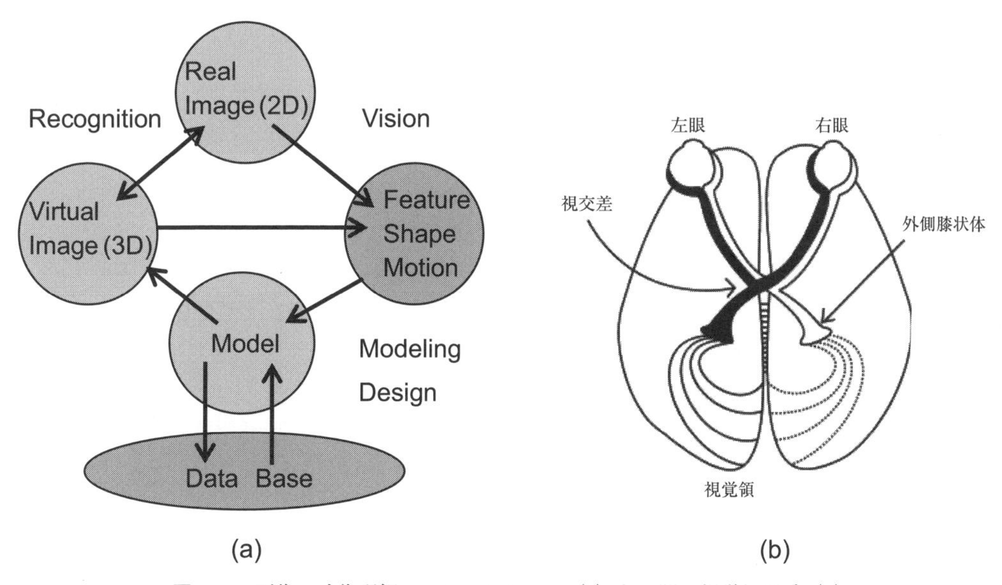

図1-1　画像・映像理解システムのモデル（a）と、脳の視覚処理系（b）

る。現実世界の映像（Real Image）をもとに、視覚はその形状の特徴や運動を多様な手がかりから抽出する。この情報処理過程は、いわゆるビジョン（Vision）の研究分野である。抽出された情報をもとに三次元世界のモデルが作られる。この際、脳はそれまで蓄積してきた知識データベースを駆使するものと考えられる。モデルが出来れば、映像が生成できる。

脳は、自分で作成したモデルに基づき脳内に仮想的な映像を組み上げる。この仮想映像は、現実の映像と比較され、モデルの良否が判定されるものと思われる。この過程はいわゆる認識（Recognition）であろう。こうして、現実の世界から得られる情報を絶えずフィードバックしながら、モデルとデータベースを更新するシステムを脳は自己組織化していると考えられる。物理や化学の世界では、モデルは微分方程式で表現され、計算機の力を借りて画像として可視化される。この場合も、モデルの良否は現象の観測結果と比較され、現実と合わないモデルは棄却・更新される。

個体の誕生以来、脳は視覚、聴覚を中心とする体全体の受容器（五感）から外界の情報を獲得し続ける。この際、現実の世界との接触を介した情報のフィードバックにより評価を受け、個別の事象のモデルを構築するとともに、モデルの改善・整理・統合を通して独自のデータベースシステムを自己組織化しながら成長していく。視覚情報の場合、現実の映像から特徴や運動を抽出し、3次元映像のモデルを形成するとともに、独自のデータベースとの相互作用を経て仮想の3D映像を脳内に生成する。この意味でまさに脳は高度なグラフィックス・マシンである。図1-2は、人間が外界の映像情報を知覚する過程のイメージを模式的に示している。レンズの役割をする水晶体を通して網膜上に結像された映像は、網膜最深部の視細胞外節にある錐体や桿体（センサ部分）で光の信号が電気信号（受容細胞内外の電位差変化）へと変換される。その後、水平細胞、双極細胞およびアマ

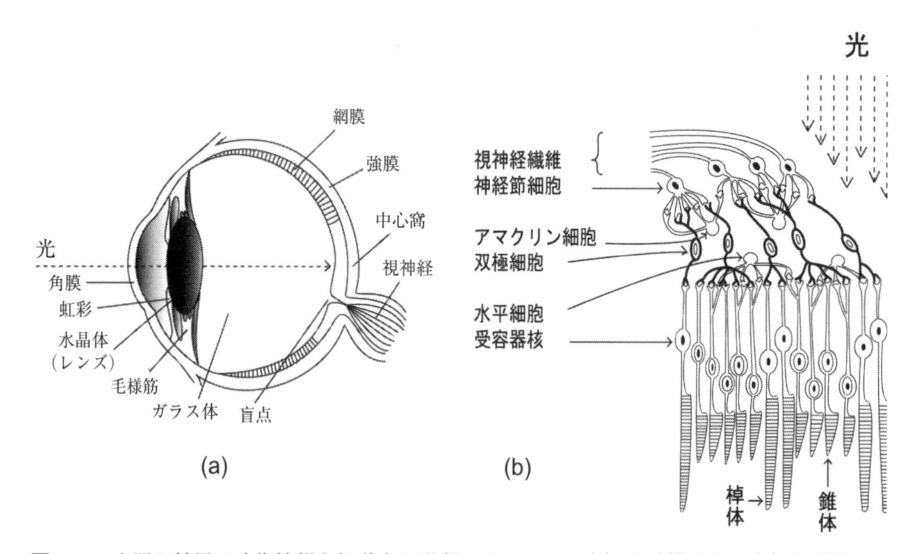

図1-2　人間が外界の映像情報を知覚する過程のイメージ：(a) 眼球構造と、(b) 網膜構造。

クリン細胞でアナログレベルの前処理がなされた後、神経節細胞でアナログ信号からデジタル信号（神経インパルスと言う特殊なデジタル信号）への変換（A/D変換）が行われ、中枢（脳）に信号が伝達される。

引き続き外側膝状体、大脳視覚領野などで、輪郭・形状復元（2Dから3Dへ：初期視覚）、情報統合（領域分割、図地分離：中間視覚）、連想記憶のRDモデル（高次視覚）などが実現されていく[2-5]（図1-1（b）および文献2）など参照）。こうした一連の機能と構造の関連に関する生理学的な知見は、年々積み重ねられているが、機能を実現しているアルゴリズムは容易に理解できない。両眼を通して得られる2枚の2次元映像からの3次元映像のリアルタイムでの再構成や、3次元中を運動する物体からの速度情報の検出や、背後に潜む運動法則の認識などが本書のテーマとする問題である。情報科学としては、生物（特に人間）が実現している視覚情報処理に学び、そのアルゴリズムを理解することは最も重要な課題の1つであり、新技術開発につながる事が期待される。こうした視点からのアプローチは、6章（6.5 非線形科学の画像処理への応用）で紹介している。

一方、動画像処理というとき、一般の方はCGやアニメーションを連想される場合も多い。本書の前身となる「パソコンによる動画像処理」では、こうした問題には一切触れず画像の計測と処理に的を絞った。特に、1）連続画像の入力システム、2）空間フィルタ法による動画像処理、3）オプティカルフローの検出、および4）時空間相関法を中心に議論し、画像中を運動する物体の速度計測を共通のテーマとした。本書では、新たに、空間フィルタ法の応用としてのブラウン運動の動画像解析による粒径計測（2.2.1 動画像処理による空間フィルタ法を用いた粒径計測）、照明の不均一や時間変化のある環境でのオプティカルフロー検出（3.3 一般化勾配法）、CG技術との関わり（6.3 CVとCGとの接点）、そして錯視や視覚印象の問題など認知科学との関わり（6.4 認知科学と映像デザイン）についても言及し、動画像計測処理技術の幅の広がりと応用の可能性についてまとめている。

1．2　動画像処理の背景

画像処理は、一枚の静止画像処理においても扱うデータサイズが大きいことやデータ入出力の高速性の要求などから、従来大掛かりな計算機システムを必要としてきた。特に、人間の視覚と同程度の解像度を持つ超高精細画像（約10000×10000画素以上）を対象とするとき、飛躍的に発達した現在の計算機でも取り扱いに苦労する。デジタルアーカイブは、こうした超高精細の大画面情報を手軽にハンドリング出来る技術の開発を基本とする[6]。また、それほど解像度が高いとは言えないNTSC（National Television System Committee）のビデオ信号[7]を対象とする動画像処理においても、リアルタイム（30Hz）での処理は比較的単純な前処理に限定される。人間の視覚が、両眼からのステレオ動画像情報をもとにリアルタイムでの複雑な認知処理までを実現しているのに比較すると、いまだに大きな隔たりがあると認めざるを得ない。特に人間の視覚では、外界の情報をもとに脳が3次元世界の映像を創生し、その中にリアルタイム処理された情報を逐次組み込んでいき、外界環境の変化の様子を生き生きと映像化する高度のグラフィックス・マシンとして機能している事は驚異的でも有る。人工の視覚の実現を目標とする次世代のコンピュータビジョン（CV）は、映像化技術（コンピュータグラフィックス：CG）と画像処理技術（コンピュータビジョン：CV）との高次元での融合技術の開発を必要とする事が容易に想像できる。

（1）コンピュータビジョン

動画像処理の研究は、1980年代に入って次第に本格化し、1990年代にオプティカルフローの研究を中心に多くのアルゴリズムが提案されてきた[1, 8-10]。1980年代は、人間の視覚機能の実現を目標とする「コンピュータビジョン」の研究が中心であったと言える。テレビカメラで捉えた2次元画像から3次元世界に関する情報（奥行きや物体形状）を取り出すのを一つの目的としていた。当初、3次元世界に対する知識やモデルの設定を前提とする“トップダウン”的な解析法が注目されたが、1980年代以降は知識や経験に関係なく画像中の物理・光学・幾何情報を用いて脳内で情報処理の計算が実行されることで認識が生ずると考える“ボトムアップ”的な解析法が好まれるようになった。この流れは心理学者のGibson[11]に始まり、Ulman[12]やMarr[8]により視覚の計算理論として確立する。動画像処理に関連した代表的な“計算”問題は、オプティカルフロー検出が挙げられる。オプティカルフロー（Optical Flow, Optic Flow）は、動画像中の見かけの速度ベクトル場であり（図1-3参照）、カメラと運動物体の相対運動に伴って出現する画面内の運動から検出する。オプティカルフローは、既知の速度で運動するカメラが捉えた静止世界の奥行き情報の検出（運動立体視）や、連像画像の画像圧縮の基礎技術として重要である。1981年に発表されたHornとSchunckの勾配法（Gradient-based Method）の理論[8]は、動画像の任意の画素における画像輝度（濃淡値：Gray Value）の時間勾配・空間勾配とオプティカルフローの速度ベクトルとを関係付ける基礎式と、標準正則化手法に基づく大域

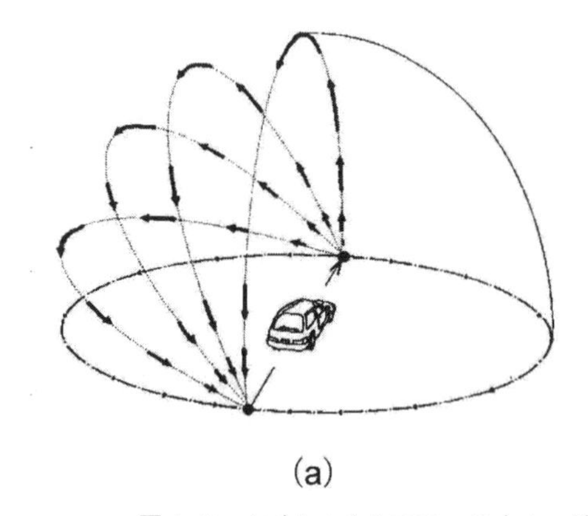
(a)

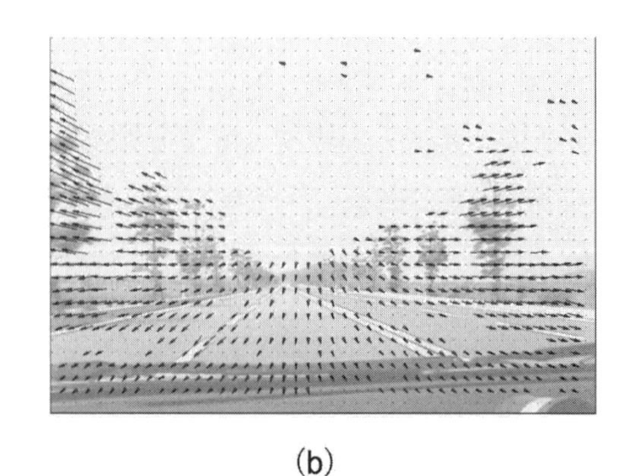
(b)

図1-3　オプティカルフローのイメージ：(a) と勾配法による解析結果 (b)（第3章参照）。

最適化手法を基本とし、その後のオプティカルフローの研究に大きな影響を与えている。また、オプティカルフローの情報から三次元世界を再構築するKanataniの画像幾何学理論[13-16]は世界の研究者の注目を集めてきた。最近のオプティカルフロー研究の流れとその詳細は3章に譲る。

（2）　画像物理計測

画像情報を用いた物理計測の分野は近年急速に進展をみせた研究領域の一つと言える。物理情報を画像化する可視化技術の進展を背景として、二次元あるいは三次元流れ場の速度計測技術の確立は大きな目標の一つとなっている。画像中の粒子の対応付けを基本とする粒子追跡法（PIV：Particle Image Velocimetry）[17]、適当なサイズの空間パターン（テンプレート）の異なる画像間での相互相関解析を基本とするマッチング法（あるいは時空間相関法）[18, 19]、そして勾配法を拡張した手法[20]など多くのアルゴリズムが提案されてきた。

動画像のサンプリング周波数が十分でない場合、画像中に速度（pixels/frame）の大きなオプティカルフローが含まれる。この場合、PIVや時空間相関法が好んで用いられる。ただ、照明の時間・空間的不均一がある場合には、対応付けの誤りを生み易く過誤のオプティカルフローが検出される。こうした画像に対応するためには、照明の不均一をモデル化した一般化勾配法が有効である[20]（3章参照）。ただし、一般に勾配法は検出可能なオプティカルフローの速度が大きい場合には不向きである。階層化処理や前処理としての動画像の平滑化処理が不可欠となる。こうした手法の発達を基礎として、科学計測に耐えうる動画像計測処理手法の確立が可能と考えている。科学計測では計測精度の確保が不可欠である。一定の条件が満たされた場合に、一定の精度が保証されないと科学計測法として利用するには不十分である。この意味では、動画像からの速度検出には、十分なサンプリング周波数が確保されることが前提となる。気象数値予測の初期条件となる、気象衛星雲画像からの風ベクトルの推定問題などではこの点がネックとなっていた。気象衛星「ひまわり6号」からは、サンプリング周期が30分毎となり改善されているが、台風時などの気象予測には最低10分毎のデータ提供が必要になる*（コメント：2015年8月からは、ひまわり8号が提供する2分30秒ごとの高頻度観測画像が気象庁のHP（http://www.jma.go.jp/jp/gms/）に掲載されるようになり、改めてオプティカルフロー解析手法の応用が期待される）*。

本書では、科学計測のための「動画像処理理論」として

1）　動画像処理による空間フィルタ法を用いた、ブラウン運動粒子の粒径計測（2章）
2）　照明の時間・空間的不均一のある動画像からのオプティカルフロー検出（3章）
3）　画像中の動きの情報を強調する画素時系列フィルタリング（6章）
4）　相関法・マッチング法による速度計測（4章）
5）　動画像処理の生体計測への応用例（5章）

などを新たに取り上げている。

1．3　動画像処理の基礎

本節では、動画像処理の基本となる事項について簡単にまとめておくことにする。すなわち、（1）デジタル動画像の入力に必要な標本化・量子化、および（2）デジタル画像処理の基礎（フィルタリング、画像変換）について概説する。

（1）デジタル動画像の入力（標本化、量子化）

動画像を数学的に扱う前に、少し頭の中を整理しておこう。信号処理では、時間変化する情報（例えば株価や通貨の変動、気温・気圧の変化など）を対象とする。一定時間毎の物理量の変化をデータとして観測し、その変化の特徴から未来の値を予測する事は頻繁に行われている事である。連続的に変化する時系列信号 $g(t)$ から、一定時間 Δt ごとにデータを標本化（sampling）して、離散的で有限なデータ系列 $g(i\Delta t)$ を得ることで計算機でのデータ処理が可能となる。このとき、どの位の間隔でデータを標本化するかがポイントとなる。「標本化定理」[21] の教えるところでは、信号中に含まれる最大の時間周波数成分 $f^{\max}$ がその標本化間隔 Δt を決定する。すなわち、標本化周波数 $f_S\left(=\dfrac{1}{\Delta t}\right)$ は、$f_S \geq 2f^{\max}$ を満たす事が求められる。この状況は空間的に変化する信号を標本化する場合でも事情は同じである。いま、x 方向に濃淡値が変化する一次元の画像信号 $g(x)$ を考えてみよう。この場合は横軸が空間の x 軸で、縦軸は濃淡値（あるいは輝度値）$g(x)$ である（図1-4参照：時間信号 $g(t)$ では横軸時間 t、縦軸変化量 $g(t)$ となる）。このときは、空間的な標本化の間隔 Δx の選択に注意を要する。すなわち、標本化定理（附録A1参照）は

$$f_{Sx} \geq 2f_x^{\max} \tag{1.1}$$

を要求する。ここに $f_{Sx}=\dfrac{1}{\Delta x}$ は空間的標本化周波数であり、$f_x^{\max}(=\omega_{Cx}/2\pi)$ は画像信号中に含まれる最高空間周波数である。こうして得られたサンプル値系列 $g(i\Delta x)$ は、次式により連続的な一次元画像 $g(x)$ に再構成できる。なお、以下では空間周波数 f_x の代わりに空間角周波数 $\omega_x=2\pi f_x$ を用いている。

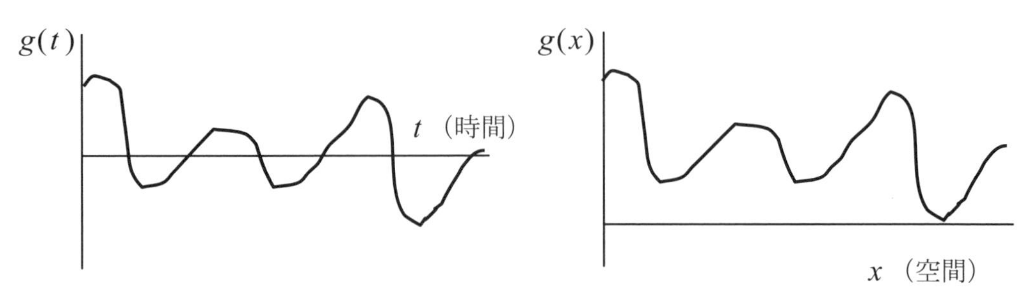

図1-4　時間信号 $g(t)$ と一次元画像信号 $g(x)$。$g(x)$ は負値をとらないことに注意。

$$g(x)=\sum_{i=-\infty}^{\infty} g(i\Delta x)\frac{\sin\omega_{Cx}(x-i\Delta x)}{\omega_{Cx}(x-i\Delta x)} \tag{1.2}$$

一方、動画像は、空間2次元の画像データを一定時間間隔で集積して構成される3次元データと言える。3次元コンピュータグラフィックス（3DGG）は、3次元空間の映像データを2次元平面に透視投影して得られる画像の時間変化（映像）であり、代表的な動画像の一つとなっている。コンピュータで扱える動画像は、空間的・時間的に一定間隔で標本化され、その離散的な各点での濃淡値や色も有限階調に量子化されている。アナログ動画像を表現する関数を $g(x, y, t)$ と表現すると、デジタル動画像 $g(i\Delta x, j\Delta y, k\Delta t)$ との関係は、時空間の標本化定理により [22, 23]

$$g(x,y,t)=\sum_{i=-\infty}^{\infty}\sum_{j=-\infty}^{\infty}\sum_{k=-\infty}^{\infty} g(i\Delta x, j\Delta y, k\Delta t)\frac{\sin\omega_{Cx}(x-i\Delta x)}{\omega_{Cx}(x-i\Delta x)}\frac{\sin\omega_{Cy}(y-j\Delta y)}{\omega_{Cy}(y-j\Delta y)}\frac{\sin\omega_{C}(t-k\Delta t)}{\omega_{C}(t-k\Delta t)} \tag{1.3}$$

で表現される。この場合、空間的に離散化された有限領域 $\Delta s=\Delta x\times\Delta y$ は画素（Picture cell: pixel（ピクセル））あるいは絵素（Picture element: pel）と呼ばれる。ここで、空間座標はピクセル位置番号 (i, j) で表現され、Δx, Δy は空間的な標本化周期（波長）、$\omega_{Cx}=2\pi f_x^{\max}$ および $\omega_{Cy}=2\pi f_y^{\max}$ はそれぞれ x 方向および y 方向の信号の最大空間波数（空間角周波数）をあらわす。また、時間座標はフレーム（frame）番号 k で表現され、Δt は時間的な標本化周期、$\omega_C=2\pi f_t^{\max}$ は時間方向の信号の最大角周波数をあらわす。なお、NTSC ビデオ信号の場合、1つのフレームは奇数フィールド（Odd field）と偶数フィールド（Even field）の二フィールドからなる。二フィールド間の時間的なずれ（約16.6ms）を考慮し、この本では動画像の最大画素サイズを256×256(pixels)、最大標本化周波数を30(Hz) とする。

式（1.1）により、連続な画像関数 $g(x, y, t)$ が離散的なデジタル動画像 $g(i\Delta x, j\Delta y, k\Delta t)$ から復元できるためには、元の動画像が標本化定理のいくつかの条件を満たしている必要がある。それらは、

1）　動画中に含まれる時間・空間信号の最大周波数 $(f_x^{\max}, f_y^{\max}, f_t^{\max})$ が設定されている、

2）　時間・空間信号の標本化が標本化定理に従って行われている、

などである。ここで、2）の条件は次式のように表せる。

$$\omega_{Sx}/2\pi \geq 2f_x^{\max},\ \omega_{Sy}/2\pi \geq 2f_y^{\max},\ \omega_S/2\pi \geq 2f_t^{\max} \tag{1.4}$$

式（1.4）の条件が満たされない場合、いわゆるアンダーサンプリングとなりエリアシング誤差（折り返し誤差）を生む。これを防ぐため、一次元時間信号の標本化の場合にはアンチエイリアス・フィルター（一種のローパスフィルタ）がサンプリング回路の前に挿入される。しかし、ビデオ信号の場合は時間軸だけの標本化ではなく空間軸（x-y2次元）の標本化を併せて実行する必要がある。こうした映像信号の標本化の場合、厳密な意味で

のアンチエイリアス・フィルターの挿入は困難に思える。この対策として、TV カメラ撮影時にソフト的に対処出来る事として

1)　シャッター速度の適切な選択（時間軸の標本化に関係）、

2)　レンズピントのアウトフォーカスの調整（空間軸の標本化に関係）、

などがあげられよう。また実際には、画像の1画素の濃淡レベルを決定するテレビカメラの CCD（Charge Coupled Devices）センサは、ある一点の濃淡値を観測するのではない事にも注意すべきであろう。センサは有限の大きさを持ち、その領域の濃淡値の総和（あるいは平均値）を出力している。この意味では、空間的なローパスフィルタの役割を果たしているとも言えよう。進化した最近の CCD では、センサ形状・配列のハニカム構造が採用され、2種類のサイズの異なる光センサの採用により濃淡のダイナミックレンジの広がり（14 ビット）や空間分解能の改善（1230 万画素以上）が進んでいる。

動画像データのコンピュータへの入力は、時間・空間的な離散化（標本化）と同時に濃淡値の軸の量子化も必要とする。通常、モノクロ画像では濃淡値の段階を 256 段階（8 ビット）で表現する場合が多いが、科学計測用では 10 ～ 14 ビットで表現される。また、カラー画像では光の三原色に対応して、R（赤色）、G（緑色）、B（青色）の各々を8ビット 256 階調で表現する（全体で 24 ビット、約 1678 万色）。量子化は濃淡値の軸（いわば縦軸）の離散化であり、近似的に実現される。アナログ値で表現される真値を、8ビットであれば 256 段階のいずれかに当てはめ、最終的に計算機で取り扱える2進数での表現（デジタル値）に還元する。この意味で必ず真値とデジタル値には誤差（まるめ誤差）があり、量子化誤差と呼ばれる。以上のように、連続する画像や映像を計算機で取り扱うには、時間軸と空間軸上において一定間隔で切り出して（標本化）、その点での濃淡値を量子化する必要がある。この意味で、動画像処理技術は大量のデジタルデータの取り扱いを基本とし、計算機の能力が急速に高まってきた今世紀の情報科学技術を背景に、今後発展する可能性を秘めた分野であると言えよう。

（2）デジタル画像処理の基礎

(a)　デジタルフィルタリング（線形・非線形）

ここでは、デジタル静止画像 $g(i\Delta x, j\Delta y)$ を対象に、画像の空間フィルタリング処理を行う場合について述べることにする。デジタル演算でのフィルタリング処理は、実空間での処理とフーリエ空間での処理に分類できるが、ここではまず実空間での線形フィルタリングを中心に解説する。線形フィルタは次のように定義される[24, 25]。

$$\tilde{g}(i\Delta x, j\Delta y)=\frac{1}{\delta}\sum_{l=1}^{n}\sum_{k=1}^{m}a_{k,l}\times g\left(\left(i+k-\frac{m+1}{2}\right)\Delta x,\ \left(j+l-\frac{n+1}{2}\right)\Delta y\right) \tag{1.5}$$

ここで、$\{a_{i,j}\}$ はフィルタの重み係数であり、係数行列（図 1-5 参照）の形で与えられる。空間フィルタ（$m\times n$ 矩形領域）を作用させて得られる変換画 $\tilde{g}(i\Delta x, j\Delta y)$ は、原画像 $g(i\Delta x, j\Delta y)$ のデジタル処理画像となる。例えば、$m=n=3$として、図1-6に示すようなロー

$$\begin{bmatrix}1&1&1\\1&1&1\\1&1&1\end{bmatrix}\quad\begin{bmatrix}-1&0&1\\-2&0&2\\-1&0&1\end{bmatrix}\quad\begin{bmatrix}-1&-2&-1\\0&0&0\\1&2&1\end{bmatrix}$$

(a) 平滑化　(b) 水平微分　(b') 垂直微分

a 11	a21	a31	・	am1
a 12	a22	a32	・	am2
a 13	a23	a33	・	am3
・	・	・	・	・
a 1n	a2n	a3n	・	amn

図1-5　係数マトリックス

$$\begin{bmatrix}0&1&0\\1&-4&1\\0&1&0\end{bmatrix}\quad\begin{bmatrix}0&1&0\\1&-5&1\\0&1&0\end{bmatrix}$$

(c) ∇^2　(d) エッジ強調

図1-6　各種線形フィルタ

パスフィルタ（図中（a））、空間微分フィルタ（図中（b）、（b′））、2次微分フィルタ（図中（c））、エッジ強調フィルタ（図中（d））などの機能を持つ線形フィルタを近似的に実現する事が出来る。このとき注意したいのは、実空間でのフィルタリングはあくまで近似的なものであるという事である。図1-6（a）の空間領域の平滑フィルタは、フーリエ領域のローパスフィルタとは厳密には異なる。また、微分フィルタも、デジタル演算ではあくまで差分であり、近似的な実現である事を意識すべきである。

また、線形フィルタを通すことによって、出力画像の平均の明るさレベルが変化する。このときの、フィルタのゲイン δ は次のように与えられる。

$$\delta = \sum_{j=1}^{n}\sum_{i=1}^{m} a_{i,j} \tag{1.6}$$

式（1.5）中の $1/\delta$ は変換画像と原画像の明るさのレベルを調整するファクターである。なお、微分フィルターのゲインはゼロであり、微分フィルタを通して得られる変換画像は一般に負値を含むことを、画像表示の際に考慮する必要がある。ただし微分演算のときは、式（1.5）中で $\delta=1$ として演算するものとする。ところで、エッジ強調フィルタは図1-7のような2つの別々のフィルタを通した画像の加算（減算）として理解出来る。すなわち、フィルタ演算の線形性（式（1.5）参照）により、

$$\begin{bmatrix}0&0&0\\0&1&0\\0&0&0\end{bmatrix} - \begin{bmatrix}0&1&0\\1&-4&1\\0&1&0\end{bmatrix} = \begin{bmatrix}0&-1&0\\-1&5&-1\\0&-1&0\end{bmatrix}$$

$\{a_{i,j}\}$　$\{b_{i,j}\}$　$\{c_{i,j}\}$

図1-7　線形フィルタの加算（減算）：$\{a_{i,j}\} - \{b_{i,j}\} = \{c_{i,j}\}$

$$c_{i,j}=a_{i,j}\pm b_{i,j} \tag{1.7}$$

が成り立つ（フィルタの加算・減算）。図1-7は、原画像のまま何の変換もしない素通しフィルタ $\{a_{i,j}\}$ から2次微分演算フィルタ $\{b_{i,j}\}$ を差し引くことで、エッジ強調フィルタ $\{c_{i,j}\}$ が実現できることを示している。

一方、種類の異なる（あるいは同種の）空間フィルタ（$\{a_{i,j}\}$ と $\{b_{i,j}\}$）を続けて通す事によって得られる画像 $h(i\Delta x, j\Delta y)$ は、次のような1つのフィルタ $\{c_{i,j}\}$ を通して得られる画像と等価である（フィルタの積）。すなわち、

$$c_{i,j}=\sum_{q=1}^{n}\sum_{p=1}^{m}b_{p,q}\times a_{i-p+1,j-q+1} \tag{1.8}$$

元のフィルタ $\{a_{i,j}\}$、$\{b_{i,j}\}$ のサイズを $m\times n$ と $p\times q$ とすると、フィルタの積によって出来る新しいフィルタ $\{c_{i,j}\}$ のサイズは $\{m+p-1\}\times\{n+q-1\}$ となり、ゲインは元の2つのフィルタのゲインの積（$\delta_c=\delta_a\times\delta_b$）となる。具体例を図1-8に示している。図中（a）は x 方向および y 方向の一次微分フィルタを、2回ずつ通すことで、2次微分フィルタ（∇^2: Laplacian）が得られることを示している。また、図中（b）は、近似的なガウスフィルタと2次微分フィルタを続けて通すことで、∇^2G フィルタ（Laplacian Gaussian operator）を近似的に実現している。ガウスフィルタは重みつき平滑化フィルタの一種で、次式のように定義される。

$$G(x,y)=\exp\{-(x^2+y^2)/2\pi\sigma^2\} \tag{1.9}$$

σ^2 は分散である。また、2次元の空間2次微分演算子 ∇^2 は以下のように定義される。

$$\nabla^2=\left(\frac{\partial^2}{\partial x^2}+\frac{\partial^2}{\partial y^2}\right) \tag{1.10}$$

∇^2G フィルタにより雑音を強調し過ぎることなく、輪郭を抽出できる[8]。このフィルタ

$$\nabla^2=\begin{bmatrix}-1&0\\1&0\end{bmatrix}\times\begin{bmatrix}0&-1\\0&1\end{bmatrix}+\begin{bmatrix}-1&1\\0&0\end{bmatrix}\times\begin{bmatrix}0&0\\-1&1\end{bmatrix}=\begin{bmatrix}0&1&0\\0&-2&0\\0&1&0\end{bmatrix}+\begin{bmatrix}0&0&0\\1&-2&1\\0&0&0\end{bmatrix}=\begin{bmatrix}0&1&0\\1&-4&1\\0&1&0\end{bmatrix}$$

(a) Laplacianフィルタ

$$\nabla^2G=\begin{bmatrix}0&1&0\\1&-4&1\\0&1&0\end{bmatrix}\times\begin{bmatrix}1&2&1\\2&4&2\\1&2&1\end{bmatrix}=\begin{bmatrix}0&1&2&1&0\\1&0&-2&0&1\\2&-2&-8&-2&2\\1&0&-2&0&1\\0&1&2&1&0\end{bmatrix}$$

(b)　∇^2G フィルタ

図1-8　フィルタの積：Laplacianフィルタ（a）と ∇^2G フィルタ（b）の例

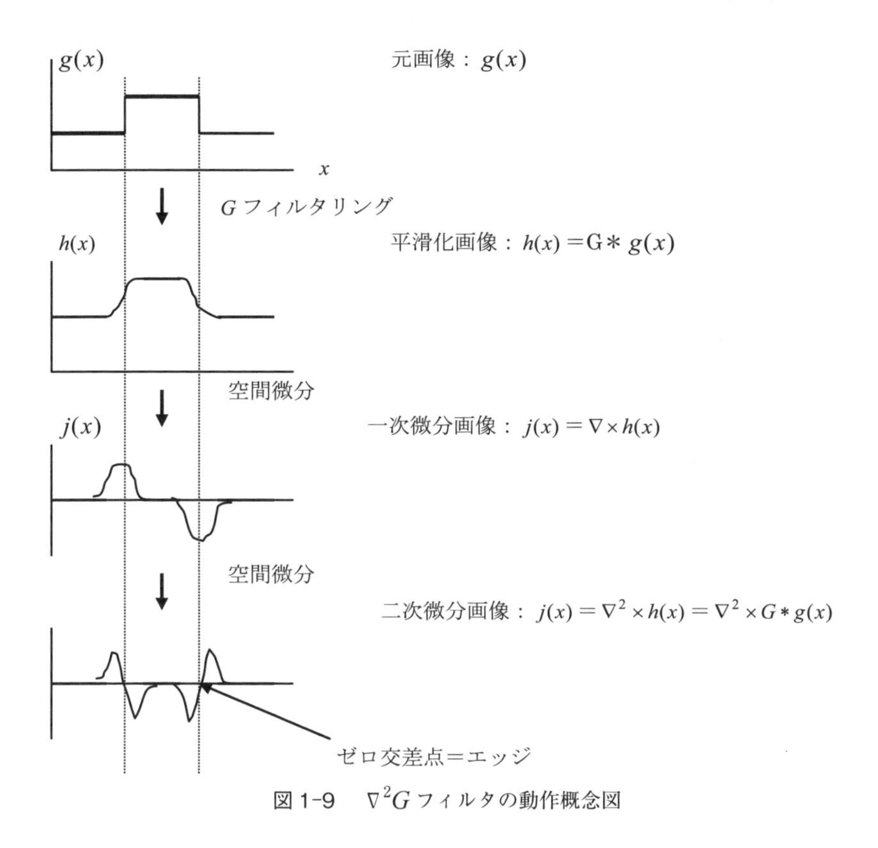

図 1-9　$\nabla^2 G$ フィルタの動作概念図

を通した後、ゼロ交差点（zero crossing point）をエッジの位置として検出する。図 1-9 はこの様子を、一次元画像の場合について、模式的に表している。なお、$\nabla^2 G$ フィルタは DOG（Difference of Gaussian）フィルタとほぼ等価なフィルタとしても知られている[24]。詳細は 6 章（6.5）に譲る。図 1-10 は、元画像（1.10a：3 物体）に代表的なデジタルフィルタ（式（1.5）参照）を通した後の処理結果例を示している。各処理画像は、単純な平滑化（1.10b)、水平方向の微分（1.10c)、2 次空間微分（1.10d)、輪郭強調（1.10e）そして $\nabla^2 G$ フィルタを通したものとなっている。線形のデジタルフィルタリングが画像にどのような変換を与えるかを直感的に理解することが出来る。

非線形のデジタルフィルタとしては、雑音対策を施したエッジ検出が可能なパーセンタイルフィルタや、エッジのボケを防ぎながら画像の平滑化が可能な中央値（median）フィルタなどが良く知られている[2]。中央値フィルタは、フィルタのサイズを $m \times n$ としたとき、画素の濃淡値を大きい順（あるいは小さい順）に並べて、中央の順位のデータを採用する。例えば、$m=n=3$ の中央値フィルタであれば、9 個のデータ中 5 番目の値を採用し、マスクの位置を変えて各画素を中心とする近接画素 9 個の濃淡情報により変換を順次繰返して行く。この結果、画像中のゴマ塩ノイズなどが効果的に除去できる。

(b)　画像の変換（濃淡値の変換）

画像の変換は、大別して濃淡値（強度軸・縦軸）の情報を変換する処理と、空間座標

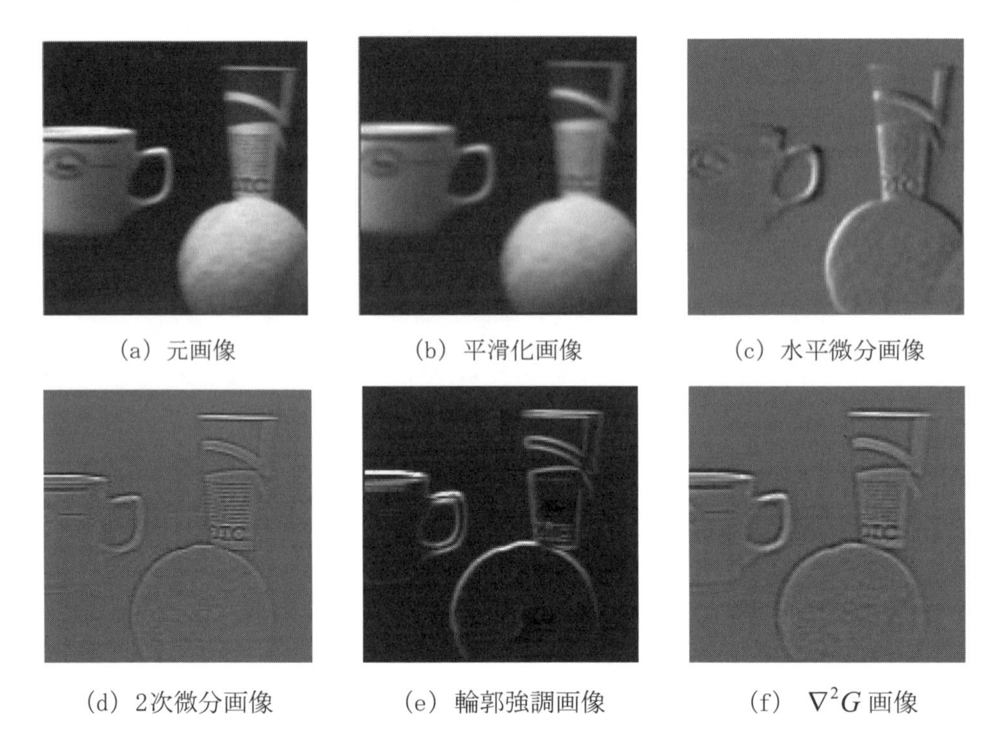

(a) 元画像　(b) 平滑化画像　(c) 水平微分画像

(d) 2次微分画像　(e) 輪郭強調画像　(f) $\nabla^2 G$ 画像

図1-10　画像の線形デジタルフィルタリングの効果：各画像は、各々（b）が図1-5（a）、（c）が図1-5（b）、（d）が図1-5（c）、および（f）が図1-8（b）のフィルタに対応する。（e）は $(\partial/\partial x)^2+(\partial/\partial y)^2$ のフィルタを通して輪郭を強調した結果である。

軸（横軸）の情報を変換する処理に分類される[23)]。前者の処理としては、1）γ 補正、2）対数変換、3）AGC（Automatic gain control）、4）ヒストグラム・イコライゼーション（Histogram equalization）、などが知られている[24)]。γ 補正は、テレビカメラなどの撮像装置に入力される光量 $I(x, y)$ と出力される画像濃淡値 $g(x, y)$ との間に

$$g(x, y)=\{I(x, y)\}^{\gamma} \tag{1.11}$$

の特性がある場合を想定する。冪指数 γ は γ 値と呼ばれ、撮像装置などの特性でハード的に決められている事が多いが、選択できる場合もある。特に、物理計測では線形性（$\gamma=1$）が重視され、監視カメラなどの用途（ロボットビジョン含む）ではダイナミックレンジの確保から $\gamma=0.6$ などが選ばれる。対数変換は、透過像の画像計測において不可欠な手法である。物質の密度や濃度の情報が、log（入射光強度／透過光強度）に比例することを考慮して、カメラの出力をログアンプを介してコンピュータに接続し、変換された画像を処理することを前提とする[23)]。AGC やヒストグラム・イコラーゼーションは、画像濃淡値のヒストグラムに基づき、量子化された濃淡値情報の偏りを防ぐ手法であるが、この詳細も章末の文献（22）に譲る。

（c）　画像の変換（座標軸の変換）

一方、座標軸の変換としては、アフィン変換やフーリエ変換が知られている。アフィン

変換は画像の回転、拡大、縮小、平行移動を可能にする線形変換である。元画像を $g(X, Y)$、変換して得られる画像を $f(x, y)$ とするとその座標変換は[2)]、

$$\begin{bmatrix} x \\ y \end{bmatrix} = \begin{bmatrix} \cos\theta & -\sin\theta \\ \sin\theta & \cos\theta \end{bmatrix} \begin{bmatrix} \alpha & 0 \\ 0 & \beta \end{bmatrix} \begin{bmatrix} X \\ Y \end{bmatrix} + \begin{bmatrix} x_0 \\ y_0 \end{bmatrix} \tag{1.12}$$

で与えられる。右辺の第一項は角度 θ の回転、第二項は拡大縮小（x 方向 α 倍、y 方向 β 倍）を示し、最後の項は並進移動成分を表す。この変換を利用して線形幾何歪の解消や、静止画像一枚からの擬似的なシミュレーション動画像の生成が可能である。この詳細も、画像処理の標準的な図書の詳細な記述に譲る（章末の文献（1）など）。

また、画像の2次元フーリエ変換は、スペクトル領域でのフィルタリング、画像圧縮技術への応用、画像パターンの特徴抽出など多様な処理アルゴリズムの基礎となっている[2)]。

2次元アナログ画像 $g(x, y)$ のフーリエ変換（複素）スペクトル $G(\omega_x, \omega_y)$ は、

$$G(\omega_x, \omega_y) = \int_{-\infty}^{\infty}\int_{-\infty}^{\infty} g(x, y)\exp[-j(\omega_x x + \omega_y y)]\,dxdy \tag{1.13}$$

で与えられる。ここで j は虚数単位を表す。$G(\omega_x, \omega_y)$ は一般に複素関数であり、実関数 $A(\omega_x, \omega_y)$、$B(\omega_x, \omega_y)$ を用い

$$G(\omega_x, \omega_y) = A(\omega_x, \omega_y) + jB(\omega_x, \omega_y) = |G(\omega_x, \omega_y)| \times \exp[j\theta(\omega_x, \omega_y)] \tag{1.14}$$

と表現できる。ここで、$|G(\omega_x, \omega_y)|$ はスペクトルの絶対値、$\theta(\omega_x, \omega_y)$ は位相を示す。一枚の画像 $g(x, y)$ はフーリエ変換後、実部 $A(\omega_x, \omega_y)$ と虚部 $B(\omega_x, \omega_y)$ からなる二枚のスペクトル画像となる。一見情報が増えているように見えるが、実部は偶関数（原点に関し対称）、虚部は奇関数（原点に対し反対称）であるから独立な情報量は変化していない。この2枚の画像は正値だけでなく負値もとるので、画像表示の時に中間の濃淡階調を0値とするなどの工夫を要する。また、画像のローパス・フィルタリングなど、情報量をスペクトル空間で加工したいときは、実部と虚部のスペクトルに帯域制限などをかけるフィルタリング演算（矩形フィルタなどの掛け算）を施して新たなスペクトルを $\tilde{A}(\omega_x, \omega_y)$、$\tilde{B}(\omega_x, \omega_y)$ を得る。すなわち、

$$\tilde{A}(\omega_x, \omega_y) = A(\omega_x, \omega_y) \times h(\omega_x, \omega_y) \tag{1.15}$$

$$\tilde{B}(\omega_x, \omega_y) = B(\omega_x, \omega_y) \times h(\omega_x, \omega_y) \tag{1.16}$$

であり、$h(\omega_x, \omega_y)$ はフィルタの特性をあらわす。この2つのスペクトルを用いて、フィルタリング処理した新たな画像 $\tilde{g}(x, y)$ を得るには、以下のフーリエ逆変換を実行する。

$$\tilde{g}(x, y) = \frac{1}{2\pi}\int_{-\infty}^{\infty}\int_{-\infty}^{\infty} (\tilde{A} + j\tilde{B})\exp[+j(\omega_x x + \omega_y y)]\,d\omega_x d\omega_y \tag{1.17}$$

ここでの表現は、全て画像データが無限に存在するフーリエ変換を用いているが、実際に計算機で取り扱う場合には全て離散フーリエ変換（DFT：Discrete Fourier Transform）

となる。すなわち、離散フーリエ変換（DFT）と離散フーリエ逆変換（IDFT：inverse DFT）は、

$$G(k\Delta\omega_x, l\Delta\omega_y) = \sum_{m=0}^{M-1}\sum_{n=0}^{N-1} g(m\Delta x, n\Delta y)\exp[-j(mk\Delta x\Delta\omega_x + nl\Delta y\Delta\omega_y)] \tag{1.18}$$

$$g(m\Delta x, n\Delta y) = \frac{1}{2\pi MN}\sum_{k=0}^{M-1}\sum_{l=0}^{N-1} G(k\Delta\omega_x, l\Delta\omega_y)\exp[+j(mk\Delta x\Delta\omega_x + nl\Delta y\Delta\omega_y)] \tag{1.19}$$

で与えられる。ただし、M, N は画像のサイズを表し k=0, 1, 2, …, $M-1$, l=0, 1, 2…, $N-1$, m=0, 1, 2, …, $M-1$, n=0, 1, 2…, $N-1$ である。ここで、$\Delta\omega_x = \frac{2\pi}{M\Delta x}, \Delta\omega_y = \frac{2\pi}{N\Delta y}$ は空間角周波数の標本間隔である。

以上述べてきたように、画像情報のフィルタリング処理は、実空間でのデジタルフィルタ処理とスペクトル空間でのフィルタリングに分けられる。実空間でのデジタルフィルタ処理は、演算負荷が小さいという特徴があるが、近似的な処理である。一方、フーリエ変換を利用したフィルタリングは、より厳密なフィルタの設計を可能にするが、その反面、演算負荷が大きくなってくる。この2つのアプローチの関係を図示すると、図1-11のように表すことが出来よう。実空間での処理は、画像関数とフィルタ関数の畳み込み積分で表現される。また、スペクトル領域では、元画像をフーリエ変換（FT）して求めた複素スペクトルにフィルタ特性を掛け算することで変換スペクトルが得られる。ただし、実空間の画像に戻すには、逆フーリエ変換（IFT）が再度必要である。

一方、元画像のパワスペクトル画像 $P(\omega_x, \omega_y)$ は、

$$P(\omega_x, \omega_y) = A(\omega_x, \omega_y)^2 + B(\omega_x, \omega_y)^2 \tag{1.20}$$

で与えられる。パワスペクトルは、(1.13) 式で表される複素スペクトルの絶対値の2乗（$P=|G|^2$）であり（全て正値）、偶関数である。このため、元の複素スペクトル $G(\omega_x, \omega_y)$

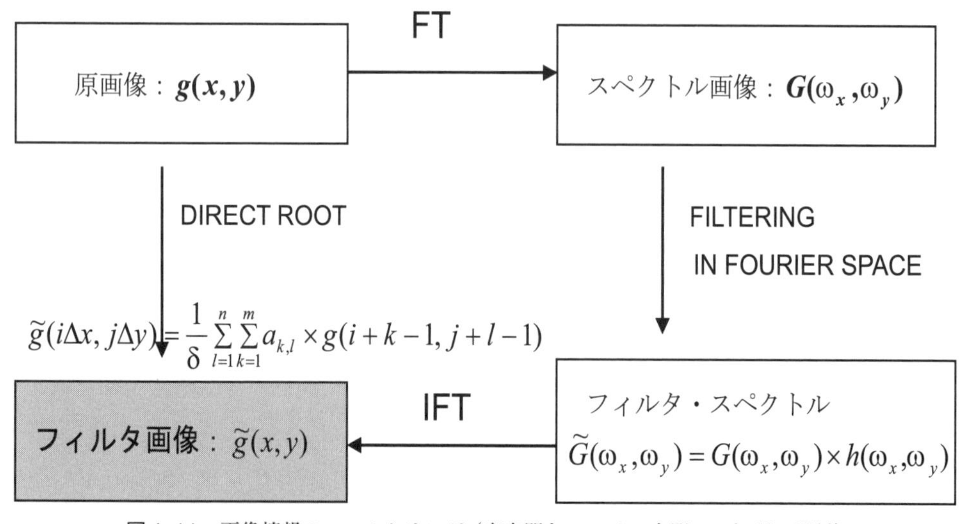

図1-11　画像情報のフィルタリング（実空間とフーリエ空間での処理の関係）

と比較した時、情報量は半減しており、残りの情報はスペクトルの位相θ（ω_x, ω_y）に含まれている。フーリエ変換したスペクトル空間で画像情報の特徴を可視化するのは有用であり、いつも正値をとるパワスペクトルを用いて表現する事が多い。図1-12は、元画像とそのパワスペクトル画像の例を示している。実空間での縦縞（x方向の周期性）は、スペクトル空間では横軸（x軸）上に並んだパワスペクトルの周期的なピークとなって表れている。また、実空間で緩やかに変化するパターンは、スペクトル空間では空間角周波数が小さなスペクトル画像の中心付近に集中していることが確認できる。画像圧縮技術では、こうしたスペクトル空間での画像情報の集中性を利用して効率的な圧縮が可能なように設計されているものもある。なお、図ではわざと原画像$g(x, y)$と、2次元フーリエ変換した後のパワスペクトル画像$P(\omega_x, \omega_y)$の対応がずらしてある。解答は図中に示してあるので、各自確認されたい。

(d)　実践的な画像処理（レタッチ＆加工）

実践的な画像処理では、自分でプログラムを組んで画像変換や加工をする例は、研究目的以外ではむしろ稀であろう。ここではフリーのソフトウエアを利用した画像処理の例を示すことで、読者が簡単な画像の加工やレタッチに触れられることを推奨する。携帯やデジカメで撮影したオリジナルなデジタル画像から多様な効果を容易に付加することが出来、デジタルコンテンツの制作が話題となっている今日の社会ニーズや自分のホームページデザインに利用できる。インターネットが普及した21世紀の現在では、ネット上にある知的財産を共有し、文化の発信に役立てることが容易になりつつある。

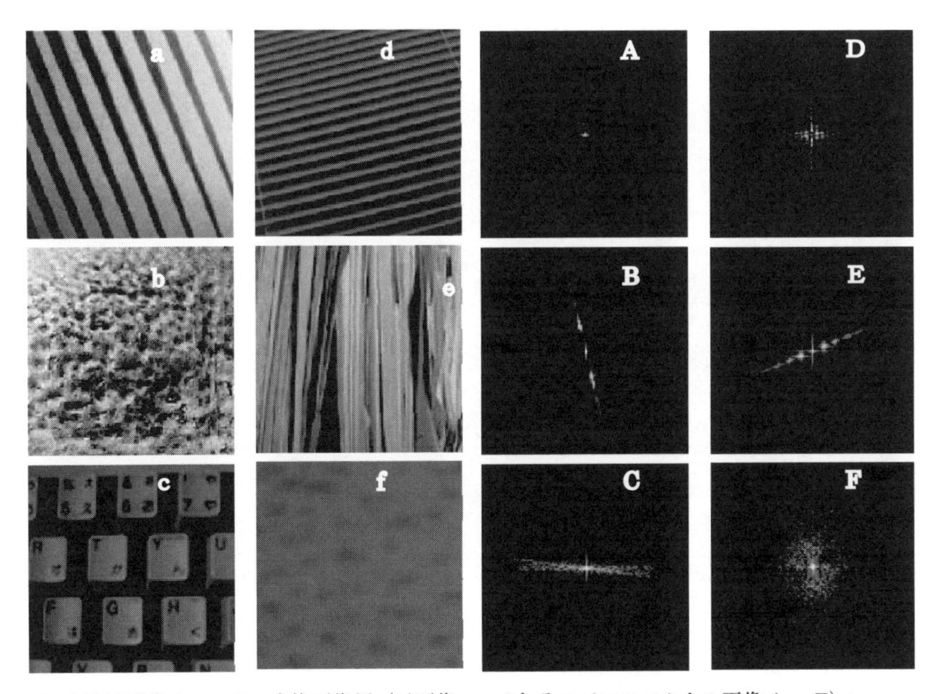

図1-12　2次元画像のフーリエ変換画像例（元画像a～fとそのパワスペクトル画像A～F）：左側の二列の図が元画像、右側の二列の図がフーリエ変換して求めたパワスペクトル画像を示す（中心が波数0の直流成分）。対応は（a-E, b-F, c-D, d-B, e-C, f-A）である。

図1-13（a.－c.）は元画像とこれをフリーのソフト（JTrim[26]）で加工したものである。ソフトの解説書を読まなくても簡単な操作で必要な加工や画像ファイルのフォーマット変換が出来る。また、ペイント系ソフト（Windowsのペイントや窓の杜のフリーソフト[26]）とアニメーション支援ソフト（AVIMakerなど[27]）を組み合わせれば、自作のアニメーション（動画像）を楽しむことも出来る。

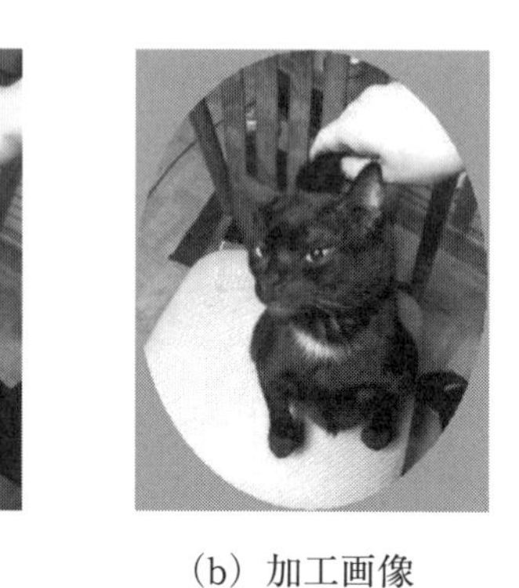

（a）元画像　（b）加工画像　（c）レタッチ画

図1-13　フリーの画像処理ソフトJTrim[25]を用いて加工した画像の例

Coffee Break Ⅰ　花鳥諷詠からカオスへ

「*山を越え流れゆく雲、風にそよぐ草花、生きとし生けるもの、そして身近な自然界の森羅万象の多くは、従来、物理学の対象では無かった。“みそ汁の対流パターン”もしかりである。従来の物理学は、……*」と書いて、パリティ8月号（1998年）に著者の拙文を掲載頂いたのは、既に20年前です。当時、カオス・フラクタル・複雑系などの新しい「生きたシステムの科学（非線形科学）」は隆盛期にあり、自然界の森羅万象の謎を解く新たな科学の進展に期待が寄せられていました。

映画ジュラシック・パーク（1993年）の中でも、カオスを専門とする数学者が重要な脇役となって登場します。自由度3はカオスを創るや、**バタフライ効果**（蝶が羽ばたく程度の小さな擾乱でも、遠くの場所の気象に影響を及ぼす）など、新たな知見が次第に知られるようになっていました。しかし、新しいサイエンスの常識は、約20年後の現在でも、あまり一般の人の常識とはなっていないようです。それは、新しい科学（非線形科学）の理論の理解が困難を極めるため？　では無いように思えます。

Nen-Doll　（6章参照）

【演習問題】

[1.1]　人の可聴範囲は通常20Hzから20KHzとされる。標本化定理に従えば、音声信号の標本化に必要な周波数は何Hz以上か？
また、通常の音楽CDの標本化周波数はいくらか？

[1.2]　標本化定理は、信号中に含まれる最高周波数の正弦波を復元するのに必要な最低の標本化（サンプリング）周波数を規定しているが、この時のサンプリングのタイミングは理想的な場合を想定している。理想的なサンプリングのタイミング位置（位相）とそうでない場合を示し、それぞれ復元される波形がどのようになるかを図示せよ。

[1.3]　標本化定理を満たさない低周波数でのサンプリングはアンダーサンプリングと呼ばれる。アンダーサンプリング時の信号のスペクトルはどのように変化するかを説明せよ。

[1.4]　画像信号を取得するデジタルカメラなどのセンサはCCD（Charge Coupled Devise）である。CCDの基本構造と動作原理を調査し、画像の標本化が具体的にどのように行われるかを考察せよ。

[1.5]　デジタル画像データは空間的（2次元）に標本化（離散化）されると同時に、各画素の画像強度（明度・輝度）も離散化（量子化）されている。通常モノクロの画像では256階調の濃淡値を8ビット（1バイト）の情報で表現する。カラーのデジタル画像の場合、各赤（R）、緑（G）、青(B)を1ビットで表現したときの色を全て示せ。また各R, G, Bを10ビットで表現した場合、表現できる色の種類は何色となるか？

[1.6]　以下の線形フィルタ $\{a_{i,j}\}$ をデジタル画像 $A(i,j)$（5*5画素）にかけた場合（実際は畳み込み積分：式（1.5）参照）、変換される新しい画像データ $B(i,j)$ を求めよ。ただし、変換されるのは中心の3*3の9画素のみで周辺の16画素は変換されないものとする。

$$A(i,j)=\begin{bmatrix} 2 & 4 & 5 & 5 & 7 \\ 3 & 5 & 6 & 7 & 9 \\ 4 & 6 & 6 & 3 & 8 \\ 3 & 9 & 4 & 7 & 9 \\ 5 & 5 & 4 & 8 & 9 \end{bmatrix} \qquad \{a_{i,j}\}=\begin{bmatrix} 0 & 1 & 0 \\ 1 & 2 & 1 \\ 0 & 1 & 0 \end{bmatrix}$$

［1.7］ 次の二つの線形フィルタ $\{a_{i,j}\}$ と $\{b_{i,j}\}$（3＊3画素サイズ）を続けて通した効果は、5＊5画素サイズの線形フィルタ $\{c_{i,j}\}$ を一回通した時と同じとなる。$\{c_{i,j}\}$ を求めよ。

$$\{a_{i,j}\}=\begin{bmatrix}1&2&1\\2&4&2\\1&2&1\end{bmatrix}\qquad\{b_{i,j}\}=\begin{bmatrix}-1&0&1\\-2&0&2\\-1&0&1\end{bmatrix}$$

［1.8］ 次の一次元画像 $g(x)$ のフーリエ変換を求め、その複素スペクトル $G(k)$ およびパワスペクトル $P(k)$ を図示せよ（式（1.13）、（1.20）参照）。ただし、a, b は正の定数である。

$$g(x)=\begin{cases}0 & : \quad x>a,\ x<-a\\ b & : \quad -a\leq x\leq a\end{cases}$$

【参考文献】

1） 下田編：画像処理標準テキストブック、（財）画像情報教育振興協会（1997）.

2） 三池・古賀編著（橋本、百田、野村共著）：パソコンによる動画像処理、森北出版（1993）.

3） 乾：Q & A でわかる脳と視覚、サイエンス社（1993）.

4） 川人、行場、藤田、乾、力丸：視覚と聴覚、岩波書店（1994）.

5） 船久保：視覚パターンの処理と認識、啓学出版（1990）.

6） 例えば、
http://www.service-kosaido.jp/service/it_media/digital/high_resolution.html

7） 例えば、
http://www.cqpub.co.jp/hanbai/books/36/36241/36241_VIDEO.pdf#search=%27NTSC+%E3%83%93%E3%8387%E3%82%AA%E4%BF%A1%E5%8F%B7%27

8） D. Marr: Vision: A Computational Investigation into the Human Representation and Processing of Visual Information, W.H. Freeman, New York（1982）（乾、安藤訳：ビジョン ― 視覚の計算理論と脳内表現 ―、産業図書（1987））.

9） B.P.K. Horn and B.G. Schunck: Determining Optical Flow, Artificial Intell., 17（1981）, pp.185-203.

10） J.L. Baron, D.J. Fleet, S.S. Beauchemin: Systems and Experiment Performance of Optical Flow Techniques, Intern. J. Comput. Vision, Vol.12（1994）, pp.43-77.

11） J.J. Gibson: The Senses Considered as Perceptual Systems, Boston, Houghton Mifflin（1979）（古崎、辻、村瀬訳：生態学的視覚論、サイエンス社（1985））.

12） S. Ulman: The Interpretation of Visual Motion, Cambridge, Mass., MIT Press（1979）.

13） 金谷：画像理解 ― 3次元認識の数理 ―、森北出版（1990）.

14） K. Kanatani: Geometric Computation for Machine Vision, Clarendon Press（1993）.

15） 金谷：空間データの数理 ― 3次元コンピューティングに向けて ―、朝倉書店（1995）.

16） K. Kanatani, Y. Sugaya, and Y. Kanazawa, Guide to 3D Vision Computation: Geometric Analysis and Implementation, Springer International, Switzerland（2016）、他多数（http://www.iim.cs.tut.ac.jp/～kanatani/）.

17） 例えば、http://www.nobby-tech.co.jp/measure/software/piv.html

18） 例えば、J.M. Prager, M.A. Arbib: Computing The Optic Flow: The MATCH Algorithm and Prediction, Computer Vision Graphics and Image Processing, Vol.24（1984）, pp.213-237.

19） 木村、河野、高森：時空間相関法に基づく流れ場の3次元速度ベクトル計測、計測自動制御学会論文集、Vol.27（1991）、pp.497-502.

20） A. Nomura, H. Miike, K. Koga: Determining Motion Fields under Non-uniform Illumination, Pattern Recog. Letters, Vol.16（1995）pp.285-296.

21)　南著：科学計測のための波形データ処理、CQ 出版（1986）.
22)　城戸：ディジタル信号処理、丸善（1985）.
23)　河田、南編著：科学計測のための画像データ処理、CQ 出版（1994）.
24)　江尻：工業用画像処理、昭晃堂（1988）.
25)　平井：視覚と記憶の情報処理、培風館（1995）.
26)　http://forest.watch.impress.co.jp/library/software/jtrim/
27)　http://www.vector.co.jp/soft/win95/art/se121264.html

第2章　空間フィルタ法による粒子速度・粒径解析

格子戸を通して移動する物体を観測すると、物体の姿が周期的に見え隠れする。光透過率に一定の変調を加える「空間フィルタ」を用いると、通過する粒子の速度や粒径が計測できる。本章では、空間フィルタを用いた速度計測法の基本原理を述べ、動画像処理による空間フィルタ法の有用性を紹介する。

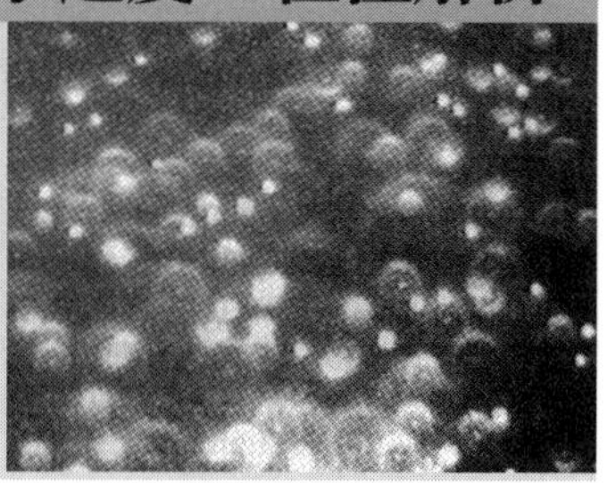

2. 1　序

（1）空間フィルタ速度計測法の基本原理

格子状スリット列を用いて、物体の運動速度に比例した周波数を持つ信号を得て、それを解析することで速度計測が可能なことが知られている。すなわち、光の透過率（Transmission Factor）に特定の空間分布を与える空間フィルタ（Spatial Filter：空間的荷重関数）を通して測定対象物体を観測し、得られた総光量の時間変化から速度の検出を試みるのが空間フィルタ速度計測法の基本的な考え方であり、いくつかの応用例が報告されている[1-3]。図 2-1 は、空間フィルタ速度計測法の基本構成を示す。

$h(x, y)$ を空間フィルタ、$f(x, y)$ を観測対象の空間パターンとする。空間パターンが、一定速度（v_x, v_y）で運動しているとき、光検出器（Photo Detector）で得られる出力信号の時間変化 $g(t)$ は次式のような畳み込み積分で表すことができる。

$$g(t) = \int_0^X \int_0^Y f(x - v_x t, y - v_y t)\, h(x, y)\, dxdy. \tag{2.1}$$

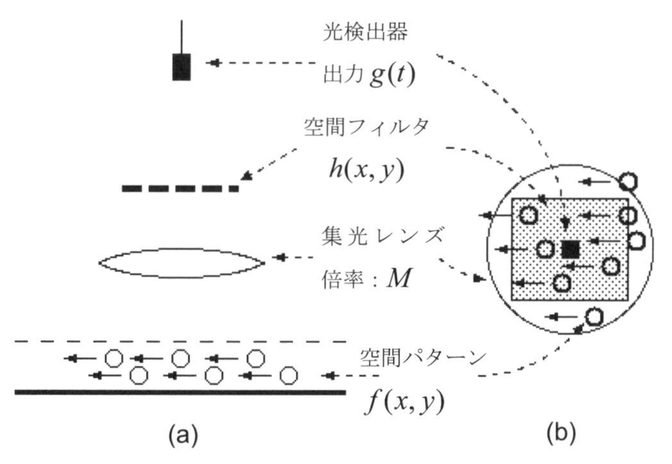

図 2-1　空間フィルタ速度計測法の基本構成：(a) 側面図、(b) 上面図。

式（2.1）中のX, Yは、空間フィルタのx, y方向の幅を表す。ここで、空間フィルタ$h(x, y)$を図2-2（a）のようなスリット列構造とすると、測定対象の速度計測が可能となる。また、スリット列構造を差動型（Differential Type）構成にすると、より正確な速度計測が可能となる[1)]。

つぎに、光検出器で得られる信号について説明する。前述のように、空間フィルタを通して、一定速度$\vec{v}_0$で運動している対象物を観測すると、変調された透過光が得られる。変調された透過光は、集光レンズ（図2-1参照）により光検出器に入力される。実際には、振幅と位相が変動する正弦波状信号が観測される。この信号には、対象物の並進速度$\vec{v}_0$に関連した周波数f_0が含まれている。この速度計測法では、直接、対象物の速度$\vec{v}_0$を得るのではなく、その周波数f_0を測定することで、速度$\vec{v}_0$の情報が次式から求まる。

$$f_0 = \frac{M|\vec{v}_0|\cos\theta}{D}. \tag{2.2}$$

ここで、Dは空間フィルタのスリット間隔、Mは光学系の倍率、θは投影された像の移動方向とスリットのx軸との角度を表す（図2-2（a）参照）。式（2.2）は、速度$\vec{v}_0$で運動する粒子のスリット軸に直交する方向への速度成分$|\vec{v}_{0x}|$が測定されたことになる。この場合、光学系の倍率Mにより空間フィルタ面上を移動するパターンの速度は$M\vec{v}_0$となる。このMによる効果は、倍率効果（Scale Changing）と呼ばれている。

空間フィルタ速度計測法の特徴としては、①光学系の構成が簡単である、②インコヒーレント光（レーザ光のような可干渉性の無い普通の光）が利用できるため光源の自由度が

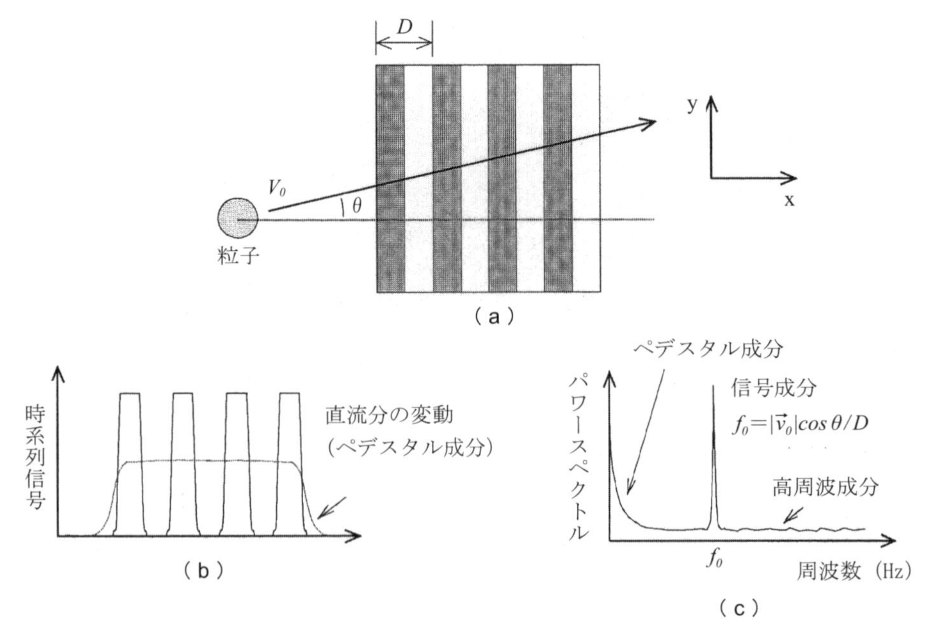

図2-2　空間フィルタ速度計測法による計測例：（a）空間フィルタと粒子の移動方向、（b）時系列信号例、（c）解析結果例。

大きい、などがあげられる。しかし、空間フィルタがハード的に実現されていると、信号処理を行う際、空間フィルタの形状（通常は矩形）から生じる直流成分（ペデスタル成分(Pedestal Component)）や高周波成分が雑音として含まれ、解析精度に影響を与えることが知られている。この様子を図 2-2（b）（c）に示す。

ハード的に構成された空間フィルタのほかに、液晶（Liquid Crystal）と電子回路で構成されたシステムを用いて、リアルタイム処理可能で柔軟性を持つ空間フィルタ法も提案されている[4, 5]。これらでは、測定対象に応じてスリット間隔を自動的に変化させ、計測対象に最適のスリット間隔を得る手法や、ペデスタル成分を取り除くために正負値をとる空間フィルタを用いるなど信頼性の高い速度計測法が提案されている。

一方、著者らは記録された動画像データからの自動速度計測を目標として、空間フィルタ法を基礎とする動画像処理（Sequential Image Processing）による速度計測法を提案した[6]。この手法の特徴は、従来ハードウェアによりアナログ的に実現されていた空間フィルタ速度計測法を、ソフトウェア処理に置き換えることで、柔軟性と高信頼性に富む速度計測法を確立している点である。利点としては、

1）ハードウェアでは作成困難である、正負値をとる理想的な正弦波状の空間フィルタの実現とこれによるペデスタル成分や高調波成分の除去、
2）空間フィルタリングや信号の積算など全ての処理のデジタル化、
3）スペクトル解析への最大エントロピー法（Maximum Entropy Method：以下、MEM と略す）の導入による速度の解析精度の向上、
4）空間フィルタの波長や移動速度の選択の自由度が大きいことから、運動方向の正負の判別が可能、計測のダイナミックレンジ（Dynamic Rang）の大幅な改良、

などが挙げられる。

（2）動画像処理による空間フィルタ速度計測法

（a）動画像処理への拡張

ここでは、ソフトウェアで構成した空間フィルタを利用し、動画像処理による速度計測の基本原理について述べ、その後長時間データを取り込むための工夫について紹介する。対象とする動画像は、取り込み時間間隔は正確であり、画像データは圧縮されていないとする。図 2-3（a）に示すような複数個の粒子が運動している動画像（$M\times M$[pixels]、N [frames]）の粒子速度を計測することを考える。このとき、粒子速度（あるいは速度分布）は、以下の手順により求められる。

1）動画像の各フレームに正弦波状の空間フィルタを通す（図 2-3（b）または（c））。このとき、元の画像輝度信号を $S(x, y, t)$、空間フィルタにより変換された画像信号を $I(x, y, t)$ とすると、

$$I(x, y, t)=S(x, y, t)\sin\left\{\vec{k}\cdot(\vec{r}-\vec{v}_s\cdot t)\right\}. \tag{2.3}$$

ここで、$\vec{k}$は空間フィルタの波数ベクトル（Wave Vector）で、その大きさ$|\vec{k}|$はDを空間フィルタの波長とした場合、$|\vec{k}|=2\pi/D$で与えられ、その方向は空間フィルタのスリットと直角と考える。また$\vec{r}$は原点（0、0）から測った観測画素（x, y）の位置ベクトルを表し、$\vec{v}_s$は空間フィルタの並進速度ベクトルである。ここで、空間フィルタの移動方向は、その波面に垂直な方向とする。空間フィルタが速さv_sで移動する場合、画面中に静止した粒子があれば粒子と空間フィルタの相対運動により偏移周波数

$$f_s = \frac{v_s}{D}, \tag{2.4}$$

のスペクトル成分が次式（2.5）で示す信号$A(t)$中に含まれるようになる。ここで、空間フィルタを移動させる利点としては、画面中の粒子が移動している場合に、粒子の移動方向を知ることが可能となる点と、解析精度の向上が可能となる点が挙げられる。

2）　各フレームにおいて輝度信号の総和を計算すると、次式で表されるN点の時系列信号（Time Series Signal）$A(t)$が得られる。

$$A(t) = \sum_x \sum_y I(x, y, t). \tag{2.5}$$

3）　時系列信号$A(t)$をスペクトル解析することで、式（2.2）に示した運動速度を反映する周波数成分f_0が得られ、それをもとに粒子の速度情報が検出できる。このとき信号$A(t)$は、図2-2（b）に示す信号とは異なり直流（ペデスタル）成分の無い正弦波状となることに注意したい。波数ベクトル$\vec{k}$の正弦波場の中を粒子が一定速度$\vec{v}_0$で動

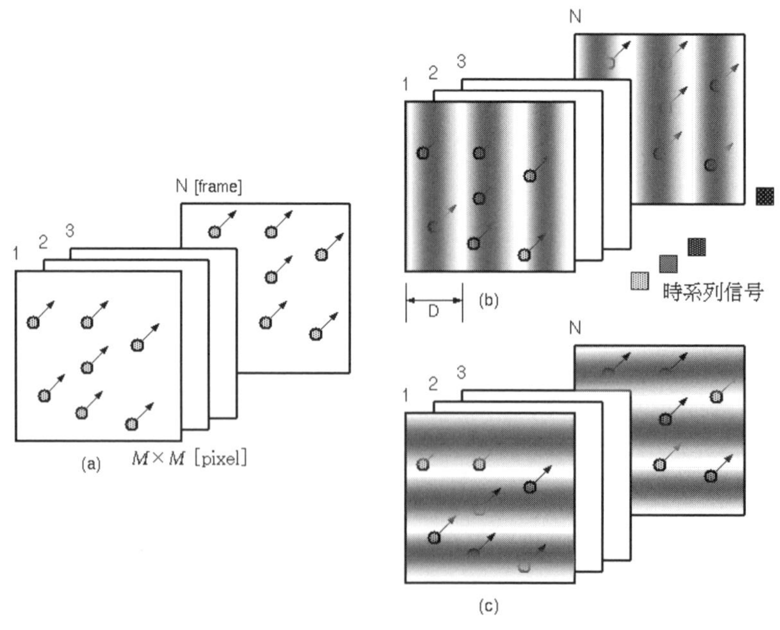

図2-3　x, y方向への空間フィルタリング：(a) 原画像、(b) x成分検出フィルタ、(c) y成分検出フィルタ。

いていれば、

$$f_0 = \frac{(\vec{k} \cdot \vec{v}_0)}{2\pi}, \tag{2.6}$$

の周波数を持つスペクトル成分が $A(t)$ 中に含まれる。一定速度 $\vec{v}_s$ で移動する空間フィルタを用いた場合（周波数偏移法）、粒子速度に対応するスペクトル成分は、

$$f = \frac{(\vec{k} \cdot \vec{v}_s)}{2\pi} \pm \frac{(\vec{k} \cdot \vec{v}_0)}{2\pi} = \frac{\vec{k} \cdot (\vec{v}_s \pm \vec{v}_0)}{2\pi} = f_s \pm f_0, \tag{2.7}$$

のスペクトルとして観測されることになる。ソフトウェア的に正弦波状空間フィルタを一定速度 $\vec{v}_s$ で並進移動させる操作を行うことで、粒子の運動方向を知ることが可能となる。すなわち、+、−はそれぞれ物体の移動方向と空間フィルタの移動方向が逆方向あるいは同方向かのいずれかの場合に相当する。

上記1）～3）の手順を、直行する2つの空間フィルタを用いて個別に実行すれば、速度の2成分（x, y 成分）が解析できることになる。なお、実際の速度に対応する周波数を求めるには、画像フレーム間の取り込み時間間隔 Δt を考慮し、換算する必要がある。

一方、小さな計算システムの場合、図2-3に示す方法で2次元の画像を取り込んでいたのでは、メモリの制約から連続的に取り込める画像枚数が限定される。そこで、画像を取り込む際に以下のような工夫を行う。図2-3より、y 方向の速度を検出したい場合には、先に2次元画像データ $S(x, y, t)$ を x 方向に積算して投影分布（Projection Distribution）を求め、1次元画像信号 $B_x(y, t)$ とし、その後1次元の空間フィルタを通しても（図2-4）その結果に変わりはないことが分かる。画像の入力時に、この投影分布を x 方向および y 方向に対して並列的に求める演算をリアルタイムで実行すれば、記録すべきデータは2本の1次元信号となる。すなわち、$M \times M$ の画像ではデータ数は $M^2 \rightarrow 2M$ とできデータ数の大幅な削減が可能となる。

以下に、具体的な解析手順を説明する。

1）　図2-4（a）の $M \times M$[pixels]、N[frames] の画像データすべてをパソコンに取り

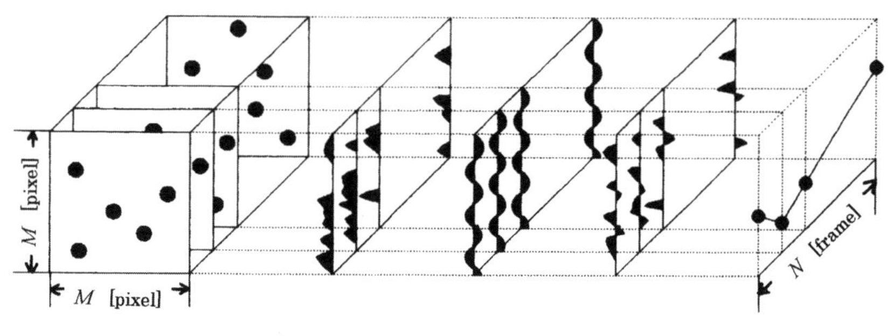

図2-4　投影画像を用いる解析手法：(a) 原動画像 (b) 投影画像 (c) 正弦波状の空間フィルタ（1次元）(d) 空間フィルタを積算した投影画像 (e) 1次元データ。

込むのではなく、画面上の１つの方向（x あるいは y）への輝度の和（投影分布）を、速度解析用の基本データとして連続的に取り込む（図 2-4（b））。この１次元動画像データを $B_x(x, t)$ あるいは $B_y(y, t)$ とすると、次式が得られる。

$$B_x(x, t) = \sum_y \{S(x, y, t) - BG\},$$
$$B_y(y, t) = \sum_x \{S(x, y, t) - BG\}. \tag{2.8}$$

ここで、$S(x, y, t)$ は２次元動画像の輝度信号を、BG は背景（Background）の輝度レベルを表わす。輝度レベル BG は、あらかじめ解析対象となる動画像中の代表的画像を用いて輝度分布ヒストグラムを作成して決定する（図 2-6 参照）。

2）得られた投影分布（$B_x(x, t)$ あるいは $B_y(y, t)$）を１次元の正弦波状の空間フィルタに通し、その積和を計算する処理を行う。繰り返しこの操作を時系列方向 N[frames] について行い、時系列信号 $A_x(t)$, $A_y(t)$ を得る（図 2-4（c）～(e)）。すなわち、

$$A_x(t) = \sum_x B_x(x, t) \cdot \sin\left\{\left|\vec{k}_x\right| \cdot \left(x - \left|\vec{v}_{sx}\right| \cdot t\right)\right\},$$
$$A_y(t) = \sum_y B_y(y, t) \cdot \sin\left\{\left|\vec{k}_y\right| \cdot \left(y - \left|\vec{v}_{sy}\right| \cdot t\right)\right\}. \tag{2.9}$$

ここで、$\vec{v}_{sx}$ は空間フィルタの x 方向の移動速度、$\vec{v}_{sy}$ は空間フィルタの y 方向の移動速度であり $\vec{k}_x = (2\pi/D, 0)$, $\vec{k}_y = (0, 2\pi/D)$ である。

3）$A_x(t)$, $A_y(t)$ の、スペクトル解析を行い、パワースペクトル $P(k)$ を得る。

$$A(k) = \sum_{k=0}^{N-1} A(n)\, e^{-\frac{j2\pi kn}{N}} = a(k) + jb(k), \tag{2.10}$$

$$P(k) = a(k)^2 + b(k)^2. \tag{2.11}$$

以上のように、2次元の速度成分を求めたい場合には、x 方向と y 方向の投影分布（$B_x(x, t)$、$B_y(y, t)$）さえあれば良いことになる。この操作を行うと、もとの画像の復元は不可能となるが、解析に必要なデータ量を減らすことができ、小さな計算システムにおいても連続的に解析可能な計測時間を拡大させることができる。

スペクトル解析の方法としては、主にフーリエ変換（Fourier Transform）や最大エントロピー法（MEM）が知られている[7, 8]。特に、フーリエ変換はスペクトル解析において広く利用されており、高速フーリエ変換（Fast Fourier Transform：以下、FFT と略す）のアルゴリズムにより高速計算が可能である。

サンプリング周波数 30[Hz] のビデオ画像の場合、サンプリング定理（第１章 1.3 節参照）により解析可能な高速現象の最大周波数は 15[Hz] までとなる。１秒毎に速度を求めたい場合、得られる独立なパワースペクトル（Power Spectrum）の点数は直流も含めて 16 点に限られる。このため、FFT を用いる限りスペクトルの分解能が不十分であり、速

度の情報を表すスペクトルもシャープさがなく、解析精度の低下を招くことになる。これに対して、MEMはパワースペクトルの非線形推定法の1つであり、パワ－スペクトル$P(\omega)$は、

$$P(\omega)=\frac{P_m\cdot\Delta t}{\left|1+\sum_{i=1}^{m}a_{mi}e^{-j\omega_i\Delta t}\right|^2}, \tag{2.12}$$

で得られることが知られている[7]。ここで、mは自己回帰モデル（Autoregressive Model）の次数、a_{mi}は次数mにおける自己回帰係数（Autoregressive Coefficient）、P_mは定常白色雑音の分散である。この場合、ωはサンプリング定理の範囲で任意に設定することができ、30個のデータから1,000個のスペクトルを得ることも可能である。短いデータよりスペクトルが解析できることは、時間分解能の向上が図れ、変化が著しい速度の解析にも適応可能となる。更に、スペクトルの分解能が高くピークが先鋭であることから、FFTと比較して解析精度の向上が図れる。スペクトルの高さ成分を利用する必要がなく、主ピークがどの周波数位置に現れるかを推定する目的に限れば、分解能の高いMEMは最適なスペクトル推定法の1つであると言える。

しかし、MEMにもいくつかの問題点が指摘されている。その1つは、自己回帰モデルの次数mの決定法である。モデル次数の決定法としてはFPE基準（Final Prediction-Error Criterion)、AIC基準（Akaike's Information Criterion)、CAT基準（Autoregressive Transfer Function Criterion）などが提案されているが[8]、これらの決定法はどのような時系列データに対しても適用可能とは限らない。今回動画像処理に実際に用いたモデル次数は、データ点数に応じて経験的に最適であると思われる次数（データ数の1/3～1/4）を与えている。モデル次数を選ぶ1つの指針としては、データ数が多い場合にはFFTスペクトルと一致するようなモデル次数を選択することも指針の1つと考えられる。

(b)　高精度化と高ダイナミックレンジ化

速度解析では、最適な空間フィルタの波長と移動速度の決定が測定精度やダイナミックレンジに大きく影響する。そこで、これらを決定する際の工夫を紹介する。

（ア）　空間フィルタの決定

運動粒子の速度と粒径が、空間フィルタの波長と移動速度を決定する主な要因である。まず、空間フィルタの波長と粒径の関係について考える。1個の粒子が正弦波状の空間フィルタ中を通過したとする。背景の輝度をゼロとすると画面輝度の総和の時間変化は、図2-5（a）のように直流分を含んだ正弦波状バースト波形として表れる。この時、移動速度に対応する周波数の振幅の指標となる可視度（Visibility）ηは、

$$\eta=\frac{I_{max}-I_{min}}{I_{max}+I_{min}}, \tag{2.13}$$

と定義される。一般に半径$\rho/2$の粒子全体の輝度が均一な粒子像の可視度には波数（$k_s=$

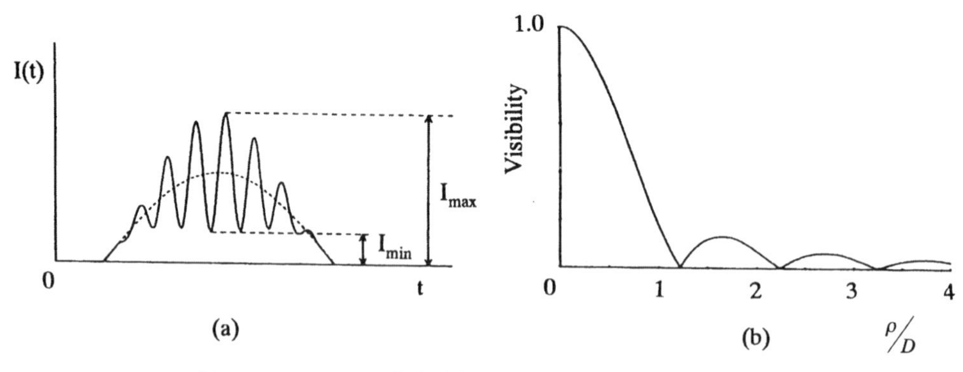

図2-5　Visibilityの定義（a）とVisibilityの波数依存性（b）

$2\pi/D$）依存性があり、それを$\eta(k_s)$とすると、

$$\eta(k_s) \propto |2J_1\{k_s(\rho/2)\}/k_s(\rho/2)|, \tag{2.14}$$

と表されることが知られている[1)]。ここで、J_1は第1種円柱ベッセル関数を示す。これは、半径$\rho/2$の1個の粒子が一定速度で運動する画像を、波数k_sの正弦波状空間フィルタに通し、積算して得られる時系列データのパワースペクトル最大値の波数依存性と等価である。図2-5（b）より、空間フィルタの波長Dが粒径ρより小さくなるとスペクトルも小さくなることが分かる。特に、波長の定数倍が概ね粒径と一致するとき（最初に極小となるのは、$\rho/D=1.23$のときである）はパワースペクトルが極小となる。このことから、得られる信号成分を大きくし、雑音に強くするためには、粒径より小さい波長の空間フィルタを用いることはできるだけ避けた方がよいことがわかる。すなわち、

$$D > \rho \ [\text{pixels}], \tag{2.15}$$

を満足する波長の空間フィルタを選択する必要がある。しかし、波長を大きくすると解析精度は低下する。従って、上式は空間フィルタの波長Dの下限を与えている。このような方法により、画像データから得られた粒径をもとに使用可能な空間フィルタの波長の範囲が、おおよそ決定される。

次にその範囲内で粒子の速度に適した空間フィルタを決定し、速度解析を行うこととなる。解析方法は、以下に示す二通りの方法が考えられる。

Ⅰ）　空間フィルタの波長に対する移動速度の比を固定し、粒子の速度に応じて空間フィルタの波長を変えていく方法。この方法は、従来のハード的な空間フィルタ速度計測法では実現が困難な方法である。

Ⅱ）　空間フィルタの波長を固定し、粒子の速度に応じて空間フィルタの移動速度を変えていく方法。

両方法とも時刻$t=0$を起点として逐次、解析を行う。時刻t_iの速度の計算を行う場合は、1つ前の時刻（t_i-1）の速度解析結果を基に、空間フィルタを決定し解析を行う。$t=0$の

場合は、粒子の速度が0と仮定して計算を行う。

空間フィルタの波長 D および移動速度 v_s の決定条件について、具体的に述べる。

Ⅰ）　の解析法の場合の条件

以下の①、②、③を満たすように D, v_s を決定する。

① 空間フィルタの波長 D の整数倍 n が、x 方向（または y 方向）画像サイズ M になるように設定する（背景の平均輝度レベルのスペクトルへの影響を少なくするため）。

$$n \times D = M \quad [\text{pixels}] \quad (n = 1, 2, 3 \cdots), \tag{2.16}$$

② 解析速度の正負のダイナミックレンジを等しく（最大に）取るために、空間フィルタの移動速度成分 v_s と波長 D の比を次式の様に設定する。これは、後に（3）BZ 反応の解析例で示すように、速度が正負値を取るような場合を考慮しているためである（この式の導出の詳細については、この章の付録 2-1 参照）。

$$\frac{v_s}{D} = \frac{1}{4} \quad [1/\text{frame}], \tag{2.17}$$

③ v_s は対象となる粒子の速度 $\vec{v}_0$ に応じて次のように設定する。

$$v_s = \frac{D}{4} \geq \gamma |\vec{v}_0| \quad [\text{pixels/frame}], \tag{2.18}$$

ただし、 γ は速度の急変に対応できるための安全係数で、通常 1.2 ～ 2.0 に選ぶ。

Ⅱ）　の解析法の場合の条件

① （2.15）式を満たす、適当な波長 D を持つ空間フィルタを選択する（この解析においては、空間フィルタの波長は常に一定である。）。

② 粒子の速度 v_0 が解析可能であるように、空間フィルタの移動速度 $-v_s$（粒子の移動方向と逆方向）を設定する。すなわち、時刻 $t_i - 1$ の解析結果を v_0 とすると次式を満足するように設定する。

$$|v_0 - v_s| = \frac{D}{4} \quad [\text{pixels/frame}]. \tag{2.19}$$

両解析法を比較すると、Ⅰ）の手法では常に空間フィルタの波長 D と移動速度 v_s の比率が一定であるため（（2.17）式参照）、空間フィルタの波長の増加に伴いダイナミックレンジは広くなっていくが、同時に解析精度は低下していく。これに対し、Ⅱ）の手法は空間フィルタの波長が一定であるため、ダイナミックレンジは常に一定であり、解析精度の変化はなく、波長を短くとれば高精度の解析が可能となる。しかしながら、Ⅱ）の手法では、解析精度を高めるためにダイナミックレンジはあまり広く取らないことが一般的には多く、ノイズによりある時点の解析結果が誤ったものとなると、次の時点以降、真の速度がダイナミックレンジより外れる可能性が大きい。つまり、Ⅱ）の手法は、解析精度は常に高くできるが、ノイズに弱い解析法であり、観測時間内での速度の変動が大きな現象に対してはあまり適していないと言える。一方、Ⅰ）の手法では、正負のダイナミックレンジが常に等しく、波長の増加に伴いダイナミックレンジが広くなるため、真の速度がダイナミックレンジより外れることを極力避けられる。以下の解析例（d）で示す画像は振動現象であるため、正負のダイナミックレンジがほぼ等しく、波長の増加にともないダイナミックレンジが広くなり、真の速度がダイナミックレンジよりはずれることの無いⅠ）の方法が適していると考えられる。更に精度の良い解析結果を得たいときには、Ⅰ）の解析を行った後、その結果を利用してⅡ）の方法により再度解析を行えば良いと考えられる。

（イ）　背景輝度レベルの影響

図2-6（b）に、現実の動画像中のある時刻における画像の輝度分布をヒストグラムで示している。このヒストグラムで、画像中の背景の輝度レベル（ピークとなっている輝度レベル付近）が、高くなっていることが分かる。このように現実の画像では、背景は必ずしも零という値になるとは限らず、あるレベルの値となる。従って、このままの画像を用いて解析を行った場合、特に周波数偏移法の考えに従い空間フィルタを一定速度で移動させる場合、得られる時系列データのパワースペクトルにはこの静止している背景の信号成分が含まれてしまう。すなわち、得られたパワースペクトルでは、空間フィルタの移動速度v_sに相当する偏移周波数f_sのピークが強調されることになり、速度の解析精度に影響を与えることが考えられる。そこで、一定の輝度レベル（背景の輝度レベルはヒストグラムのピーク値付近と考えられるのでピーク値より少し高い値に設定：↓の位置）を各画素より差し引くという処理（ただし、差し引いた値が負であれば零とする。）を行った。このことで、解析精度の向上が図れる。

（c）　解析例（BZ反応に伴う振動流）

解析対象としたのは、Belousov-Zhabotinsky（BZ）反応[9]に伴う振動的流体現象である。BZ反応とは、非平衡状態において振動的化学反応を示す系として有名であり、酸性溶液中において酸化・還元反応が周期的に繰り返すことが知られている。非撹拌のバッチ・リ

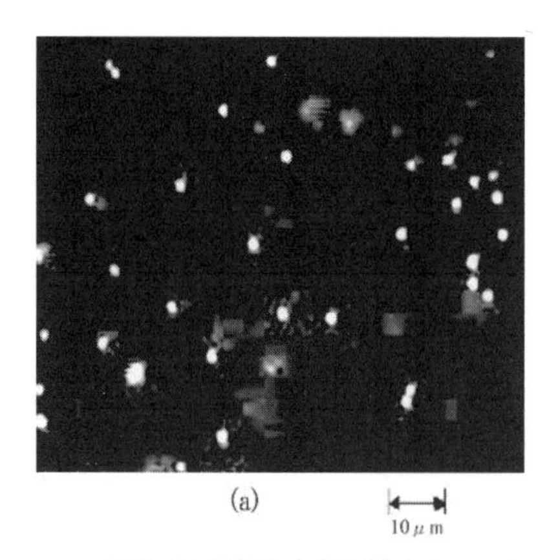

(a)

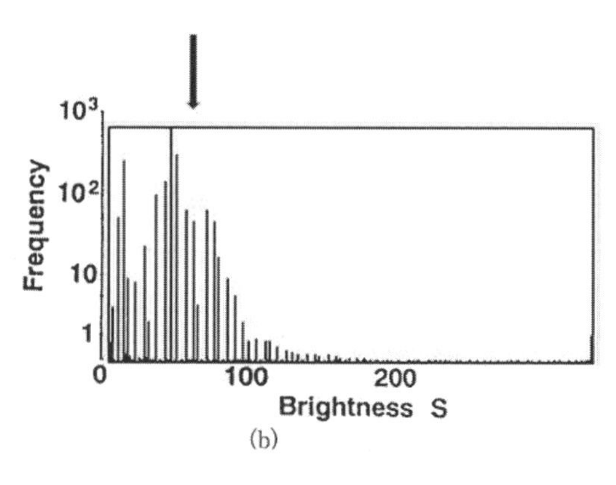

(b)

図2-6　解析した動画像からのスナップショット（a）と、その輝度分布ヒストグラム

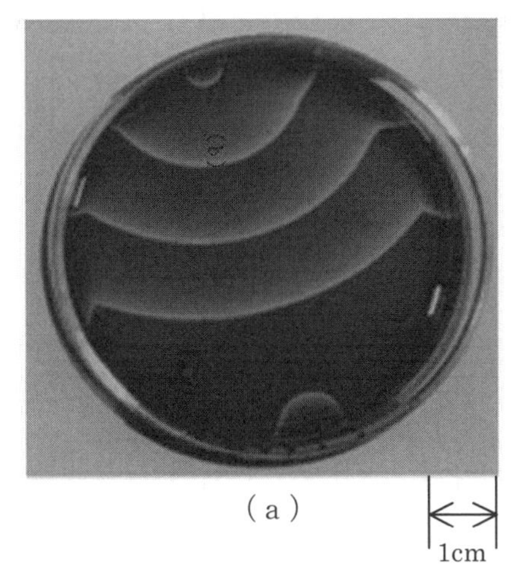

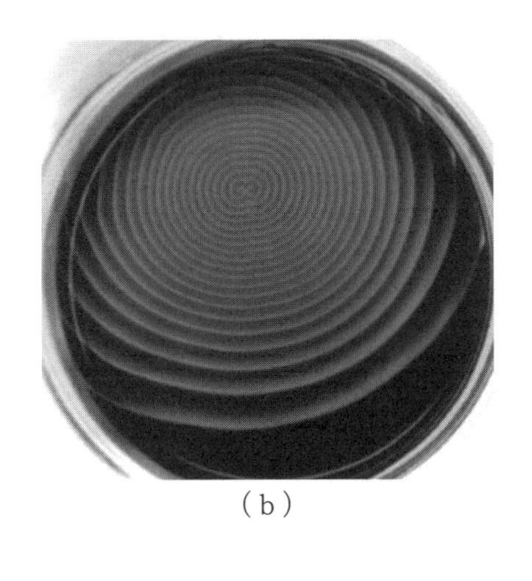

図 2-7　化学反応波の例：(a) 円形波 (b) ラセン波

アクターにおいて、触媒としてフェロインを用いて反応を可視化させると、還元状態の赤色溶液中を酸化状態の青色の化学反応波が伝播していくのが観測される。また、この化学反応波（図 2-7 参照：(a) 円形波、(b) ラセン波）の伝播に伴い、伝播する対流や振動的流れが発生する [10)]。図 2-8 は、ラセン波に伴う振動的流体現象を、ポリスチレン・ラテックス（$\phi=0.48\,\mu$m）をレーザ光照明で可視化してとらえた動画像を解析した結果（y 方向速度成分の時間変化）である。速度の時間変化の解析には最大エントロピー法を用いた。

観測粒子の速度に応じて、空間フィルタの波長と移動速度を変えること（動的最適化 (Dynamic Optimization)）による解析精度の向上を明らかにするため、比較として、空間フィルタを一定値に固定した場合の解析結果も共に示している。図 2-8 (a) は、波長 D ＝10[pixels]、速度 $v_s=2.5$[pixels/frame] に固定した空間フィルタを使用したときの結果である（ダイナミックレンジは、± 2.5[pixels/frame]）である。)。図 2-8 (b) は、空間フィルタを粒子の速度に応じて最適化しながら解析した結果である。実線が 1 秒毎の計算結果で、・印がマニュアルによる 5 秒毎の計測結果である（ビデオの画面上での実際の粒子の運動を目でトレースして得た。)。図 2-8 (a) では、速度の遅い領域ではあまり問題が無いものの、速度の速い領域ではダイナミックレンジが追いつかず、正しく解析されていないことが分かる。一方、図 2-8 (b) では、マニュアルによる測定結果と解析結果がどの速度領域においてもほぼ一致しており、良好な結果を得ていることが分かる。動画像処理による空間フィルタ速度計測法により、振動的な流体現象の自動解析が可能であることが分かる。この解析法では、10[pixels/frame] 程度までの速度解析が可能なことが確認されている。

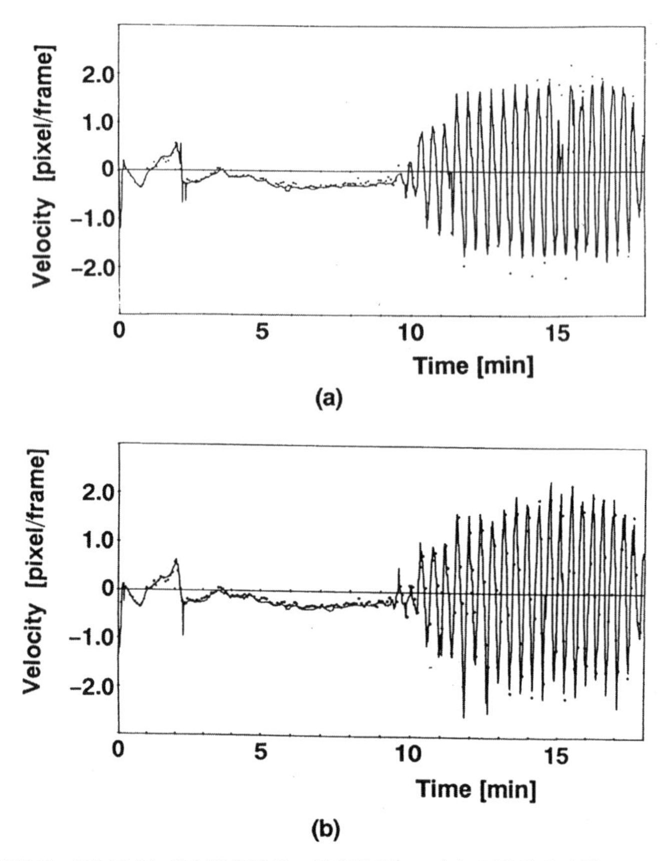

図2-8　解析例：BZ反応に伴う流体現象の速度計測で、(a) 正弦波状空間フィルタを一定値に固定した場合の解析例 ($D = 10$ pixels, $v_s = 2.5$ pixels/frame)、(b) 正弦波状空間フィルタの動的最適化による解析例。

2. 2　粒径解析

粒子径を非接触で計測する手法は、デジタル画像処理による方法[11]とレーザ光のコヒーレンスを利用した光学的な方法[12]の2つに大きく分類することができる。デジタル画像処理による方法についての詳細は、文献11) を始めとする多くの他書に譲る。本節では、光散乱法を画像処理に応用した方法について解説する。光散乱法には、微粒子からの散乱光の時間的な変動を計測する動的光散乱法 (Dynamic Light Scattering)[13-15]や空間的な分布を計測する静的光散乱法 (Static Light Scattering)[16]があり、同時に多数の粒子が測定対象領域に存在する場合を取り扱うことが可能である。これらの手法では、信頼性の高い結果を得るために、信号の統計平均処理をおこなう必要がある。動的光散乱法では、例えば流体中に浮遊している粒子が存在している場合、粒子間距離のランダムな変動がブラウン運動によって生じ、統計的平均操作に重要な寄与を行っている。静的光散乱法では、平均散乱パターン*から直接粒径を求める方法、すなわち逆散乱手法 (Inversion

* 散乱光強度の散乱角 (θ) 依存性を示す。円形開口の場合、その中心対称性より散乱ベクトルの方向によらずその大きさ k_s で決定される。

Scattering Technique）を解く方法が知られている。

以下の小節では、まず動的光散乱法を動画像処理に応用した粒径計測法を紹介し、次に動画像処理というメインタイトルから少し外れるが、静的光散乱法を静止画像処理に応用した粒径計測法を紹介する。これらの方法は、前節で紹介した空間フィルタ法の応用例と考えることができる。

2．2．1　動画像処理による空間フィルタ法を用いた粒径計測

（1）動的光散乱法

動画像処理による空間フィルタ法を用いたブラウン粒子の粒径計測法を説明する前に、まずその理論的基礎となるレーザ光による動的光散乱法について簡単に原理を説明する。動的光散乱法は、1960年代に開発されたブラウン粒子計測法である。溶媒中に分散している微粒子は、溶媒中に対流などがなく溶媒温度が均一の場合にはブラウン運動をしていると考えられ、その運動は粒子の大きさに依存する。大きな粒子では遅く、小さな粒子では速い。したがって、微粒子によって局所的な誘電率変化を持つ媒質にレーザ光が入射したときに生じる散乱光は、微粒子の運動、すなわち粒径に依存したゆらぎを持つ。このゆらぎを持った散乱光を検出し粒径を算出するのが動的光散乱法である。

ブラウン運動をする球形粒子のダイナミクスは、ランジェバン方程式[17-19]によって記述される。速度に比例する抵抗力を考慮し、ブラウン粒子の質量m、粒子の速度$v(t)$、粒子の半径a、流体の粘性係数η、ランダム力$R(t)$とすると、ランジェバン方程式は

$$m\frac{dv(t)}{dt}=-6\pi\eta a v(t)+R(t), \tag{2.20}$$

と書くことができる。この方程式から速度の相関関数は次式のように導かれる[18]。

$$\begin{aligned}\langle v(0)v(t)\rangle&=\langle v^2\rangle\,\phi(t)\\&=\langle v^2\rangle\exp\left(-\frac{|t|}{\tau}\right).\end{aligned} \tag{2.21}$$

ここで、$\langle v^2\rangle=K_BT/m$であり、$\phi(t)$は正規化された速度相関関数、そして$k_B$はボルツマン定数、$T$は絶対温度を表す。また、$\tau$は相関関数の相関時間である。Green-Kuboの式[20]によると、その拡散係数Dは次式で与えられる。

$$D=\int_0^\infty dt\langle v(0)v(t)\rangle=\frac{k_BT}{6\pi\eta a}. \tag{2.22}$$

これは、Einstein-Stokesの関係式としてよく知られている。一方で、拡散係数Dは移動量xの相関としても表記される。

$$D=\lim_{t\to\infty}\frac{\langle x(t)^2\rangle}{2t}, \tag{2.23}$$

ここで

$$\langle x(t)^2\rangle=2\langle v^2\rangle\int_0^t dt'(t-t')\phi(t') \\ =2\int_0^t dt'\langle v(0)v(t')\rangle(t-t') \quad (2.24)$$

である。

散乱体への入射レーザ光はコヒーレントで、電界強度 E_0、入射波の波数ベクトル $\vec{k}_0$、角周波数 ω であるとすると、位置 $\vec{r}$、時刻 t での電磁波の入射電界 $\vec{E}_s$ が次式で書ける。

$$\vec{E}_s=E_0\exp[i(\omega t-\vec{k}_0\cdot\vec{r})]. \quad (2.25)$$

磁性、電気伝導性、熱吸収性のない j 番目の球形ブラウン粒子は、この平面波によって分極する。そして時間変動する双極子が輻射場を作り光が散乱される。この双極子輻射では、散乱光は入射光と同じ角周波数 ω で、大きさは $\vec{k}_0$ と同じだが方向が散乱を観測する方向 $(\vec{R}-\vec{r}_j)$ を向いた波数ベクトル $\vec{k}_s$ を持つ（図 2-9）。散乱体から十分離れた位置 $\vec{R}$ の点において、時刻 t' に観測される散乱電界は、$\gamma\vec{E}_s(\vec{r}_j(t),t)\exp\{i[\omega(t-t')-\vec{k}_s\cdot(\vec{R}-\vec{r}_j(t))]\}$ となる[19]。γ は散乱や検出の効率などを考慮した因子である。光検出器では散乱に寄与するすべての粒子による電界の重ね合わせが検出されるから、ある時刻 t でのブラウン粒子の数を $N(t)$ とし、t と t' の時間差は小さいので $t=t'$ とすると、観測される散乱電界 $\vec{E}_R$ は

$$\vec{E}_R=\gamma E_0\exp(-i\vec{k}_s\cdot\vec{R})\sum_{j=1}^{N(t)}\exp[i(\omega t-\vec{q}\cdot\vec{r}_j(t))], \quad (2.26)$$

となる。$\vec{q}$ は散乱波数ベクトルと呼ばれ、図 2-10 中の各ベクトルの幾何学的関係より

$$\vec{q}=\vec{k}_0-\vec{k}_s, \quad (2.27)$$

$$q=|\vec{q}|=\frac{4\pi n}{\lambda_i}\sin\left(\frac{\theta}{2}\right), \quad (2.28)$$

と表される[13]。ここで、$|\vec{k}_0|=|\vec{k}_s|=2\pi n/\lambda_i$ であり、λ_i は入射レーザ光の波長、散乱角 θ、そして媒質の屈折率 n である。(2.26) 式より、時刻 t に観測される散乱強度 $I_R(t)$ は、

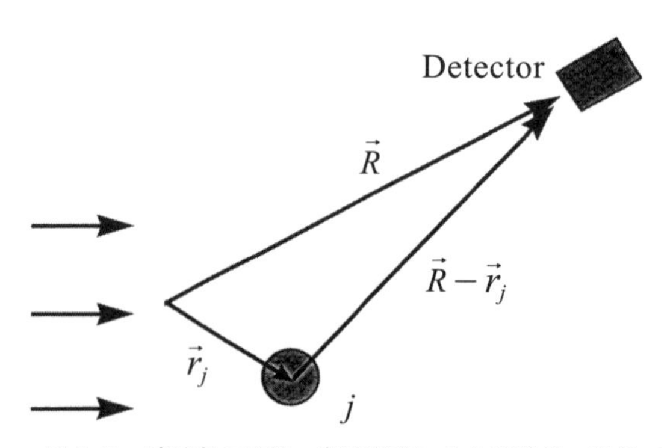

図 2-9　誘電率の時間・空間変動による光散乱の検出

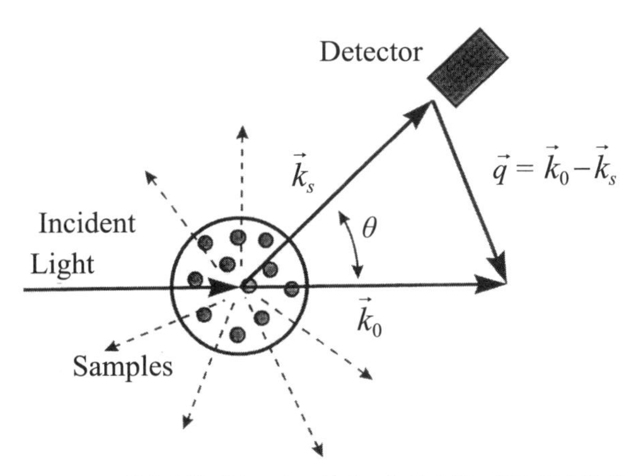

図 2-10　動的光散乱法による散乱光と検出器の幾何学的関係

$$I_R(t) = \left|\vec{E}_R(t)\right|^2 = \gamma^2 E_0^2 \sum_{j=1}^{N(t)} \sum_{k=1}^{N(t)} \exp\left[i\vec{q}\cdot\left(\vec{r}_k(t) - \vec{r}_j(t)\right)\right], \tag{2.29}$$

となる。

動的光散乱法の中でも、図 2-11 のような散乱光と参照光を混合して検出するヘテロダイン検波法の場合、散乱強度の自己相関関数 $g(q, t)$ は次式のように表される。

$$g(q, t) = \exp\left(-\frac{q^2\langle x(t)^2\rangle}{2}\right). \tag{2.30}$$

マルコフ過程においては、この相関関数は次式で得られる。

$$g(q, t) = \exp\left(-q^2 D|t|\right)\ \left(= \exp\left(-|t|/\tau\right)\right). \tag{2.31}$$

すなわち、ヘテロダイン検波法によりブラウン運動をしている粒子を観測した場合、観測信号は相関時間 τ で指数関数的に減少する相関関数を持つ。ブラウン粒子の粒径を算出するためには、散乱光より得られた変動する輝度信号の自己相関関数を求め、相関時間 τ を算出すれば、

$$\tau = \frac{1}{Dq^2}. \tag{2.32}$$

となり、ブラウン粒子の粒径 a（半径）は、(2.22) 式より

$$a = \frac{k_B T q^2 \tau}{6\pi\eta}, \tag{2.33}$$

の式で評価できる（図 2-12）。

(2)　動画像処理による空間フィルタ法を用いた粒径評価法

粒径計測法の１つに静止画の粒子顕微鏡画像を対象とした画像解析法がある[21]。この方法は、光学顕微鏡、ビデオカメラなどで測定対象となる粒子画像をとらえ、平滑化、エッ

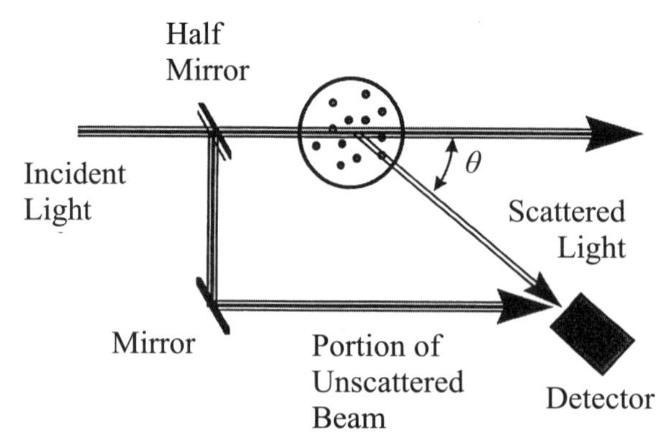

図2-11　ヘテロダイン検波法の構成図

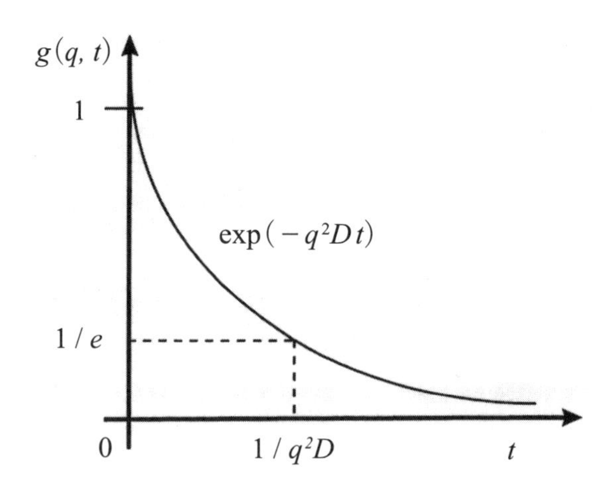

図2-12　動的光散乱法による散乱光ゆらぎの自己相関関数の模式図

ジ抽出などの静止画像処理をおこない、粒子の形状パラメータを直接評価している。しかし、画像には粒子の実像が撮像されている必要があるため、サブミクロンサイズの粒子を光学顕微鏡で可視化した画像から、直接的に静止画像処理によって粒径を評価することは意味をなさない。なぜなら、光学顕微鏡で撮像される各粒子の散乱像は、照明となっているレーザ光の散乱強度に依存し、実際の粒子の大きさよりも大きく映し出されるからである。しかも照明が視野内で不均一であり、また顕微鏡の焦点からずれる粒子の影響ため画面内の位置によっても粒子散乱像の大きさは異なっている。サブミクロンサイズの粒子の実像をとらえるには、電子顕微鏡が必要となる。ところが、サブミクロンサイズの粒子であってもブラウン運動は粒径に依存した動きをしており、その運動は光学顕微鏡画像における見かけの粒径には無関係である。ここではサブミクロンサイズの微粒子を撮影した顕微鏡動画像を対象に、前節で述べた動的光散乱法の理論を動画像処理に応用した粒径評価法について説明する。

動的光散乱法におけるヘテロダイン検波法は、散乱体の運動により変調を受けた散乱光と、参照光を混合し光強度のゆらぎを観測している（図2–11）。これは、差動型レーザ・ドップラー計測法に見られるように、散乱光と参照光を散乱角θで交差させたときにできる干渉縞（$\vec{q}=\vec{k}_0-\vec{k}_s$）中での散乱光のゆらぎを観測していることと等価である[22]。この干渉縞は、2.1節で述べた動画像処理による空間フィルタ法を用いることによってソフトウェア的に等価なものが作成できる。ブラウン粒子にレーザ光を当てた散乱光を光学顕微鏡で可視化した動画像データ（図2–15）に、ソフトウェア的に正負の特性を持つ空間フィルタを重畳し、フィルタ内での散乱粒子像のブラウン運動に伴う濃淡情報のゆらぎを得ることによって、動的光散乱法と等価な信号を得ることができる[23]。

まず、差動型レーザ・ドップラー法における干渉縞の空間波数K

$$K=\frac{4\pi n}{\lambda}\sin\left(\frac{\theta}{2}\right), \tag{2.34}$$

と（2.27）式の散乱波数qが対応すると考え、散乱波数qを

$$K=\frac{2\pi}{d}, \tag{2.35}$$

のように置き換える。dはレーザ・ドップラー法における干渉縞の波長である。この干渉縞の波長dが、動画像処理による空間フィルタの波長Wに相当すると考えることにより、

$$K=\frac{2\pi}{W}, \tag{2.36}$$

のように置き換える。したがって、波長

$$W=\frac{\lambda}{\sin(\theta/2)}, \tag{2.37}$$

をもつ空間フィルタを、ブラウン粒子の散乱光を顕微鏡撮影した動画像データに対しソフトウェア的に重畳すれば、ブラウン粒子の運動に伴う相関関数$G(K,t)$は、（2.31）式より

$$\begin{aligned} G(K,t) &= \exp\left(-K^2D\cdot|t|\right) \\ &= \exp\left(-\frac{|t|}{\tau}\right), \end{aligned} \tag{2.38}$$

が得られる。ここで相関時間τは（2.32）式で示したとおり

$$\tau=\frac{1}{DK^2}=\frac{6\pi\eta a}{k_BTK^2}, \tag{2.39}$$

である。このように、ブラウン粒子のレーザ散乱光を撮影した動画像データを処理することにより、動的光散乱法と同等な信号の自己相関関数を得ることができる。そして、この自己相関関数から、動的光散乱法と同様にブラウン運動する粒子の粒径を算出することが可能である。

（3） 動画像データの処理方法

ここでは、得られた動画像データから、ブラウン粒子の散乱光変動信号と、そのパワースペクトルおよび自己相関関数を得る具体的な処理法について説明する。$N \times N$ [pixels]、L[frames] の動画像 $s(x, y, t)$ を考える。この動画像データに、2.1 節で述べた動画像処理による空間フィルタ法に基づき、波数ベクトル$\vec{W}$の空間フィルタを重畳すると次の変動信号 $A(t)$ が得られる。

$$A(t) = \sum_{y} \sum_{x} s(x, y, t) \cdot \sin\{\vec{K} \cdot \vec{r} + \varphi\}. \tag{2.40}$$

ここで、$\vec{r}$は原点から測った画素 (x, y) の位置ベクトルを表す。φは空間フィルタの位相である。次に変動信号 $A(t)$ のパワースペクトルを求め、Wiener-Khinchin の定理によりこのパワースペクトルをフーリエ変換して自己相関関数 $G(K, t)$ を得る。自己相関関数より相関時間 τ を算出し（図 2-12)、(2.33) 式より粒径を算出する。

ブラウン運動のようなランダム過程を取り扱う場合、正しいパワースペクトルや自己相関関数を得るためには、統計平均が十分におこなわれている必要がある。ブラウン運動は定常的確率過程とみなせることから、次の3つの処理により見かけ上の観測時系列信号 $A(t)$ を長くし、統計的な平均回数の多いパワースペクトルを得ることが有効である。

1. 空間フィルタの方向：同一の動画像データに対して X 方向、Y 方向それぞれの空間フィルタをかけて変動信号 $A(t)$ を算出する。
2. フィルタの位相：同一の動画像データに対して異なる位相の空間フィルタ（例えば5つ：$\varphi=0,\ 2\pi/5,\ 4\pi/5,\ 6\pi/5,\ 8\pi/5$）を重畳した変動信号 $A(t)$ を算出する。
3. 時間のオーバーラップ：観測時間内の P 点の変動信号 $A(t)$ に対し、オーバーラップを許しながら1系列 Q 点の U 個の時系列に分割して、各々離散フーリエ変換し平均パワースペクトルを求める（図 2-13)。

（4） システム例

図 2-14 にシステム例を示す。我々が使用したシステムは、Ar レーザ（488nm, 25mW）もしくは He-Ne レーザ（632.8nm, 5mW）と、倒立顕微鏡（Nikkon, TMD)、CCD カメラ（National, WV-1850)、S-VHS ビデオデッキ（Victor, HR-X5)、そして、パーソナルコンピュータ（NEC, PC-9801Xa16）と画像入力インターフェースボード（Micro-technica, MT98FMM）から構成されている。 NEC の PC-9801 シリーズを用いたシステムを使用したが、現在入手しやすい PC や画像入力インターフェースを使用してよい。ただし連続画像入力時のサンプリングの等時性が保障されていることを前提とする。蒸留水を濾過器（日本ミリポア、Mille-Q Jr.）に通した純水に、微小なポリスチレン粒子（直径 0.5μm 程度：Duke）を加えたものをシャーレに入れ、それを測定対象とした。レーザ光は、シャーレ中の微小領域（約 0.2mm）のポリスチレン粒子を照明するようにレンズによって焦点をあわせた。

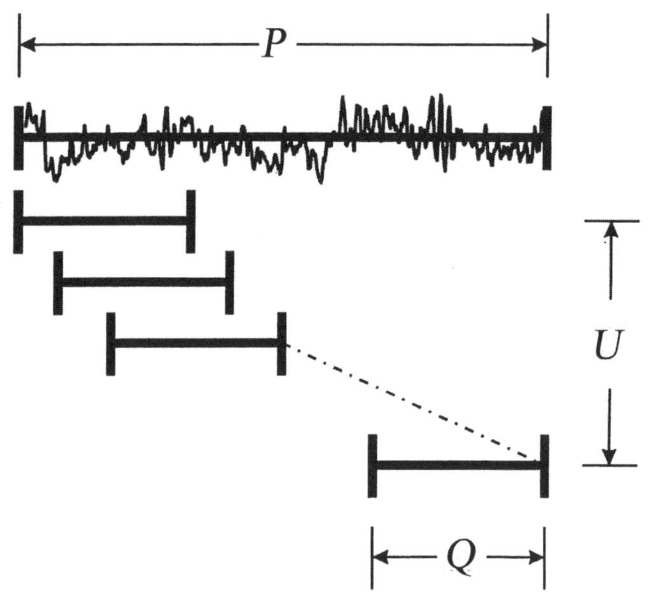

図2-13　パワースペクトルの時間的平均を求める手順。P は変動信号のデータ点数、Q は1回のフーリエ変換に使用するデータ点数、U は時間的平均回数を表す。

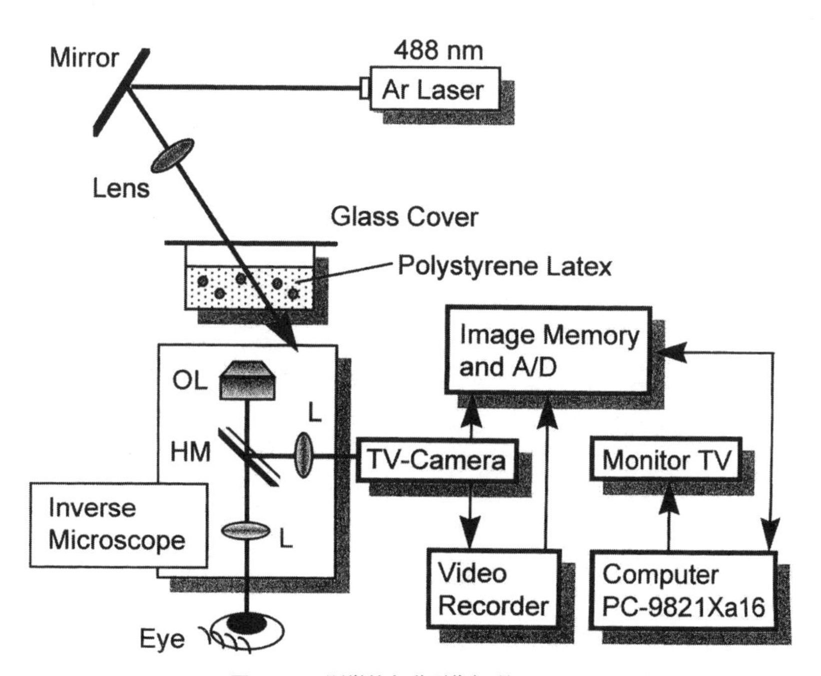

図2-14　顕微鏡と動画像処理システム

使用するレーザの波長λによって、動画像処理によって計測できる粒径（半径a）の理論的最小限界は次式によって決定される[23]。

$$v=\frac{\pi a}{\lambda}. \tag{2.41}$$

ここで、$v<0.4$の範囲が粒径評価可能な粒径aである。$v<0.4$の範囲はレイリー散乱の領域とされており（2.25）式が成立するが、$v>0.4$では1個の粒子を1つの双極子とみなせなくなる。本システムのArレーザを使用すると粒径0.031μmが解析の理論的限界となる。

ブラウン運動をしている微粒子の顕微鏡画像例を図2-15に示す。図2-16に直径が1.09μmと0.20μmのポリスチレン粒子を本システムで計測し、解析した変動信号$A(t)$の例を示す。図2-16を見ると明らかなように、粒径が小さな粒子（0.20μm）の方が大きな粒子よりもより頻繁にゆらいでいる様子がわかる。この変動信号$A(t)$から自己相関関数を推定すれば、（2.33）式より粒径の定量的な評価が可能となる。

（5）解析例

上記のシステムを使用して粒径評価をおこなった例を述べる。あらかじめ粒径が明らかにされている3種類（1.09μm、0.46μm、0.20μmm）のポリスチレン粒子を対象にした。測定をおこなったときの室温は24.0±0.5℃であり、水の粘性係数ηを0.0091 poiseと想定した。顕微鏡画像中の画像中の64×64[pixel]の領域を解析対象（例：図2-15（a））として、32768[frames]（1092秒間）をサンプリング周波数30ヘルツでパーソナルコンピュータへ動画像を取り込んだ。空間フィルタの波長Wとして4、6、8、12、16[pixels]の5種類をそれぞれ用いた。

図2-17、図2-18に空間フィルタの波長Wを6[pixels]と8[pixels]とした場合の各実験対象に対する自己相関係数のグラフを示す。図中の水平な点線が1/eの値を示し、各曲線がこの点線と交わる時間が相関時間τとなる。このτより（2.33）式を用いて粒径が推定される。

表2-1に各々の実験対象に推定された粒径をまとめている。基本的に、あらかじめ与えられた粒径に近い粒径を、本手法により推定することが可能であった。

表2-1　評価されたブラウン粒子の直径

空間フィルタの波長 W[pixels]	計測したポリスチレン粒子の直径（μm）		
	0.20	0.46	1.09
	評価された直径（μm）		
4	0.24	0.40	1.32
6	0.22	0.47	1.16
8	0.23	0.45	1.24
12	0.24	0.43	1.12
16	0.21	0.41	1.04

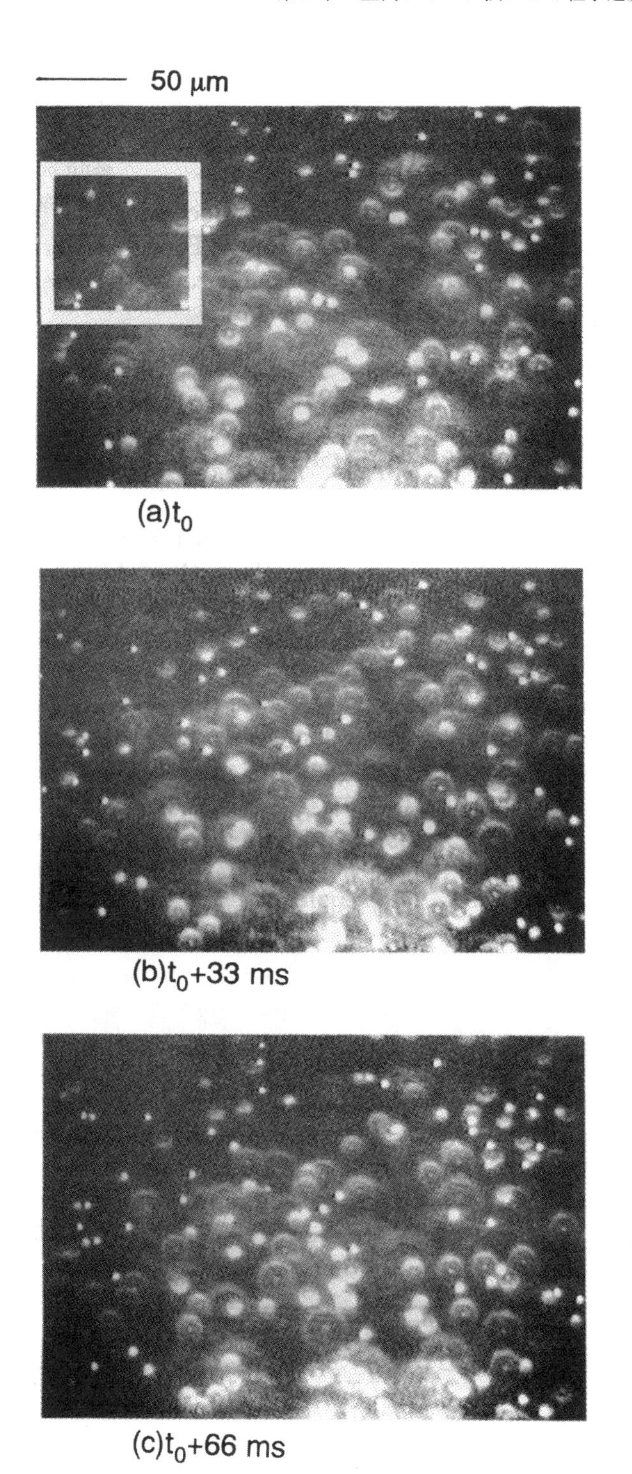

図2-15　レーザ光によって照明されたブラウン粒子（直径 0.20 μm）の顕微鏡画像例
粒径評価のための解析対象とした範囲を（a）の白い枠で表している。

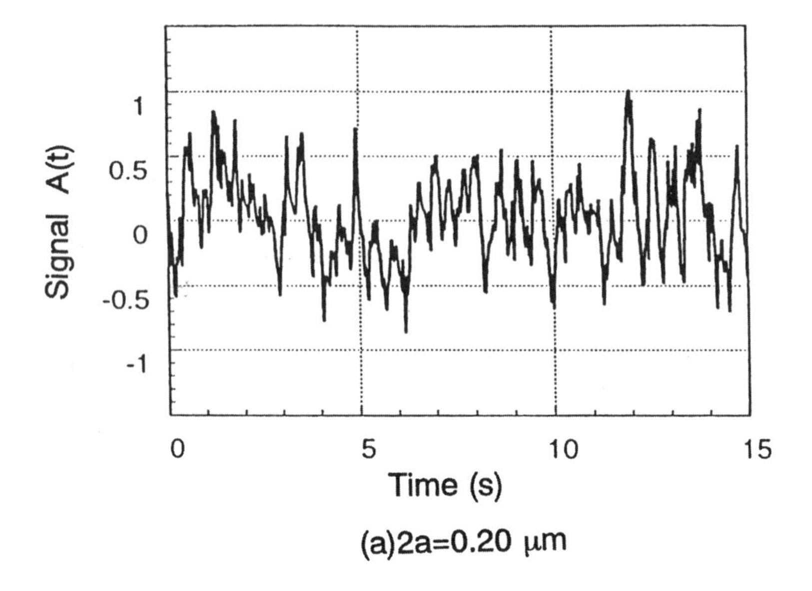

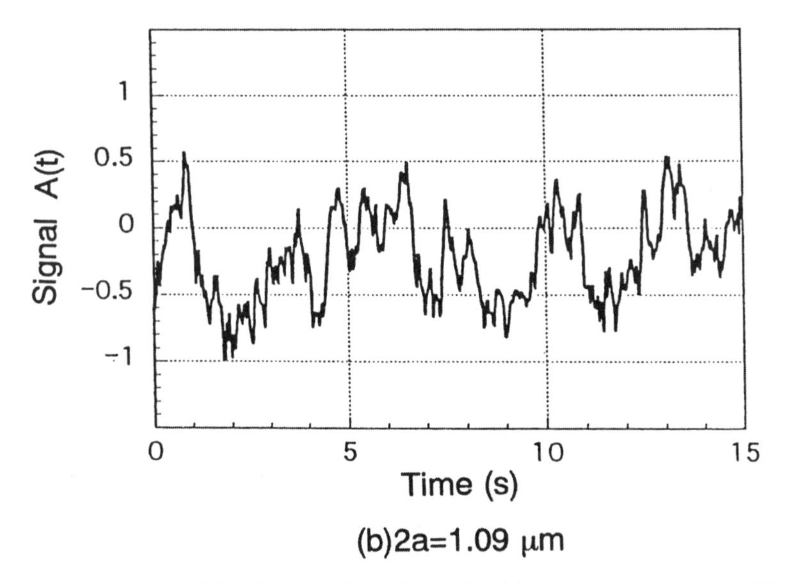

図2-16　実験により測定された変動信号$A(t)$の例：(a) 0.20μmのポリスチレン粒子、(b) 1.09μmのポリスチレン粒子。

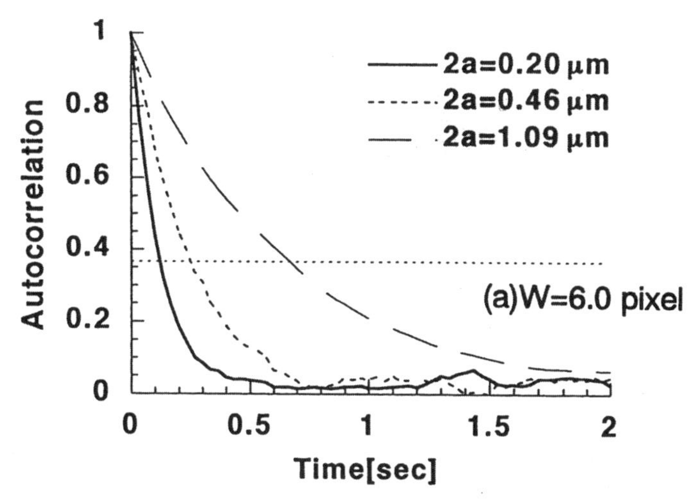

図2-17　本システムを使用して得られた自己相関関数 $G(K, t)$
（空間フィルタの波長 W として6[pixels] を使用）

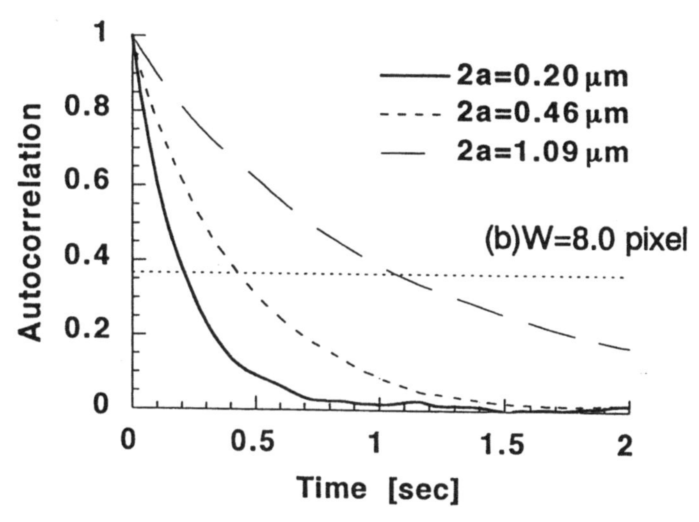

図2-18　本システムを使用して得られた自己相関関数 $G(K, t)$
（空間フィルタの波長 W として8[pixels] を使用）

2. 2. 2　静的光散乱法を画像処理に応用した粒径計測

逆散乱手法による粒径分布計測の解析原理を説明し、次に、2次元フーリエ変換像に逆散乱手法を用いたデジタル画像処理よる粒子半径分布計測手法について紹介する[6, 25]。

（1）光散乱の逆散乱手法による粒径計測

図2-19（a）に示すように微粒子（散乱体）をレーザ光で照射し、検出器の角度を変化させると、各角度方向の散乱光強度が測定できる。縦軸に散乱光強度、横軸に角度をプロットすると、図2-19（b）に示す平均散乱パターン $\bar{I}(k_s)$ が得られる。この平均散乱パター

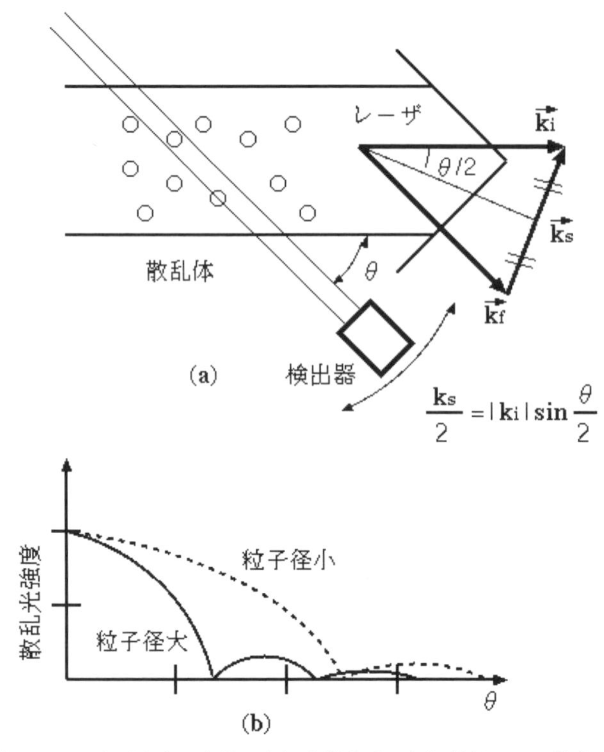

図2-19　散乱パターンを測定する方法：(a) 光散乱系、(b) 粒径による散乱パターンの違い。

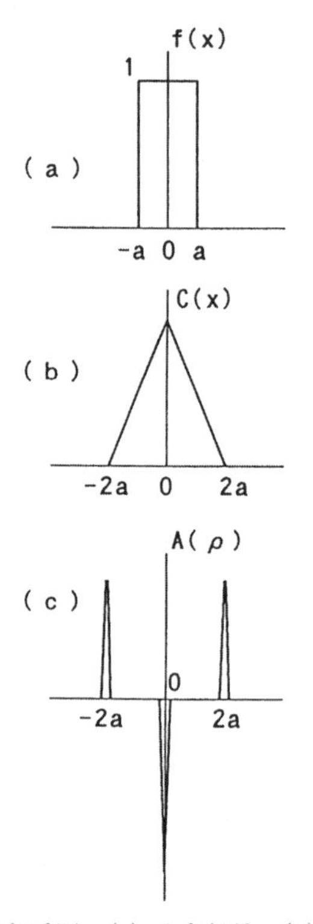

図2-20　1次元散乱体の粒径評価手順：(a) 入力信号、(b) 自己相関関数、(c) 粒子分布。

ン$\bar{I}(k_s)$ は、微粒子の粒径によって変化する[26)]。この平均散乱パターンから、清水らは[25)]フーリエ・ベッセル逆変換（Fourier-Bessel Inversion Transform）を用いて粒子半径分布 $n(\rho/2)$ を評価する式を提案している。

$$n\left(\frac{\rho}{2}\right) \propto \frac{1}{\rho}\frac{\partial^2}{\partial\rho^2}B^{-1}\left[\bar{I}(k_s)\right]\Big|_{\rho>0.} \tag{2.42}$$

ここで、ρ は円形開口の直径を示し、B^{-1} は0次の円柱ベッセル逆変換を示す。橋本[16)]は、平均散乱パターンにハニング窓（Hanning Window Function）をかけるなどの補正を行うとともに、(2.42) 式のより厳密な解として次式を提案し粒径評価を行っている。

$$\frac{1}{\rho}\frac{\partial^2}{\partial\rho^2}B^{-1}\left[\bar{I}(k_s)\right] = n\left(\frac{\rho}{2}\right) + \int_{\rho/2+0}^{\infty}\frac{1}{2a\sqrt{1-(\rho/2a)^2}}n(a)\,da. \tag{2.43}$$

ここで、$n(a)$ は粒径分布、a は2次元散乱体（円形開口）の半径であり、$0 \leq \rho \leq 2a$ とする（この式の導出については、付録2-2を参照）。

この逆散乱手法の基本原理を分かりやすく説明するために、1次元散乱体の場合について手順を示すと図2-20のようになる。大きさ1の矩形波が入力波形として与えられたとする (a)。この波形をフーリエ変換し、パワースペクトルを求めると散乱パターンに相当する信号が得られる。このパワースペクトルを逆フーリエ変換すると自己相関関数が得られ（ウィナー・ヒンチンの定理（Wiener-Khinchin Theorem））(b)、この自己相関関数に対し2次微分操作を行うことにより粒径を表す位置にデルタ関数（δ-function）を得ることができる (c)。これを2次元に拡張すると、逆フーリエ変換の部分が逆円柱ベッセル変換となり粒径分布の評価が可能になる。

（2） 画像処理による逆散乱理論

画面上に円形粒子が1個存在するデジタル画像（256×256[pixels] の画像中に直径11 [pixels] の粒子）を2次元離散フーリエ変換すると、図2-21 (a) に示すようなパワースペクトル像が得られる。この像の中心（波数 $k_x = k_y = 0$[radian/pixel]）を通る任意の断面で切り、片側のみを描くと図2-21 (b) の○印で示す曲線となる（図では実際に得られたデータを一つ置きにプロットしている。）。また、理論曲線 $I(k_s)$ を、図2-21 (b) 中に実線で示している。この曲線は、光散乱理論では2次元円形開口の平均散乱パターンに相当し、その理論曲線 $I(k_s)$ は、次式で与えられる[27)]。

$$I(k_s) \propto \left|2J_1\{k_s(\rho/2)\}/k_s(\rho/2)\right|^2. \tag{2.44}$$

ただし、$\rho/2$ は円形開口の半径、J_1 は第1種円柱ベッセル関数である。また、入射光の波数ベクトル $\vec{k}_i$ と散乱光の波数ベクトル $\vec{k}_f$ の差のベクトルとして定義される散乱ベクトル $\vec{k}_s\,(=\vec{k}_i-\vec{k}_f)$ の大きさ k_s は、レーザ光の波長を λ、散乱角を θ とすると、2次元散乱体では

$$k_s = 2\times|k_i|\sin\frac{\theta}{2} = \frac{4\pi}{\lambda}\sin\frac{\theta}{2}, \tag{2.45}$$

で与えられる[14]（$|\vec{k}_i|=|\vec{k}_f|=2\pi/\lambda$ の条件下で）。図2-21（b）から、デジタル画像のパワースペクトルは散乱パターンの理論曲線にほぼ一致している。理論曲線との誤差は、作成した粒子像がデジタル画像であり、完全な円ではないことによる。

一方、半径 $\rho/2$ の粒子の可視度は（2.14）式で表せる。散乱理論における2次元円形開口の散乱パターンを表す（2.44）式と、空間フィルタ速度計測法における可視度を表す（2.14）式を比較してみると、形式的には一致している。画像に正弦波状の空間フィルタをかけることは、画像のサイン変換とも考えられる。このことから、画像の2次元空間フーリエ変換によって得られるパワースペクトルの波数 k_s のパワーも（2.44）式で表現できることになる。ただし、この時の空間フィルタの波数 k_s は

$$k_s = \frac{2\pi}{D}, \tag{2.46}$$

で与えられる。この式で、D は空間フィルタの波長を表す。画像中に粒子が1個存在する場合は、（2.44）式の右辺の第1極小点が $k_s\rho/2=3.83$ で与えられることより、第1極小を与える空間フィルタの波数 k_s を測定することで粒径 ρ の評価が可能である。

以下では、逆散乱手法の考え方を基に、デジタル画像処理手法による粒子半径分布計測について説明する。解析手順を図2-22に示す。まず1枚の $M\times M$[pixels] の2次元原画像を考える。この画像を2次元フーリエ変換しパワースペクトルを求めることで、散乱パターンに対応するスペクトルパターンが求められる。しかし、画像中に粒子が複数存在すると、単に原画像の空間パワースペクトルを求めただけでは図2-23（a）（直径5[pixels]の粒子が2個の場合）に示すように粒子間距離（約40[pixels]）の影響により、パワースペクトルが大きく乱れることになる。そこで、この乱れを除くために以下に示す画像の回転操作により画像生成を行う方法Ⅰ）、と粒子のランダム移動により画像生成を行う方法Ⅰ′）を紹介し、その後Ⅱ）以下の処理を順次実行する。

Ⅰ）原画像を一定間隔 θ_0 ずつ回転させた N 枚の変換画像を作る。すなわち、原画像の画像関数を $f(x, y)$ とすると $n\theta_0$ 回転した画像の画像関数 $g(x, y, N)$ は

$$g(x, y, N) = f\left(\Lambda_n^{-1}(x, y)\right), \tag{2.47}$$

で与えられる。ここに

$$\Lambda_n = \begin{bmatrix} \cos n\theta_0 & \sin n\theta_0 \\ -\sin n\theta_0 & \cos n\theta_0 \end{bmatrix} \quad （ただし、n=1, 2, \cdots, N）, \tag{2.48}$$

である。ただし回転後の計算したい画素での輝度値は、原画像の近傍4点を基にバイリニア法でリサンプリングして求めている（図2-24（a）参照）。

Ⅰ′）回転により画像を複数枚作成する場合、元来の粒子間距離は変化せず、x 成分、y 成分の割合が変化するのみであり、与えられる原画像によっては統計的平均操作が

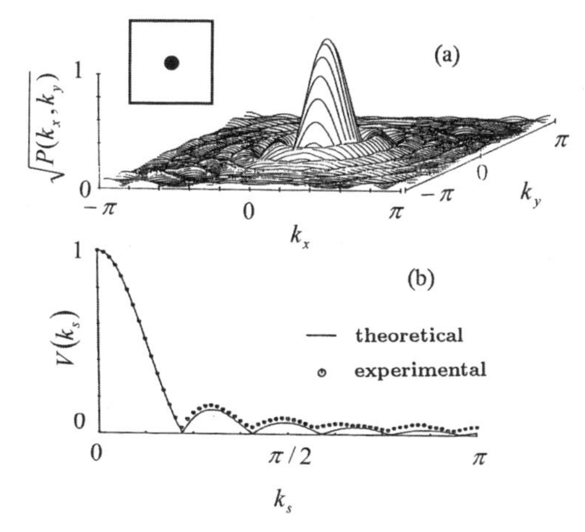

図 2-21　円形粒子像（粒径 11[pixels]）の 2 次元フーリエスペクトルと円形開口の散乱パターン：(a) 円形粒子のフーリエスペクトル像（図中粒子像は略図）、(b) 円形開口の散乱パターンと円形粒子のフーリエスペクトル画像の比較。

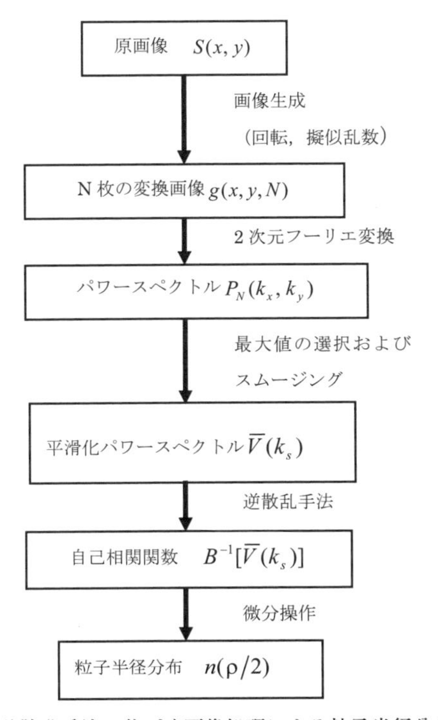

図 2-22　逆散乱手法に基づく画像処理による粒子半径分布計測手順

不十分な場合がある。そこで、粒子位置を互いに重ならないようランダム移動させることで多数枚の画像を生成し、これに対する空間パワースペクトルの平均をとることで粒子間距離の影響を取り除く。まず原画像中の粒子の輪郭線追跡処理を行い[11)]、原画像の粒子位置を調べる。その際、重なりがある粒子像も 1 つのクラスタとして取り扱う。得られた情報をもとに、原画像の粒子位置をランダム移動させ N 枚の動画

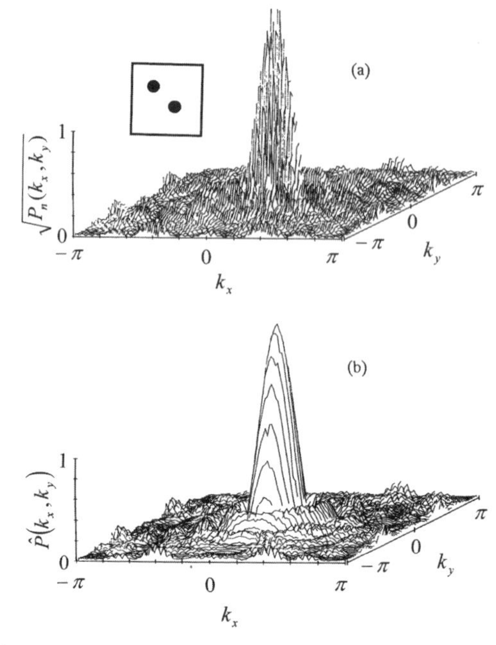

図2-23　円形多粒子の2次元フーリエスペクトル像：(a) 原画像のフーリエスペクトル像（図中粒子像は略図）、(b) 回転処理による平滑化スペクトル像。

像を生成する。ここでは、処理時間を考慮し、1枚ごとの輪郭線追跡処理は行わず原画像データをもとに時刻から得られた擬似乱数を用いて粒子位置を決定しN枚の画像生成を行う（図2-24 (b) 参照)。

Ⅱ）N枚の画像各々をフーリエ変換し、パワースペクトルを求めることでN枚のスペクトルパターン$P_n(k_x, k_y)$が得られる。すなわち、

$$G(x, y, N)=F\{g(x, y, N)\}=A_n(k_x, k_y)+jB_n(k_x, k_y). \tag{2.49}$$

$$P_n(k_x, k_y)=A_n(k_x, k_y)^2+B_n(k_x, k_y)^2. \tag{2.50}$$

Ⅲ）Ⅱ）で得られたN枚の変換像から各画素において最大値を求めることで、1つの代表変換像が得られる。

$$\hat{P}(k_x, k_y)=\max_n P_n(k_x, k_y) \qquad (\text{ただし、}n=1, 2, \cdots, N). \tag{2.51}$$

Ⅳ）さらに、円形粒子の対称性を考慮し、等しい波数ベクトルの絶対値$k_s\left(=\sqrt{k_x^2+k_y^2}\right)$に対する最大のパワースペクトル値$V(k_s)$を選ぶ。すなわち、

$$V(k_s)=\max_{k_s}\hat{P}(k_s). \tag{2.52}$$

アナログ画像では、フーリエスペクトルは画像の回転に影響されないが、デジタル画像では計算できる点が離散的であり、スペクトル像もサンプリングした形となっている。

従って、少しずつ角度を変えて近傍の値を調べ、この中から最大値を選ぶことで粒子間距離の影響を少なくすることが可能と考えられる。繰り返しになるが、一連の手順を述べると、N 枚の離散フーリエ変換像の各画素における最大値を選び、1枚のパワースペクトル像を求め、さらにそのパワースペクトル像の中心から等距離の部分での最大値を選ぶことで、散乱パターンに相当する1次元スペクトルを得る。平均値でなく最大値を選ぶ理由は、粒子間距離（一般には粒径より大きい）の影響により、1粒子のみの場合のパワースペクトルの包絡線に対して余分の周期性が発生し、規格化されたパワースペクトルで考えた場合、常に包絡線より小さな値をとるように作用するためである。この処理を実行すると、図2-23（b）に示すように、より滑らかなパワースペクトル像を得ることができる。しかし、まだかなりの変動を含んでおり、フーリエ変換を用いたデジタルフィルタリング処理により高調波を除き、平滑化、再規格化することで平滑化パワースペクトル $\overline{V}(k_s)$ が得られる。このようにして得られたスペクトル $\overline{V}(k_s)$（平均散乱パターン $\bar{I}(k_s)$ に対応）をもとに、(2.43) 式に示した逆散乱理論に基づくデジタル画像処理による粒子半径分布解析を試みる。

（3） シミュレーション画像解析例[25)]

2値化された円形粒子画像を対象に解析した。解析対象とした粒子画像例を図2-24に示す。図2-24（a）は原画像を一定間隔 θ_n ずつ回転することで得られる N 枚の画像生成を示す。図2-24（b）は原画像の粒子の輪郭線追跡処理後、各クラスタが重ならないように、また画像範囲から出入りがないように、乱数を用いランダム移動させることで得られる N 枚の画像生成を示す。

Ⅰ）　多粒子、同一粒径の場合

まず、フレームサイズ 256×256[pixels] の画像中に粒子半径 11[pixels] の粒子15個を、ランダムな位置に配置したシミュレーション画像を作成し、画像の回転処理を用いた方法と画像内の粒子をランダム移動させた方法で画像生成を行い、解析を試みた。その際、個々の粒子の重なりを認めたシミュレーション画像（図2-25中写真）で解析を試みた。回転処理を用いた方法では、図2-16（破線）に示すように粒子半径より小さい位置に偽のピークが得られる場合がある。そのような画像例を対象に、粒子をランダム移動させた方法で解析を試みたところ、粒子半径より小さい位置での偽のピークが消失し、良好な結果を得ることができた（図2-26（実線））。また、図に示すような重なりがある粒子像においても解析が可能なことを示した。この場合ランダム移動させる方法でも、重なりがある粒子像に含まれる粒子間距離の情報は取り除くことができないが、離れている粒子間の距離情報は、ランダムに変化しており、より効果的な統計的平均操作が行われたと考えられる。

Ⅱ）　粒子半径がガウス状に分布する場合

つぎに 256×256[pixels] の画像中に平均粒子半径 9[pixels]、粒子個数25個、標準偏

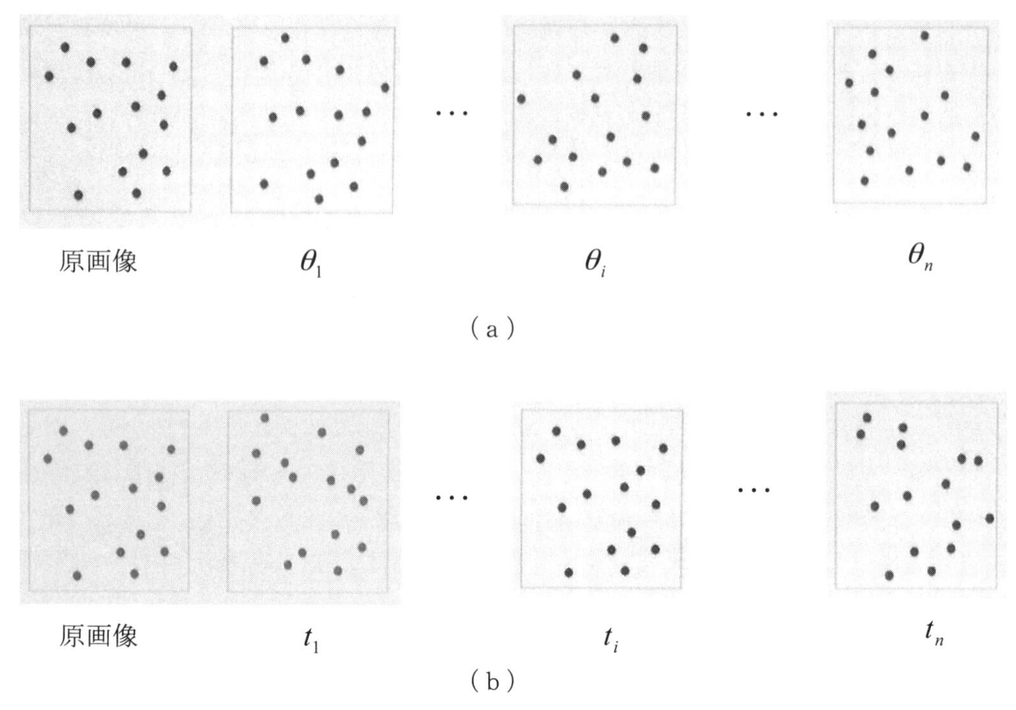

図 2-24　粒子画像生成：(a) 回転操作、(b) ランダム移動操作

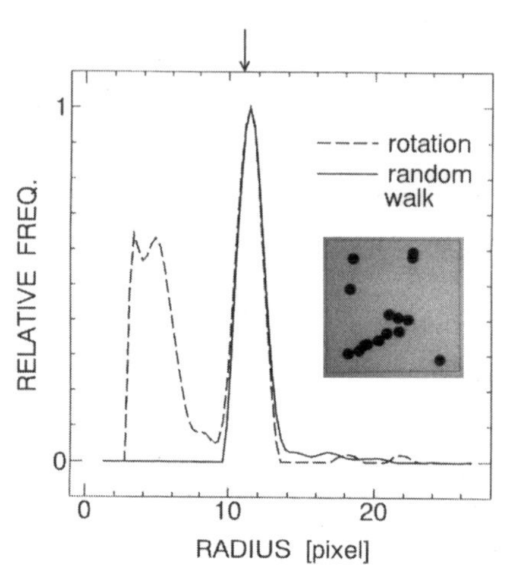

図 2-25　多粒子画像の粒径分布解析例

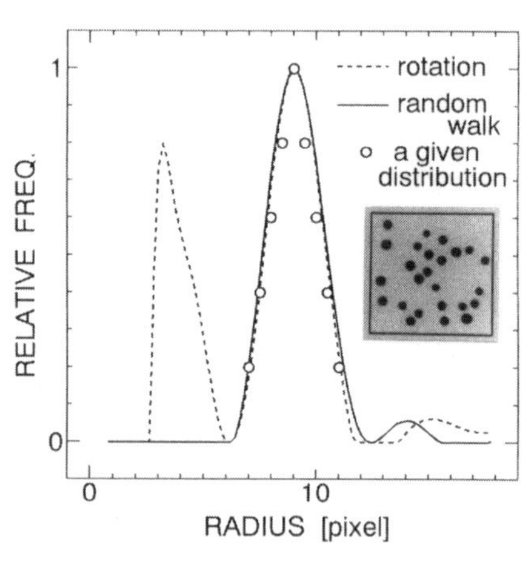

図 2-26　粒子半径が分布している場合の解析例

差 1.8 で粒径が分布する場合について検討した。図 2-26 において、○が実際に与えた粒子半径分布であり、実線が粒子をランダム移動させた場合の解析結果、破線が回転処理を用いた場合の解析結果である。回転処理を用いた方法において、粒径より小さい位置で偽のピークがみられ、与えた分布と異なる結果が得られる場合でも、粒子をランダム移動させる方法では与えた分布と解析結果には殆ど差はなく良好な結果が得られている。

（4） 実画像の解析例（粒径と粒子数評価）

提案したランダム移動手法を用いて実際の画像の解析を試みた。解析に使用したシステムは、画像入力インターフェースボード（Microtechnica：MT98FMM）、TVカメラ（National：WV-1850）、パーソナルコンピュータ（NEC：PC-9801EX）で画像を取り込み、ワークステーション（IBM：POWER station 520）で解析を行った。解析した画像はガラス板の上に任意に飛散させたスギ花粉粒子を用いた。粒子平均直径は、実際に取り込んだ画像から、23[pixels] 程度であることを目視により確認している。図2-27に解析に使用した画像（256×256[pixels]）および、解析結果を示す。粒子半径11[pixels] の位置（↓印）にするどいピークが得られ、視察の結果ともほぼ一致しており、提案する手法の有効性を確認した。また、原画像の2次元フーリエ変換を行った際の直流分と提案する手法により得られた粒子径をもとに粒子数の評価を行った。原画像から得られたパワースペクトル直流分と、提案手法により得られた粒子直径をもとに、画像中に1粒子存在するシミュレーション画像を作成し得られた直流分との比は、7.02：0.60 であった。実際の粒径にばらつきがあるため正確な粒子数を計測するのは困難であるが、原画像には約12個の粒子が存在することが分かり、目視による結果とほぼ同じ値が得られた。このことから、花粉粒子の自動計数の可能性も示せた。

以上のように粒径分布について、通常のデジタル画像処理[11]とは全く異なる、逆散乱手法を用いるという画像処理により粒子像解析の新しいアプロ－チが可能なことが確かめられた。従来法と比較して計算時間も長くかかるなど改良すべき点は多くあるが、アルゴリズムの単純さのほか、逆散乱問題では楕円体の長軸、短軸各々の分布が計測可能であることが知られていること、粒子数の自動計測の可能性もあり従来法にないメリットも期待できる。なお、計測できる粒子の大きさ、数および密度については、取り扱う画像の大きさによるが、128×128[pixels] の画像中に粒径15[pixels] の粒子が20個存在する場合までは計測可能なことを確認している。近年の画像処理技術の発達を考えると、将来幅広い分野に適用可能な解析法として期待できる[28]。

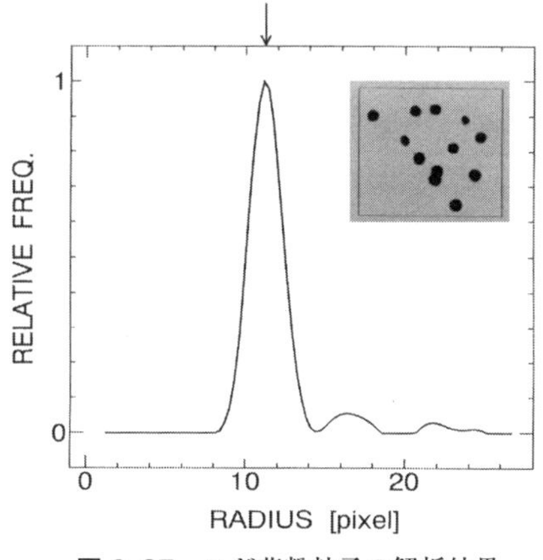

図2-27　スギ花粉粒子の解析結果

Coffee Break Ⅱ　花鳥諷詠からカオスへ

しかし、新しいサイエンスの常識は、約20年後の現在でも、あまり一般の人の常識とはなっていないようです。それは、新しい非線形科学の理論の理解が困難を極めるためでは無いように思えます。確かに、非線形科学の中心的なテーマとなったカオスや複雑系の現象記述には、非線形微分方程式が用いられ、難解な数学の力が必要にも見えます。ただ、コンピュータの進歩による計算結果の可視化や新たな計算ツールの開発により、非線形の世界はより身近なものになっています。一般人の常識となり得なかった最大の要因は、「生きたシステムの科学」が大学や高等学校の教養教育あるいは基礎教育としては取り上げられて来なかったという事のように思えます。おそらく、わかりやすい線形の現象ではないという理由で。そこで、20世紀後半に生まれた「サイバネティックス（Cybernetics)、カタストローフ（Catastrophe)、カオス（Chaos)、複雑系（Complex System)」という一連の「C」で始まるトッピクス理論が教える「常識」を、21世紀に生きる人類の「教養」として、少しでも身近なものにしたいと考え、このCoffee Breakでの紹介を試みています。

実は、森羅万象のこの世界で見受けられる殆どの自然現象が非線形現象なのです。線形な現象は、殆ど理想化された、ごく限定された状況でしか観測されないのです。振り子の様な単純な運動も、振幅のごく小さな範囲で線形現象として等時性が成り立ちますが、振幅が少しでも大きくなると等時性は崩れ、非線形システムの様相を呈してくるのです。面白いのは、この非線形状態なのです。振幅がさらに大きくなれば、振り子は大車輪（回転運動）に変わります。こうした非戦形性が、生命のリズムや台風・竜巻・地震など、身の回りで観測される森羅万象を支配しているのです。AEDで刺激しても、安定なリズムに戻る心臓の鼓動も、非線形の振動子のなせる業なのです。

Nen-Doll（6章参照）

【付録 2-1　フィルタ移動速度と波長の比】

測定対象の波形データのサンプリング周波数をf'_0[Hz] と仮定する。サンプリング定理より、$f'_0/2$[Hz] の周波数までの波形データを再生することができる。ところで、BZ 反応のような振動波の場合、正負のダイナミックレンジを最大にとるためには、$f'_0/2$[Hz] での真ん中、すなわち、$f'_0/4$[Hz] を偏移周波数（式 (2.4)）とすればよい。すなわち、空間フィルタの波長をD'[m]、偏移速度をv'_s[m/sec] とすれば、

$$\frac{v'_s}{D'}=\frac{f'_0}{4} \qquad [\mathrm{Hz}]. \tag{A2.1}$$

よって

$$v'_s=\frac{D'f'_0}{4} \qquad [\mathrm{m/sec}]. \tag{A 2.2}$$

これを画像上で考えなおしてみる。画像のサンプリンブはf_0[frames/sec] で行われる。空間フィルタの波長をD[pixels]、移動速度をv_s[pixels/frame] とすると、空間フィルタがD[pixels] だけ移動するのにかかる時間T[sec] は、

$$T=\frac{D}{v_s}\times\frac{1}{f_0} \qquad [\mathrm{sec}]. \tag{A 2.3}$$

よって、この逆数が偏移周波数に等しくなるように選べばよい。

$$\frac{v_s}{D}\times f_0=\frac{f'_0}{4} \qquad [\mathrm{Hz}]. \tag{A 2.4}$$

よって、

$$\frac{v_s}{D}=\frac{f'_0}{4f_0} \qquad [1/\mathrm{frame}]. \tag{A2.5}$$

ここで、f'_0 とf_0の間には次のような関係があり、

$$\frac{f'_0}{f_0}=1 \qquad [1/\mathrm{frame}]. \tag{A2.6}$$

関係式（2.17）が得られる。

【付録 2-2　橋本式の導出と実際の計算法】

半径 a の円形開口を考えると、散乱体位置での電界の規格化した自己相関関数は次式で与えられる。

$$R(\rho, a)=\begin{cases} 2a\left[\cos^{-1}(\rho/2a)-(\rho/2a)\sqrt{1-(\rho/2a)^2}\right] & (0\leq\rho\leq 2a) \\ 0 & (2a<\rho). \end{cases} \tag{A2.7}$$

円形開口が粒径分布$n(a)$を持つとき、光散乱パターン$\bar{I}(k_s)$と自己相関関数$R_c(\rho, a)$ は次式で結ばれる。

$$B^{-1}[\bar{I}(k_s)]=\int_0^{\infty} R_c(\rho, a)n(a)da. \tag{A2.8}$$

式（A2.8）に微分演算子を作用させ、これに式（A.7）の二次微分したものを代入すると、次式すなわち式（2.43）が得られる。

$$\frac{1}{\rho}\frac{\partial^2}{\partial\rho^2}B^{-1}[\bar{I}(k_s)]=n\left(\frac{\rho}{2}\right)+\int_{\rho/2+0}^{\infty}\frac{1}{2a\sqrt{1-(\rho/2a)^2}}n(a)da. \tag{A2.9}$$

式(A2.9)では、第2項中にも求めたい粒径分布関数$n(a)$ が入っているが、この積分方程式は数値的に解くことが可能である。

実際に計算機で解析する場合離散値で扱うので、式（A2.9）の左辺を$n_0(\rho/2)$として離散式で書き換えると式（A2.10）となる。

$$n_0\left(\frac{\rho_i}{2}\right)=n\left(\frac{\rho_i}{2}\right)+\sum_{j=i+1}^{\infty}\frac{1}{2a\sqrt{1-(\rho/2a)^2}}n(a_j). \tag{A2.10}$$

ただし、式(A2.9) と式（A2.10）の間では

$$\frac{\rho}{2}=\frac{\rho_i}{2} \qquad (i=1,\ 2,\ 3,\ \cdots). \tag{A2.11}$$

$$a=a_j \qquad (j=1,\ 2,\ 3,\ \cdots) \tag{A2.12}$$

この式は、粒径分布が有限範囲であるとすると、粒径分布関数が0となる十分大きいaから出発し、順次粒径の小さい方へ計算すると正しい粒径分布が得られる。しかし、式（A.10）で粒径分布解析を行うと、第2項の分母の影響からjがiに近い所でデジタル誤差が大きくなる。そこで、実際には式（A2.7）により自己相関関数を先に計算し、これに微分演算子を作用させ、式（A2.10） に代入することにより粒径解析を行っている。

【演習問題】

[2.1]　自己相関関数$c(\tau)$のフーリエ変換が元の信号$g(t)$のパワースペクトル$p(f)$となる（ウイナー・ヒンチンの定理）ことを証明せよ。ただし、

$$c(\tau)=\int_{-\infty}^{+\infty} g(t)g(t+\tau)dt,\quad p(f)=\int_{-\infty}^{+\infty} g(t)e^{+j2\pi ft}dt\times\int_{-\infty}^{+\infty} g(t)^{*}e^{+j2\pi ft}dt$$

であり、$g(t)^{*}=g(t)$ は複素共役である。

[2.2]　自己相関関数$c(\tau)$が次式のように指数関数型で与えられるとき、パワースペクトル$p(f)$を求め図示せよ。

$$c(\tau)=\exp(-|\tau|/\tau_0)$$

[2.3]　指数関数型の自己相関関数を持つ信号（ブラウン運動の揺らぎ信号など）のパワースペクトルが、高周波数領域でf^{-2}特性を持つことを示せ。

[2.4]　格子状の空間フィルタを通過する粒子からの時系列信号$g(t)$は図2-2のようにペデスタル成分を含む。動画像処理で空間フィルタを実現する場合は、正負の値を持つ正弦波状の空間フィルタが元の信号に重畳される。このときの時系列信号波形$g(t)$を図示し、ペデスタル成分が出ないことを説明せよ。

[2.5]　差動型のレーザドップラ流速計は、シート状のレーザ光をビームスプリッタで2つに分け、観測したい領域で交差させ正弦波状の干渉縞を構成させる。この意味で、干渉縞は光学的に実現した空間フィルタと言える。この時の干渉縞の波長Dは2つの交差するレーザ光の波数ベクトル$\vec{k}_1$, $\vec{k}_2$の差のベクトル$\vec{K}=\vec{k}_2-\vec{k}_1$を用いて$D=2\pi/|\vec{K}|$と与えられる（図2-29参照）。2つのレーザ光のなす角をθ、波長をλとしたとき、$|\vec{K}|=\dfrac{4\pi\sin(\theta/2)}{\lambda}$となることを示せ。

【参考文献】

1) Y. Aizu and T. Asakura: Principles and Development of Spatial Filtering Velocimetry, *Appl. Phys. B*, 43 (1987), pp.209-224.

2) 例えば、「車載型速度計測システム」、http://www.onosokki.co.jp

3) M. S. Uddin, H. Inaba, Y. Itakura, Y. Yoshida and M. Kasahara: Adaptive computer-based spatial-filtering method for more accurate estimation of the surface velocity of debris low, Applied Optics, 38, No.32 (1999), pp.6714-6721.

4) 岡、三橋、山崎：電子的に実現した柔軟性を有する空間フィルタ、計測自動制御学会、25 (1989)、pp.271-277.

5) 岡田、南谷：液晶空間光変調器を用いたスペックル変位・速度計測、光学、21 (1992)、pp.161-162.

6) 三池・古賀編著（橋本、百田、野村共著）：パソコンによる動画像処理、森北出版 (1993).

7) 南：科学計測のための波形データ処理、CQ出版社 (1988).

8) 有本：信号・画像のディジタル処理、産業図書 (1980).

9）A. N. Zaikin and A. M. Zhabotinsky: Concentration Wave Propagation in Two-dimensional Liquid-phase Self-oscillating System, ***Nature***, **225**（1970）, pp.535–537.

10）H. Miike, T. Sakurai, Complexity of Hydrodynamic Phenomena Induced by Spiral Waves in the Belousov-Zhabotinsky Reaction, ***Forma***, **18**（2003）, pp.197–219.

11）FEST Project 編集委員会：実践画像処理、シュプリンガー・フェアラーク東京（2000）.

12）F. Durst, A. Melling and J. H. Whitelaw: Principles and Practice of Laser-Doppler Anemometry, Academic Press（1981）.

13）H. Z. Cummins, N. Knable and Y. Yeh: Phys. Rev. Lett. 12（1964）, p.150.

14）B. J. Berne and R. Pecora: Dynamic light scattering（Wiley, New York, 1976）.

15）W. Y. M. Brown ed.: Dynamic light scattering –The method and some application, Clarendon Press, Oxford（1993）.

16）橋本：光散乱を利用した生体微粒子の粒径分布計測に関する研究、学位論文（北海道大学）(1986).

17）K. Ohbayashi, T. Kohno and H. Uchiyama: Phys. Rev. A **27**（1983）, p.2632.

18）久保：統計物理学（岩波出版、東京、1985）第5章、第6章.

19）大林：ブラウン運動の非マルコフ性と非線形緩和、月刊フィジックス、6、8（1985）, pp.440–444.

20）R. Zwanzig: Annu. Rev. Phys. Chem. **61**（1965）, p.670.

21）粉体工学会編：粒子計測技術 過去（日刊工業新聞、1994）.

22）木村、三池、山本、百田：動的光散乱理論に基づく動画像処理によるブラウン粒子の粒径評価、信学論（D-II）, J76-D-II, 9（1994）, pp.1987–1993.

23）H. Miike, T. Sakurai, A. Osa and E. Yokoyama: Observation of Two-Dimensional Brownian Motion by Microscope Image Sequence Processing, J. Phys. Soc. Jp., 66, 6（1997）, pp.1647–1655.

24）レーザ計測ハンドブック編集委員会：レーザ計測ハンドブック（丸善株式会社、東京、1994）.

25）百田、三浦、三池、山田、杉村：擬似ブラウン運動による画像生成と光散乱手法を用いた画像解析による粒子半径分布計測、電子情報通信学会論文誌、J81-D-II（1998）、pp.2341–2346.

26）清水、石丸：フーリエ変換による逆散乱問題の一解法（低濃度散乱体粒径分布の決定）、応用物理、52（1983）、pp.354–360.

27）M. Born and E. Wolf（草川、横田訳）：光学の原理 II ― 干渉および回折 ―（東海大学出版会、1975）.

28）三浦、冶部、長、三池、空間フィルタ法による動作の特徴抽出・認識、電子情報通信学会論文誌、D J90-D（2007）、pp.2573–2582.

第3章　勾配法によるオプティカルフローの推定

動画像中の濃淡パターンの見かけの動き（２次元平面内）をオプティカルフローと呼ぶ。オプティカルフロー推定の計算機アルゴリズムとして「勾配法」が知られている。本章では、勾配法の基礎とこれを発展させた「一般化勾配法」について紹介する。

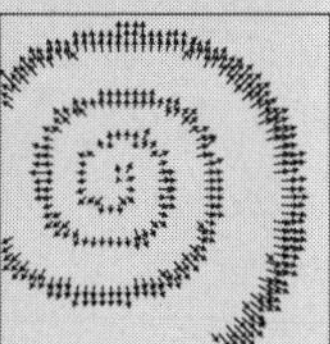

３．１　はじめに

計算機とカメラを用いて視覚システムを構築しようとするコンピュータビジョンの研究において、オプティカルフロー検出のアルゴリズムが研究されてきた[1, 2]。コンピュータビジョン研究の目的の１つとして、人間の視覚システムの理解が挙げられる。人間の視覚システムでは、網膜上に投影された明るさ分布の情報から、明るさパターンの動き（オプティカルフロー）を検出する機能が備わっている[3]。そのオプティカルフローの情報から、三次元構造や物体運動、自己運動が知覚される。従って、認知科学的な側面からも、オプティカルフロー検出メカニズムの解明やその計算機アルゴリズムの研究が行われている。

科学現象を捉えた動画像から移動現象を検出する目的に、オプティカルフロー検出法が利用されている。代表的な例が、流体の流れ場計測のための粒子画像速度計測法（Particle Image Velocimetry: PIV）や粒子追跡速度計測法（Particle Tracking Velocimetry: PTV）である[4, 5]。粒子によって可視化された流体を捉えた動画像中においては、粒子が流体の流れ場に従って運動している。粒子の動き速度ベクトルを検出することは、流体の流れの速度ベクトル場を推定することになる。流れ場から、流体の渦度分布や発散場、圧力分布などを推定することが可能であり、撮影対象の現象に関わる解析に有用な情報を与える。同様の試みが気象衛星画像からの雲の動き検出にも利用されている。

オプティカルフロー検出法の１つである勾配法（Gradient-based Method）は、動画像の濃淡分布の時間変化・空間勾配とオプティカルフローとの関係式に基づく手法である。Horn と Schunck はこの関係式（基礎式）を導き、さらに、オプティカルフロー場に対する付加的な拘束条件式を組み合わせることで、正則化の枠組みによってオプティカルフロー場検出のアルゴリズムを提案した[6]。現在、勾配法と呼ばれる手法は、Horn と Schunck の提案した基礎式とオプティカルフロー場の性質を仮定する付加拘束条件式とを組み合わせ、変分法や最小二乗法などの最適化手法によって解を推定するものをいう。“(時空間）勾配法（微分法)” あるいは “グラディエント（gradient）法” とも呼ばれる。相関法に対する勾配法の特徴は、濃淡分布の時間・空間勾配があればオプティカルフローを推定することができ、得られるオプティカルフロー場の密度が高いことが挙げられる。

また、1(pixel/frame) 以下のサブピクセルのフロー推定精度が優れていることも挙げられる。勾配法によるオプティカルフロー推定は、コンピュータビジョンやロボットビジョン[7]の研究のみならず、動画像計測法・科学計測法としても研究されている。

本章では、勾配法において良く利用される基礎式と付加拘束条件式、さらに変分法と最小二乗法による推定手法を紹介する。さらに、勾配法の基礎式を一般化する試みである、一般化勾配法についても紹介する。

3．2　勾配法の基礎

（1）　勾配法の基礎式の導出

ここでは、Horn と Shunck が発表した論文に沿った基礎式の導出法を紹介する[6]。いま、濃淡パターンが画像上をその形状・濃淡値を一定に保ちながら、微小時間 δt の間に位置 (x, y) から $(x+\delta x, y+\delta y)$ まで移動したとする（図3-1）。時刻 t、座標 (x, y) における動画像の濃淡分布を $f(x, y, t)$ で表すと、移動の前後における濃淡パターンの対応付けの式が成り立つ。

$$f(x, y, t)=f(x+\delta x, y+\delta y, t+\delta t) \tag{3.1}$$

$\delta x, \delta y, \delta t$ は微小であるとし、右辺を座標 (x, y, t) の周りでテーラー展開する。

$$f(x, y, t)=f(x, y, t)+\frac{\partial f}{\partial x}\delta x+\frac{\partial f}{\partial y}\delta y+\frac{\partial f}{\partial t}\delta t+\cdots \tag{3.2}$$

さらに $\delta x, \delta y, \delta t$ の2次以上の項を無視して整理し、$\delta t \to 0$ の極限をとる。

$$\frac{\partial f}{\partial t}+\frac{\partial f}{\partial x}u+\frac{\partial f}{\partial y}v=0 \tag{3.3}$$

オプティカルフローの2成分を (u, v) とした。オプティカルフローのベクトル：$\boldsymbol{v}=(u, v)$ を用いて書き換えると次式となる。

$$\frac{\partial f}{\partial t}+\nabla f \cdot \boldsymbol{v}=0 \tag{3.4}$$

式（3.3）または式（3.4）が一般に勾配法で用いられる基礎式である。式（3.3）を u-v を軸とするグラフに表すと図3-2となる。なお、式（3.2）の2次以上の高次の項を考慮した基礎式を用いた方法も提案されている。

勾配法の基礎式は、動画像の各時刻・各画素において導かれるが、オプティカルフローに関する2つの未知数 $\boldsymbol{v}=(u, v)$ を含むので、これらを推定するためには、付加的な拘束条件が必要となる。オプティカルフローの推定を、人間の視覚機能を実現するためのコンピュータビジョンの課題の一つとして捉えたとき、解析対象のシーンとして様々な現象が想定され（屋外の自然なシーンや、屋内の人工的なシーンも対象となる）、どのようなシーンに対しても適用可能な、汎用性のある手法が望まれている。従って、コンピュータビジョンの分野において研究されてきた勾配法の多くは、広範な現象に適用可能な付加拘束

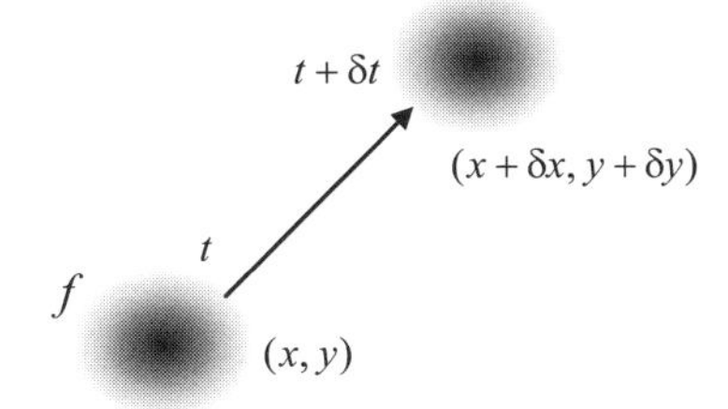

図3-1　濃淡パターンの対応付けに基づく勾配法基礎式の導出のための説明図：時刻 t に点（x, y）にあった濃淡パターン f（x, y）が、その濃淡分布を保ったまま時刻 $t+\delta t$ に点（$x+\delta x, y+\delta y$）まで移動する（式（3.1）を参照)。

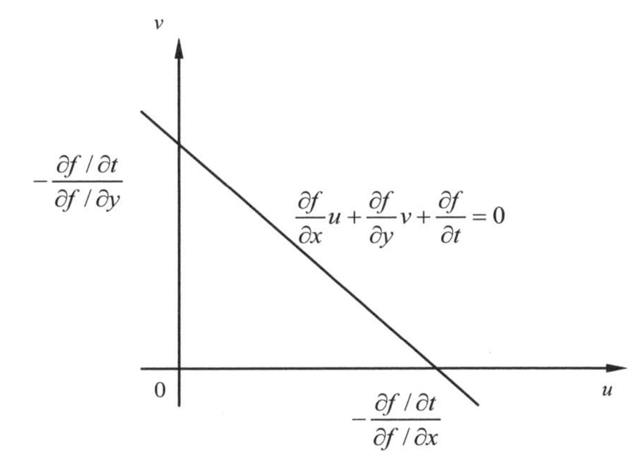

図3-2　勾配法の基礎式（3.3）のオプティカルフローの2成分（u, v）を軸とした u-v 平面へのプロット。

条件式を提案することが研究の中心的な課題であった。以下にこれまで提案されているいくつかの付加拘束条件式を紹介する。また、オプティカルフロー推定の問題で相関法・勾配法に関わらずよく利用される計算技法や、よく現れる問題についても紹介する。

（2）大域的最適化手法[6)]

推定すべきオプティカルフロー場が空間的に一様であるとき、オプティカルフローの空間勾配がゼロと仮定する以下の付加拘束条件式を課す。

$$\left(\frac{\partial u}{\partial x}\right)^2+\left(\frac{\partial u}{\partial y}\right)^2=0 \quad \text{なおかつ} \quad \left(\frac{\partial v}{\partial x}\right)^2+\left(\frac{\partial v}{\partial y}\right)^2=0 \tag{3.5}$$

あるいは、オプティカルフロー場の2次微分がゼロと仮定する次式のような付加拘束条件も考えられる。

$$\nabla^2 u=\frac{\partial^2 u}{\partial x^2}+\frac{\partial^2 u}{\partial y^2}=0 \quad \text{なおかつ} \quad \nabla^2 v=\frac{\partial^2 v}{\partial x^2}+\frac{\partial^2 v}{\partial y^2}=0 \tag{3.6}$$

式（3.5）や式（3.6）の拘束条件式が満足される場合を考える。例えば、3次元静止空間中に平面が存在し、それに対してカメラが相対運動している場合を考える。カメラの焦点を原点とした3次元座標（X, Y, Z）を考え、焦点距離をf、3次元空間中の平面の方程式を$Z=pX+qY+r$、カメラの並進速度を（a, b, c）、（X, Y, Z）軸周りのカメラの回転角速度を（$\omega_1, \omega_2, \omega_3$）とする。この運動によってカメラの画像平面上に生じるオプティカルフローは次式となる[8)]。

$$
\begin{aligned}
u&=fU+Ax+By+\frac{1}{f}(Ex+Fy)x \\
v&=fV+Cx+Dy+\frac{1}{f}(Ex+Fy)y
\end{aligned}
\tag{3.7}
$$

但し、U, V, A, B, C, D, E, Fは次式で表される定数である。

$$
\begin{aligned}
U&=-\frac{a}{r}-\omega_2, & V&=-\frac{b}{r}+\omega_1, \\
A&=\frac{pa+c}{r}, & B&=\frac{qa}{r}+\omega_3, \\
C&=\frac{pb}{r}-\omega_3, & D&=\frac{qb+c}{r}, \\
E&=-\frac{pc}{r}-\omega_2, & F&=-\frac{qc}{r}+\omega_1.
\end{aligned}
\tag{3.8}
$$

従って、式（3.5）の拘束条件が完全に満足されるのは$A=B=C=D=E=F=0$の場合であり、カメラは回転運動せずに、平面との距離を保ったまま並進運動する場合に限られる。一方、式（3.6）の条件はより適用範囲が広く、$E=F=0$の場合に満足される。例えば、$\omega_1=\omega_2=0$, $c=0$となるような、カメラのX, Y軸周りの回転がなく、カメラの光軸方向の運動もない場合に満足される。

式（3.5）の拘束条件を用いた推定法を紹介する。まず、式（3.5）の拘束条件がオプティカルフロー場全体：Sで満足されるように次式を最小とする拘束条件を課す。

$$
E_a=\iint_S \left(u_x^2+u_y^2+v_x^2+v_y^2\right)\mathrm{d}x\mathrm{d}y \rightarrow \min. \tag{3.9}
$$

ここで、$u_x=\partial u/\partial x$, $u_y=\partial u/\partial y$, $v_x=\partial v/\partial x$, $v_y=\partial v/\partial y$として表す。さらに、基礎式（3.3）がオプティカルフロー場全体で満足されるよう、次式を最小とする拘束条件を課す。

$$
E_b=\iint_S \left(f_x u+f_y v+f_t\right)^2\mathrm{d}x\mathrm{d}y \rightarrow \min. \tag{3.10}
$$

ここで、$f_x=\partial f/\partial x$, $f_y=\partial f/\partial y$, $f_t=\partial f/\partial t$として表す。式（3.9）と式（3.10）の2つの拘束条件を用いてこれらの和を最小とするような解（u, v）を求める。

$$
E=\alpha^2E_a+E_b \rightarrow \min. \tag{3.11}
$$

パラメータαは、基礎式による拘束条件と付加的な拘束条件の相対的な重みを決めるパラメータである。オプティカルフロー場が均一であるとあらかじめわかっている場合や、動画像にノイズが多く含まれ、動画像の濃淡に関する時空間勾配が信頼できない場合、αを大きく設定する。これまでのところ、パラメータαは、解析対象の動画像に応じて試行錯誤的に人間が決定するのが普通である。

式（3.11）のように、解が一意には決まらない方程式に付加的な条件式で拘束を加え、解を推定しようとする方法を正則化（regularization）という[9-11]。正則化はコンピュータビジョンや画像処理の問題において広く利用されている計算の枠組みである。式（3.11）を満足するようなオプティカルフローの場を推定することは、画像平面全体に渡る広い領域において拘束条件に当てはまる最適な解を推定することであり、この手法を大域的最適化法（global optimization）と呼ぶ。

式（3.11）から、オプティカルフロー場を推定する式を導く。式（3.11）を最小とするオプティカルフローベクトルの2成分を（u_0, v_0）とし、これに微小摂動を与える。

$$\begin{aligned} u(x, y) &= u_0(x, y) + \varepsilon\xi(x, y) \\ v(x, y) &= v_0(x, y) + \varepsilon\eta(x, y) \end{aligned} \tag{3.12}$$

ここで、$0<\varepsilon<<1$, $\xi(x, y)$, $\eta(x, y)$ は領域Sの縁Cにおいてゼロとなる任意の関数である。式（3.12）を式（3.11）に代入し次式を得る。

$$\begin{aligned} E = \iint_S & \left[\alpha^2 \left\{ \left(u_{0x}+\varepsilon\xi_x\right)^2 + \left(u_{0y}+\varepsilon\xi_y\right)^2 + \left(v_{0x}+\varepsilon\eta_x\right)^2 + \left(v_{0y}+\varepsilon\eta_y\right)^2 \right\} \right. \\ & \left. + \left\{ f_x\left(u_0+\varepsilon\xi\right) + f_y\left(v_0+\varepsilon\eta\right) + f_t \right\}^2 \right] \mathrm{d}x\mathrm{d}y \to \min. \end{aligned} \tag{3.13}$$

$\varepsilon=0$において、$E \to \min.$ となるので（停留条件）、

$$\left.\frac{\partial E}{\partial \varepsilon}\right|_{\varepsilon=0} = 0 \tag{3.14}$$

これを計算するため、まず$\partial E/\partial\varepsilon$を計算すると次式を得る。

$$\begin{aligned} \frac{\partial E}{\partial \varepsilon} = 2\iint_S & \left[\alpha^2 \left\{ \left(u_{0x}+\varepsilon\xi_x\right)\xi_x + \left(u_{0y}+\varepsilon\xi_y\right)\xi_y + \left(v_{0x}+\varepsilon\eta_x\right)\eta_x + \left(v_{0y}+\varepsilon\eta_y\right)\eta_y \right\} \right. \\ & \left. + \left\{ f_x\left(u_0+\varepsilon\xi\right) + f_y\left(v_0+\varepsilon\eta\right) + f_t \right\} \left(f_x\xi + f_y\eta\right) \right] \mathrm{d}x\mathrm{d}y \end{aligned} \tag{3.15}$$

式（3.15）に$\varepsilon=0$を代入すると、

$$\left.\frac{\partial E}{\partial \varepsilon}\right|_{\varepsilon=0} = 2\iint_S \left[\alpha^2 \left\{ \left(u_{0x}\xi_x + u_{0y}\xi_y + v_{0x}\eta_x + v_{0y}\eta_y\right) + \left(f_x u_0 + f_y v_0 + f_t\right)\left(f_x\xi + f_y\eta\right) \right\} \mathrm{d}x\mathrm{d}y = 0 \tag{3.16}$$

式（3.16）の右辺の被積分関数の第1項のuに関する項は、次式のように変形できる。

$$\iint_S \left(u_{0x}\xi_x + u_{0y}\xi_y\right) \mathrm{d}x\mathrm{d}y = \int_C \left(u_{0x}\xi dy + u_{0y}\xi dx\right) - \iint_S \left(u_{0xx} + u_{0yy}\right)\xi \mathrm{d}x\mathrm{d}y \tag{3.17}$$

関数ξはCに沿ってゼロとしているので、式（3.17）の右辺第1項の積分はゼロとなる。

$$\iint_S \left(u_{0x}\xi_x+u_{0y}\xi_y\right)\mathrm{d}x\mathrm{d}y=-\iint_S \left(u_{0xx}+u_{0yy}\right)\xi\mathrm{d}x\mathrm{d}y \tag{3.18}$$

従って、式（3.16）は次式となる。

$$\begin{aligned}\left.\frac{\partial E}{\partial \varepsilon}\right|_{\varepsilon=0}=2\iint_S &\left[\xi\left\{f_x\left(f_xu_0+f_yv_0+f_t\right)-\alpha^2\left(u_{0xx}+u_{0yy}\right)\right\}\right.\\ &\left.+\eta\left\{f_y\left(f_xu_0+f_yv_0+f_t\right)-\alpha^2\left(v_{0xx}+v_{0yy}\right)\right\}\right]\mathrm{d}x\mathrm{d}y=0\end{aligned} \tag{3.19}$$

任意の関数ξ,ηに対して、式（3.19）を満たすu_0,v_0が存在するためには、

$$\begin{aligned}&f_x\left(f_xu_0+f_yv_0+f_t\right)-\alpha^2\left(u_{0xx}+u_{0yy}\right)=0\\ &f_y\left(f_xu_0+f_yv_0+f_t\right)-\alpha^2\left(v_{0xx}+v_{0yy}\right)=0\end{aligned} \tag{3.20}$$

あるいは、u_0, v_0をu, vとおきかえ$\left(u_{xx}+u_{yy}\right)=\nabla^2u, \left(v_{xx}+v_{yy}\right)=\nabla^2v$を用いると、

$$\begin{aligned}&f_x\left(f_xu+f_yv+f_t\right)-\alpha^2\nabla^2u=0\\ &f_y\left(f_xu+f_yv+f_t\right)-\alpha^2\nabla^2v=0\end{aligned} \tag{3.21}$$

評価関数において、推定したい変数の解のまわりで微小摂動を与え、評価関数が最小となるように解を推定しようとする手法を変分法という。これによって得られた方程式（3.21）をオイラー・ラグランジェ方程式という。式（3.21）を用いたオプティカルフロー推定の実際のプログラムは、附章Bで紹介する。

（3）　局所的最適化手法[12-14]

前述の一様性の拘束条件を局所領域に限定し、最適化の手法を用いてオプティカルフローを推定する手法が提案されている。これを、大域的最適化法に対して局所的最適化法（local optimization）と呼ぶ[12]。いま、時間・空間にまたがる局所領域δVにおいて、オプティカルフローが一様と仮定する。すると、δV内で得られる勾配法の基礎式（3.3）は、すべて共通の解(u, v)を持つこととなる。式（3.3）を、最小二乗法を用いて次式を最小化するような解(u, v)を求める。

$$E=\sum_{t=t_0-L_t}^{t_0+L_t}\sum_{y=y_0-L_y}^{y_0+L_y}\sum_{x=x_0-L_x}^{x_0+L_x}\left(f_xu+f_yv+f_t\right)^2\rightarrow\min. \tag{3.22}$$

ここで、δVとして点(x_0, y_0, t_0)を囲む時空間領域$(2L_x+1)\times(2L_y+1)\times(2L_t+1)$を局所領域として用いた。また、$f_x, f_y, f_t$は離散的な座標$(x, y, t)$における微係数を表す。式（3.22）を解くと次式となる。

$$\begin{pmatrix} \sum f_x^2 & \sum f_x f_y \\ \sum f_x f_y & \sum f_y^2 \end{pmatrix} \begin{pmatrix} u \\ v \end{pmatrix} = -\begin{pmatrix} \sum f_x f_t \\ \sum f_y f_t \end{pmatrix} \tag{3.23}$$

但し、Σは$\sum_{t=t_0-L_t}^{t_0+L_t} \sum_{y=y_0-L_y}^{y_0+L_y} \sum_{x=x_0-L_x}^{x_0+L_x}$を表す。付加拘束条件として、時刻を固定して($L_t$=0) 空間領域においてオプティカルフローが一様と仮定する瞬時オプティカルフローを求める手法や、オプティカルフロー場の定常性を仮定し、空間の画素を固定し時間方向にオプティカルフローの一様性を仮定する手法も提案されている。いずれにしても、一組の解を推定するために、多点で得られる基礎式を用いるので、多重格子点法（multi-grid (point) method）とも呼ばれる。なお、局所的最適化法では、オプティカルフロー一様の仮定が満足される領域を解析対象の動画像シーンに応じて選ぶことが必要となる。一様と仮定できる領域が大きいほど、多くの画像データを解の推定に利用でき、解析精度の点で有利となる。一方、領域を大きく取りすぎ、一様性の仮定が破綻すると、推定誤差の原因となる。しかしながら、領域の大きさをどのようにとれば最も精度良く推定されるかは困難な問題である。

（4） エッジに基づく手法

大域的最適化法ではオプティカルフローを画像平面上の至るところで推定する。ところで、濃淡パターンにおいて、テクスチャの細かい特徴のある領域と、ほとんどテクスチャのない特徴のない領域とでは、推定されるオプティカルフローの精度（信頼性）が異なると思われる。これに対して、動画像中の特徴点（トークン）やエッジ上でしか信頼できるオプティカルフローは推定できないとし、これらの周りの情報のみを用いてオプティカルフローを推定する方法が提案されている。画像平面全体でオプティカルフローを求める手法を“輝度に基づく手法”と呼ぶのに対して、特徴のある領域のみで求める手法を“トークンに基づく手法”と呼ぶ。現在では、画像平面全体でオプティカルフローを推定する場合でも、各画素におけるオプティカルフローの信頼性の指標を与えることが提案されている[15)]。トークンに基づく手法は相関法に多いが（流体計測におけるPTVはトークンに基づく手法の代表例である)、一方、勾配法の多くは輝度に基づく手法が中心であるが、中にはトークン（濃淡パターンのエッジ）に基づく手法も提案されている。Davisらは、コーナー付近のエッジに沿った局所線分においてオプティカルフローが一様であるとする拘束条件を提案している[16)]。

Marrらは、人間の初期視覚におけるエッジ検出機能のモデルを既に提案していた[1)]。Hildrethは、人間の視覚システムへの興味から、オプティカルフロー推定の問題に対してもまずエッジ検出を行い、エッジに沿ったオプティカルフローの滑らかさ拘束条件を適用し、正則化の枠組みで解を推定する手法を提案した[17, 18)]。ところで、直線状のエッジパターンにおいてエッジの接線方向に濃淡分布の変化が無い場合、エッジ上で得られる複数の基礎式は独立とならずオプティカルフローを推定することは困難となる（図3-3)。エッ

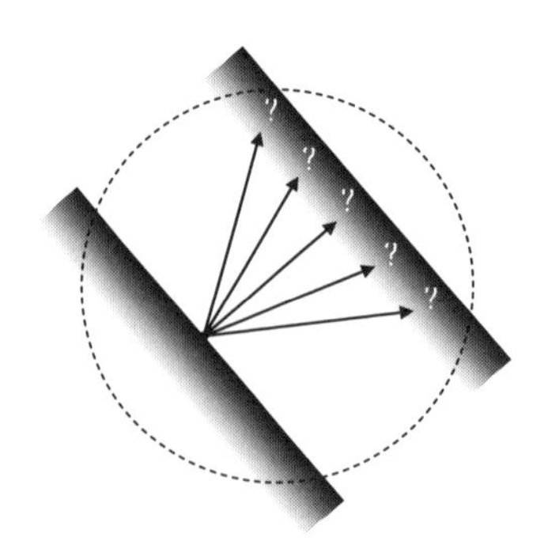

図 3-3　開口（アパチャー）問題：濃淡パターンのエッジの接線方向に濃淡分布がない場合、オプティカルフローの直交方向成分は推定できるが、接線方向成分は推定できない。

ジに基づく手法のみの問題ではなく、輝度に基づく手法においてもこの問題は生じる。極端な例では、まったくテクスチャのない物体が移動するシーンを捕らえた動画像からは濃淡の勾配に関する情報が得られないので、局所的な情報のみからではオプティカルフローを推定することが困難であり、これを開口問題（aperture problem）あるいは窓枠問題という。開口問題を解決するため、まず特徴のあるコーナーにおいてオプティカルフローを推定し、エッジに沿ってその情報を伝播させるという手法が提案されている[19]。また、Hildreth によるエッジに沿った滑らかさ拘束条件を用いた正則化手法も開口問題に対する 1 つのアプローチである。

（5）その他の手法と問題点

階層法[20]

オプティカルフローを求めたい動画像において、数段階の解像度の異なる動画像を生成する。最も解像度の低い動画像において、大まかなオプティカルフローを推定する。1 段高い解像度の動画像におけるオプティカルフローを推定する際に、先の解像度の低い動画像において推定された大まかなオプティカルフローを参照することで、大きな誤りのないオプティカルフローが求められると期待される。この計算を最も解像度の高い動画像に対するオプティカルフロー推定まで繰り返すことで、高精度で信頼性の高い大きな誤りの無い推定法が期待される。このような手法は階層法（hierachical method）、あるいは多重格子緩和法（multi-grid relaxation method）と呼ばれ、勾配法、相関法の両手法で利用されている。また、階層法は、オプティカルフロー推定の問題のみならず、広く画像処理・コンピュータビジョンの問題に適用されている。

多重オプティカルフロー、オクルージョン[21]

図 3-4 は、局所領域で得られる基礎式のグラフを図示したものである。オプティカルフロー場が一様であると仮定できるような領域を局所領域にとれば、図 3-4（a）のようにほとんどの方程式はほぼ一点で交わる。従って、最小二乗法や Hough 変換を用いること

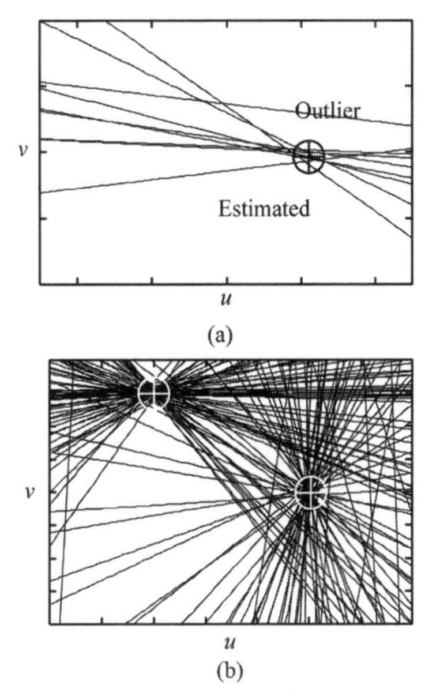

図 3-4　局所領域における複数の勾配法基礎式（3.3）の u-v 平面へのプロット：(a) 一様なオプティカルフロー場からなる局所領域において得られる勾配法の基礎式。記号⊕は解を示す。解から大きく外れた式はアウトライアーとよぶ。(b) 運動境界をまたぐ領域や多重オプティカルフロー場を含む領域を局所領域としたときの勾配法の基礎式。記号⊕で示された複数の解が存在する。

によって、解を推定することができる。ところで、2つの濃淡パターンの一方が他方をその動きによって隠す場合、あるいは、隠れていた濃淡パターンが時間とともに現れる場合（図 3-5 (a)）、その運動境界を囲む局所領域では図 3-4 (b) のように基礎式が2点で交わる。従って、解が唯一と仮定している手法を適用すると正しいオプティカルフローが得られない。これを隠れ問題（occlusion problem）という。一般に、局所領域内で複数の運動が観測されるような場合（図 3-5）のオプティカルフローを多重オプティカルフロー（multiple optical flow）という。半透明の模様のあるガラス越しのシーンを捕らえた動画像についても、ガラス面によるオプティカルフローとその背後のシーンのオプティカルフローの2つがあり、多重オプティカルフローとなっている。

オクルージョンの場合についてその解決法を考える。他の手法を用いることによって運動境界を検出することが可能であるならば、境界で局所領域を分割し、それぞれの領域に対して従来のオプティカルフロー推定法を適用することで問題を解決することができる。例えば、濃淡パターンの境界（エッジ）と運動境界が一致することがある。この場合、まず画像処理の手法を用いて濃淡パターンのエッジ検出および領域分割の処理を行い、その領域内でオプティカルフローが一様と仮定して局所最適化法を適用し、オクルージョンの問題を避けることができる。同様に、大域的最適化法の式（3.21）において、重み付けパラメータ α を濃淡パターンの勾配方向と直交する方向で変化させる方法も提案されている [22]。運動境界をまたぐ方向では、オプティカルフロー一定の仮定が成り立たないので、濃淡パターンのエッジが運動境界と一致する場合を仮定し、勾配方向には重み付けを小さ

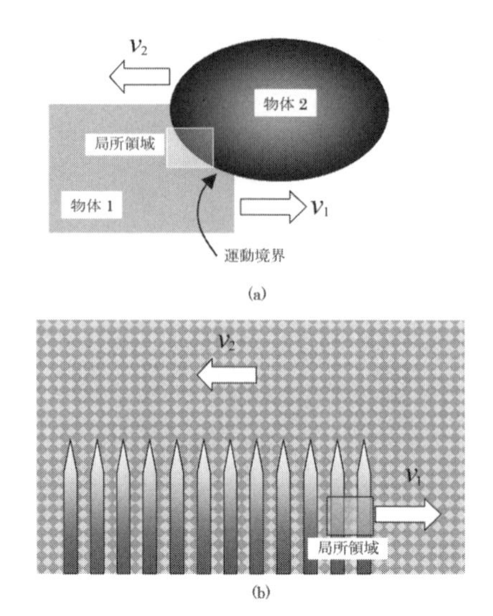

図 3-5　オクルージョンと多重オプティカルフロー：(a) 2つの物体：物体1と物体2が異なる速度：v_1, v_2 で移動する場合。物体1が物体2に隠れるため、2つの物体が重なり合う運動境界で隠れ問題が生じる。(b) 前景と背景がそれぞれ異なる速度 v_1, v_2 で移動するとき、局所領域内で、2つの速度が定義される多重オプティカルフローとなる。

くし、それに直交する方向には重みを大きくするためである。しかしながら、一般には、濃淡パターンの境界と運動境界とは一致しない。運動境界を正しく求めるためには、正しいオプティカルフロー場を推定することが必要である。従って、オプティカルフロー推定におけるオクルージョンの問題を解決するには、運動境界の情報が必要であり、さらに、運動境界を求めるためには、オプティカルフロー場を知る必要があるという“鶏と卵”の問題となる。

3．3　一般化勾配法

（1）　研究の背景

オプティカルフローという言葉は、もともと視覚心理学における用語であり、本来の意味は、人間の眼球の網膜上に投影された明るさパターンの見かけの動きのことである。網膜上（カメラでは画像平面上）における濃淡パターンの見かけの動きの速度ベクトル場は、3次元空間中における物体と眼球（カメラ）との相対運動の速度ベクトル場の画像平面上への射影とは必ずしも一致しない。極端な例ではあるが、3次元空間中でテクスチャ（濃淡パターンの模様）を持たない物体が（例えば真っ白な壁が）運動するシーンをカメラで撮影しても、動画像中では、カメラに対する物体の相対的な運動を表すような濃淡パターンの動きは観測されない。人間の視覚システムでは、3次元世界に関する不確かな情報を含んだオプティカルフローに基づき、三次元構造の復元や、それに基づく姿勢制御や物体追跡のような高度な視覚機能・運動制御を実現している。一方で、オプティカルフローの情報を補うために人間の視覚システムで仮定されている前提条件や生物的な仕組みによって運動錯視のような現象も生じる。すなわち、人間の視覚システムが如何にしてオプティカルフローを推定し、その不確かな情報を含んだオプティカルフロー場を処理して如何に3次元情報を抽出するか、また、どのような仮定・仕組みのために錯視現象が生じるのかといった観点から、オプティカルフロー推定の研究が行われている。このとき研究対象とするのは、まさに画面上での濃淡パターンの対応関係に基づく見かけの速度ベクトル場の推定メカニズムである。

一方で、工学的な応用や計測法としての応用を目指した研究では、3次元速度ベクトル場を画像平面上へ射影した2次元の速度ベクトル場を推定するための手法が必要となる。この意味で2次元平面に射影された速度ベクトル場をオプティカルフロー場と区別するため、 単に動き場（motion field）ということがある。ロボットビジョンのような応用を考えたとき、オプティカルフローと動き場のどちらを推定すべきかは難しい問題である。人間の視覚システムとまったく同じメカニズムを持つシステムを構築することを目的とする場合、オプティカルフローのアプローチが考えられる。工学的な分野におけるこれまでの3次元情報の獲得に関する研究の多くは、動き場を暗に仮定しているものと思われる。

前節で紹介した勾配法によるオプティカルフロー推定法では、濃淡パターンがその濃淡値分布を保ったまま運動すると仮定していた。それに対して、現実のシーンにおいては濃淡パターンの変形を伴う場合がある。例えば次の2つの例が考えられる。1つめの例は、運動物体そのものの変形や物体そのものの明るさの変化によって濃淡パターンの変形が生じる場合である。例えば、気象衛星画像において観察される雲は時間と伴にそれ自身が変形を伴いながら移動する。また、特殊なカメラで生体の温度分布を捕らえた動画像に対しては、やはり生体そのものの活動にともなって温度変化を生じ、これによって濃淡パターンの変形が生じる。もう1つの例は、画像が3次元空間中の物体の2次元平面への投影であることにより、3次元空間中を運動する物体が剛体で物体そのものが変形しなくとも、照明変化や鏡面反射のような光学的な影響によって、あるいは物体の3次元的な奥行き方向への運動によって画像平面上で濃淡パターンの変形が生じる場合である。これらの場合、まさにオプティカルフロー場≠動き場である。

以下では、3次元空間中では剛体であるけれども、照明の影響やピンぼけ過程の影響によって、濃淡パターンの変形が観測される場合に対して、動き場の推定法について述べる。なお、本書では、特にオプティカルフロー場と動き場の2つの言葉の意味の違いを意識せずに、すべてオプティカルフローという言葉を用いている。

（2） 場の理論に基づく基礎式の導出[23)]

移動現象のモデリングにおいて、オイラーの立場による観測の方法を紹介する。図3-6のように、ある固定された観測領域δSを考える。そのδS内での物質の時間変化は、その領域を囲むδCを通じてδS内に流入する物質の量と、δS内で単位時間あたりに生成・消滅する物質の量との和に等しい（保存則）。この考え方は、移動ベクトル場が存在し、その場に従って物質は移動するとする“場”の考え方に基づいている。動画像のオプティカルフロー推定の問題にこのオイラー的な場の考え方を導入することによって、これまであまり検討されていなかった濃淡パターンの変化のいくつかの問題に対する解決法を導くことが可能となる。

場の理論に基づき基礎式を導出する。まず、動きベクトル場を仮定し、それによって濃淡パターンの運動が観測されると考える。いま、画像平面上にある固定した空間の局所領域 δS を考える。ここでの濃淡値の総和の時間変化は、濃淡パターンの動きベクトル $\boldsymbol{v}$ と、濃淡の生成・消滅 ϕ（x, y, t）によるとする。例えば、濃淡パターンは照明の時間・空間的な変化によってその濃淡値の増減を伴うため、運動による濃淡の時間変化と、照明条件の影響による時間変化とを分けて ϕ としている。

$$\frac{\partial}{\partial t}\int_{\delta S} f\mathrm{d}s = -\oint_{\delta C} f\boldsymbol{v}\cdot\boldsymbol{n}\mathrm{d}c + \int_{\delta S}\phi\mathrm{d}s \tag{3.24}$$

ここで、$\boldsymbol{n}$ は δC に対する外向き単位法線ベクトルである。さらに、ガウスの定理(2次元)により右辺第1項の線積分を面積分に変換すると、

$$\frac{\partial}{\partial t}\int_{\delta S} f\mathrm{d}s = -\int_{\delta C} \nabla\cdot(f\boldsymbol{v})\mathrm{d}s + \int_{\delta S}\phi\mathrm{d}s \tag{3.25}$$

被積分項のみを取り出し、微分形式で表すと次式となる。

$$\frac{\partial f}{\partial t} = -\nabla\cdot(f\boldsymbol{v}) + \phi \tag{3.26}$$

式（3.24）では、移動現象を動きベクトルのみによると仮定したが、より一般的に、何らかの原因で濃淡パターンの変化が生じたとし、これを $\boldsymbol{J}$ で表すと次式のように書ける。

$$\frac{\partial}{\partial t}\int_{\delta S} f\mathrm{d}s = -\oint_{\delta C} \boldsymbol{J}\cdot\boldsymbol{n}\mathrm{d}c + \int_{\delta S}\phi\mathrm{d}s \tag{3.27}$$

すなわち、式（3.24）は $\boldsymbol{J}=f\boldsymbol{v}$ の場合である。

カメラの焦点距離の変動によって、動画像中の濃淡パターンにボケ過程が観測されることがある。このボケ過程は、拡散方程式、すなわち式（3.27）において $\boldsymbol{J}=-D\nabla f$ で近似的に表すことができる[24]。

$$\frac{\partial f}{\partial t} = \nabla\cdot(D\nabla f) \tag{3.28}$$

但し、D は拡散係数で、焦点距離が時間と伴に徐々にずれていくボケ過程では $D>0$、一方、焦点が徐々に合っていく逆ボケ過程では $D<0$ となる。もともと拡散方程式は熱伝導方程式とも呼ばれ、熱の伝導をモデル化した方程式である。従って、2次元的な熱の分布を撮影した動画像に対して拡散方程式を適用し、その拡散係数を推定しようとする手法も提案されている[25]。以上より、濃淡パターンの運動、照明条件の変化による濃淡値の生成・消滅、ピンぼけ過程を考慮したより一般化された勾配法の基礎式（微分形）は、$\boldsymbol{J}=f\boldsymbol{v}-D\nabla f$ を用いて次式となる。

$$\frac{\partial f}{\partial t} = -\nabla \cdot (f\boldsymbol{v}) + \nabla \cdot (D\nabla f) + \phi \tag{3.29}$$

例えば、$\nabla \cdot v = \nabla D = 0,\ \phi = 0$ のとき、基礎式は次式となる。

$$\frac{\partial f}{\partial t} + v \cdot \nabla f - D\nabla^2 f = 0 \tag{3.30}$$

式（3.29）がこれまで提案されてきた基礎式の一般化となっていることを示す。まず、最もよく利用されているHornとSchunckによって提案された基礎式（3.4）は、一般化勾配法の式（3.29）において、$\nabla \cdot v=0,\ D=0,\ \phi=0$ とすると導かれる。さらに、何人かの研究者が提案している式は、HornとSchunckらの基礎式に加えて、$\nabla \cdot v$ の項が含まれており、式（3.29）において $D=0,\ \phi=0$ とした次式と同じである[26-29]。

$$\frac{\partial f}{\partial t} = -\nabla \cdot (f\boldsymbol{v}) \tag{3.31}$$

特に、Schunckは、式（3.31）によって定義された速度ベクトルを画像流（image flow）と呼んでいる[26]。さらにBimboらは、式（3.31）に基づく具体的な手法を提案した[28, 29]。すなわち、式（3.31）は次式のように書き換えられる。

$$\frac{\partial f}{\partial t} = -\frac{\partial f}{\partial x}u - \frac{\partial f}{\partial y}v - f\nabla \cdot v \tag{3.32}$$

ここで、式（3.32）の右辺 $\nabla \cdot v$ を1つの未知数と考えて、$(u,\ v,\ \nabla \cdot v)$ の3つの未知数を最小二乗法によって推定する手法を提案した。また、CorneliusとKanadeは次式を提案した[30]。

$$\frac{\mathrm{d}f}{\mathrm{d}t} = \frac{\partial f}{\partial x}u + \frac{\partial f}{\partial y}v + \frac{\partial f}{\partial t} \neq 0 \tag{3.33}$$

ここで、$\mathrm{d}f/\mathrm{d}t$ は全微分を表す。濃淡パターンがその分布を保ったまま運動する場合、全微分はゼロとなるが、これがゼロとならない場合も許している。すなわち、一般化勾配法の基礎式（3.29）において $\nabla \cdot v=0,\ D=0$ の条件の下で $\mathrm{d}f/\mathrm{d}t=\phi$ とした式と同じである。武川は、式（3.33）と光学モデルを用いて照明の変化が生じた場合にも対応可能なオプティカルフロー、光源方向および3次元形状の推定法を提案している[31, 32]。

なお、全く異なるアプローチで、Negahdaripourは、濃淡パターンの動きに伴う濃淡分布の変化について次式のようにモデル化している[33]。

$$f(x+\delta x,\ y+\delta y,\ t+\delta t) = m \cdot f(x,\ y,\ t) + c \tag{3.34}$$

ここで $m,\ c$ は未知パラメータである。

（3）推定手法

ϕ に対する滑らかさ拘束条件を用いる方法[30]

Cornelius and Kanadeは、式（3.33）を用いて、オプティカルフローのパラメータの

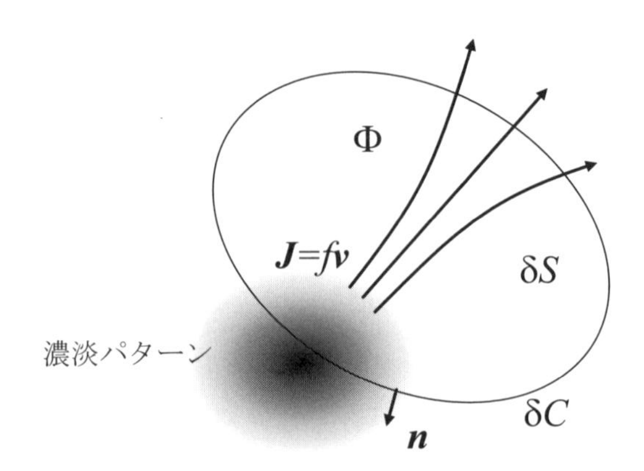

図3-6　一般化勾配法の基礎式の導出のための説明図

他に df/dt=ϕ の項も同時に推定する手法を提案した。用いた手法としては、Horn and Schunk の滑らかさ拘束条件をオプティカルフローのパラメータと ϕ の項に適用し、以下の汎関数を最小化するような解を推定した。

$$E=E_a+\alpha^2 E_b+\beta^2 E_c \rightarrow \min. \tag{3.35}$$

$$E_a=\int_S \left(f_x u+f_y v+f_t-\phi\right)^2 ds \tag{3.36}$$

$$E_b=\int_S \left(u_x^2+u_y^2+v_x^2+v_y^2\right) ds \tag{3.37}$$

$$E_c=\int_S \left(\phi_x^2+\phi_y^2\right) ds \tag{3.38}$$

変分法より以下の方程式が得られる。

$$\begin{aligned} & f_x\left(f_x u_0+f_y v_0+f_t-\phi\right)+\alpha^2 \nabla^2 u=0 \\ & f_y\left(f_x u_0+f_y v_0+f_t-\phi\right)+\alpha^2 \nabla^2 v=0 \\ & -\left(f_x u_0+f_y v_0+f_t-\phi\right)+\beta^2 \nabla^2 \phi=0 \end{aligned} \tag{3.39}$$

照明条件を場合分けした方法 [34]

ここでは、照明条件の時間的・空間的な変化を考慮した手法を紹介する。式（3.29）では照明条件の変化に伴う濃淡値の生成・消滅量を仮に ϕ で表している。これを動画像情報のみから推定する方法を考える。簡単のため、ピンぼけ過程は無く：D=0、動きベクトルの発散の無い場合：$\nabla\cdot\boldsymbol{v}$=0 を仮定する。さらに、簡単な光学モデルを導入する。すなわち、カメラを通じて観測される動画像の濃淡分布 $f(x, y, t)$ は、照明が均一で時間変化のない環境のもとで観測される動画像の濃淡分布 $g(x, y, t)$ と照明の影響を表す $r(x, y, t)$ を用いて、次式で表されると仮定する。

$$f(x, y, t)=r(x, y, t)\times g(x, y, t) \tag{3.40}$$

ここで、照明の影響を表す関数 r (x, y, t) は画像平面上で観測されるであろう照明強度の分布である。この仮定の下で、式（3.40）を基礎式（3.29）に代入すると次式となる。

$$g\left(\frac{\partial r}{\partial t}+v\cdot\nabla r\right)+r\left(\frac{\partial g}{\partial t}+\boldsymbol{v}\cdot\nabla g\right)=\phi \tag{3.41}$$

均一な照明条件の下で観測される動画像 $g(x, y, t)$ に対して、勾配法の基礎式が成り立つ場合には、次式が成り立つ。

$$\frac{\partial g}{\partial t}+\boldsymbol{v}\cdot\nabla g=0 \tag{3.42}$$

よって、式（3.40）は次式となる。

$$g\left(\frac{\partial r}{\partial t}+v\cdot\nabla r\right)=\phi \tag{3.43}$$

但し、照明条件の影響を表す項 $r(x, y, t)$ が時間・空間と伴に変化する場合、$r(x, y, t)$ における濃淡パターンの動きベクトルが動画像 $g(x, y, t)$ における推定すべき動きベクトルと一致するとき、照明条件の影響はなく $\phi=0$ となる。例えば、静止した環境下で、不均一な照明条件の下で、カメラを移動させて観測される動画像に対して、不均一照明の影響を考慮する必要はない。また、照明が不均一で、なおかつ動きベクトルと照明の影響を表す項の勾配方向が直交する場合、やはり照明の影響を考慮する必要がない。（従って、科学計測において、照明条件をある程度制御できる場合、両者が直交するように実験条件を設定すれば、照明条件を考慮することなく速度ベクトル場を計測することができる。）これら以外の場合、照明条件を考慮する必要がある。3次元空間に照明条件を観測する機器などを設置して別途これを推定する手法や、濃淡値の平均の時間変化から照明条件の時間変化を近似的に推定する方法、生成・消滅項 ϕ を多項式関数で近似して推定する手法などが考えられる。ここでは、動画像情報のみから、できる限り精度良く動きベクトル場を推定可能な手法を考える。照明条件の影響を表す項 $r(x, y, t)$ は、時間と空間に依存する関数であるが、ここで以下の2つの場合に分ける。

(a)　不均一照明条件：照明条件が空間的に不均一で、時間的には変化しない。すなわち、$r=r(x, y)$。

(b)　非定常照明条件：照明条件は空間的には均一で、時間と伴に変化する。すなわち、$r=r(t)$。

まず（a）の不均一照明条件の場合について考える。このとき、生成・消滅項は次式となる。

$$\phi = g(v \cdot \nabla r) = f\frac{v \cdot \nabla r}{r} = fq\sqrt{u^2+v^2} \tag{3.44}$$

ここで、q は動きベクトルと ∇r のなす角 θ を用いて、$q=|\nabla r/r|\cos\theta$ で表される。式（3.44）を用いて、基礎式は次式のように整理できる。

$$\frac{\partial f}{\partial t} + v \cdot \nabla f - fq\sqrt{u^2+v^2} = 0 \tag{3.45}$$

照明条件の効果を表すパラメータ q は時間と伴に変化しない空間のみに依存するパラメータである。従って基礎式（3.45）に対して、時間と伴に変化しない定常な動きベクトル場を仮定することができる場合、非線形最小二乗法のような最適化手法で解：$\boldsymbol{v}=(u, v)$, q を推定する。

$$E = \sum_{t=t_0-L_t}^{t_0+L_t} \left(\frac{\partial f}{\partial t} + v \cdot \nabla f - fq\sqrt{u^2+v^2} \right)^2 \rightarrow \min. \tag{3.46}$$

ここで、動画像の濃淡分布の時空間勾配 $\partial f/\partial t$, ∇f は、座標（x, y, t）において計算する。また、時刻については $t=t_0$ を中心として、（$2L_t$+1）（frame）の範囲で動きベクトルが一様であると仮定している。なお、非線形の最小二乗法を解くことは、線形のそれに比べて、一般に複雑な計算手順を必要とする。簡素化のため、$q\sqrt{u^2+v^2}$ を一まとめにして q' と置き換えて線形化して解いてもよい。

次に（b）の非定常照明の場合について考える。このとき、生成・消滅項は次式となる。

$$\phi = g\frac{\partial r}{\partial t} = fw \tag{3.47}$$

ここで、$w=(\partial r/\partial t)/r$ とした。よって基礎式は次式となる。

$$\frac{\partial f}{\partial t} + v \cdot \nabla f - fw = 0 \tag{3.48}$$

パラメータ w は時間の関数であり、時間を固定したとき、画面上で一定値となる。非定常照明条件の下では、空間で動きベクトル場が一様である場合、空間局所最適化法の付加拘束条件を組み合わせることにより、次式を最小化する解：$\boldsymbol{v}=(u, v)$, w を推定する。

$$E = \sum_{y=y_0-L_y}^{y_0+L_y} \sum_{x=x_0-L_x}^{x_0+L_x} \left(\frac{\partial f}{\partial t} + v \cdot \nabla f - fw \right)^2 \rightarrow \min. \tag{3.49}$$

ここで、動画像の濃淡分布 f の時空間勾配 $\partial f/\partial t, \nabla f$ は、座標（x, y, t）において計算する。また、座標（x_0, y_0）を中心として、空間のみからなる局所領域（$2L_x$+1）×（$2L_y$+1）（pixel）の範囲で動きベクトルが一様であると仮定している。より実際的には、パラメータ w が十分短い時間内であれば一定と考えても問題ない。従って、最小二乗法において時空間の局所領域を用いることでより多くの画像情報を用いることができる。また、これまで2つの場合に分けたが、現実には、照明条件をこれほど厳密に場合分けすることは困難である。照明条件の影響に応じて動きベクトル場に空間局所領域で一様あるいは時間とともに定常とする条件を課すことにも困難がある。これらの制限をより緩やかなものにし、現実

的な立場からより近似的に解を推定しようとする手法がある[35, 36]。すなわち、いずれの場合においても基礎式は、

$$\frac{\partial f}{\partial t}+v\cdot\nabla f-fw=0 \tag{3.50}$$

のように書け（但し、パラメータwは時間と空間の照明条件の影響を含んだものとなっている）、不均一照明による効果が非定常照明による効果よりも大きい場合には、局所領域を時間方向に大きく、逆に、非定常照明による効果が不均一照明による効果よりも大きい場合には、局所領域を空間方向に大きくとればよい。

３．４　動画像からの勾配法によるオプティカルフロー推定例

これまで、数多くのオプティカルフロー推定法が提案されてきた。それぞれの手法が提案された背景が異なるため、解析対象となる動画像の種類の違いによって、それに適した解析手法は異なる。従って、オプティカルフロー推定法を利用しようとする場合、利用者は解析対象の現象に応じた推定法の選択が必要となる。既に、代表的な手法の解析精度の定量的な評価を通じて、各手法の分類と有効性の確認が試みられた[37]。よって、ここでは不均一・非定常照明条件の下で撮影された動画像と、逆ボケ過程を捉えた動画像に対して本書で紹介したオプティカルフロー推定法（勾配法のみ）を適用した結果を示す。なお、解析に用いた手法の本書での省略名とその概要などを表3-1に示す。

表3-1　解析に用いるオプティカルフロー推定法

省略名	概要	代表的文献	基礎式	設定パラメータ	推定パラメータ
HS	大域的最適化法	6)	(3.3)	滑らかさ：α 反復回数：N	$v=(u, v)$
LOM	局所最適化法	12)	(3.3)	時空間局所領域： L_x, L_y, L_t	$v=(u, v)$
NUI	不均一照明条件を考慮した手法	34)	(3.45)	時間局所領域：L_t	$v=(u, v), q$
NSI	非定常照明条件を考慮した手法		(3.48)	空間局所領域： L_x, L_y	$v=(u, v), w$
DIF	ボケ過程を考慮した手法	24)	(3.30)	時空間局所領域： L_x, L_y, L_t	$v=(u, v), D$

（1）粒子によって可視化された流れ場を捉えた動画像

図3-7のような実験系において、粒子によって可視化された流れ場をカメラで撮影し、円柱障害物の周りの流れ場を動画像として捉えた。障害物後方を除くと流れ場は定常であるので、時空間局所最適化法において、オプティカルフローが定常であると仮定する手法を用いることができる。但し、障害物の下方に照明の空間的な不均一性があるため、その影響を考慮した手法を用いることが必要である。動画像を図3-8に、HS、LOM、NUIによって解析して得られたオプティカルフロー場、および照明の不均一性を示すパラメータ

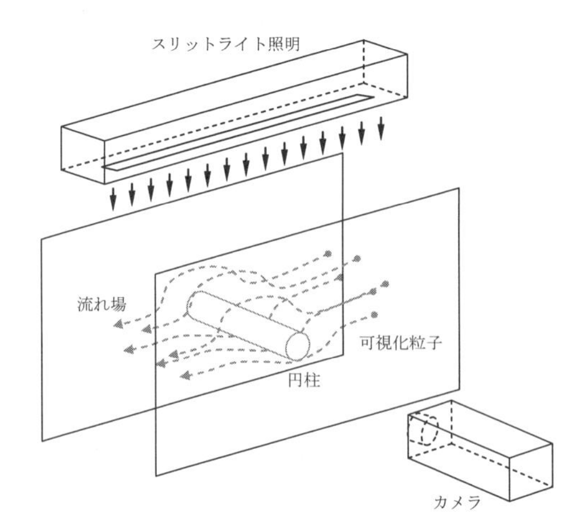

図 3-7　円柱周りの流れ場の観測実験システム：一様な流れ場中に、円柱をその軸が流れの速度に直交するように置いた。このときの流れ場を微小粒子によって可視化、カメラで動画像として撮影した。カメラの光軸と円柱の軸が平行になるようにカメラが設置されている。また、可視化のためのスリットライト照明が実験システムの上方に、スリット光の面が円柱の軸と直交するように設置されている。照明と円柱との位置関係から、円柱の下方において照明の不均一性が生じる。

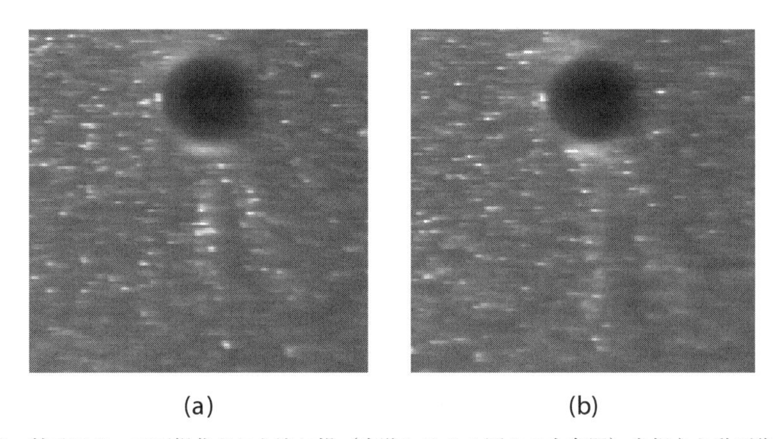

図 3-8　粒子によって可視化された流れ場（実験システム図 3-7 を参照）を捉えた動画像：動画像のサイズ：128×128（pixel）、128（frame）、8（bit）。サンプリング周波数：30(Hz)。(a) t=0、(b) t=64(frame) めの画像。

値の分布を図 3-9 に示す。従来の照明の影響を考慮していない HS および LOM による推定結果は、障害物の下方にオプティカルフロー場の乱れが生じているが、NUI ではほぼ一様なオプティカルフロー場が得られている。また、照明の不均一性を表すパラメータも、障害物下方において分布を示している。さらに、人間の目ではわかりにくかったが、障害物の上方においても若干の照明の不均一性があることがわかる。

（2）　伝播する化学反応波の動画像

伝播する化学反応波の様子を捉えた動画像を解析し、その伝播速度を計測した。このとき、全体の明るさが時間と伴に随時変化する。解析対象となる動画像を図 3-10 に示す。

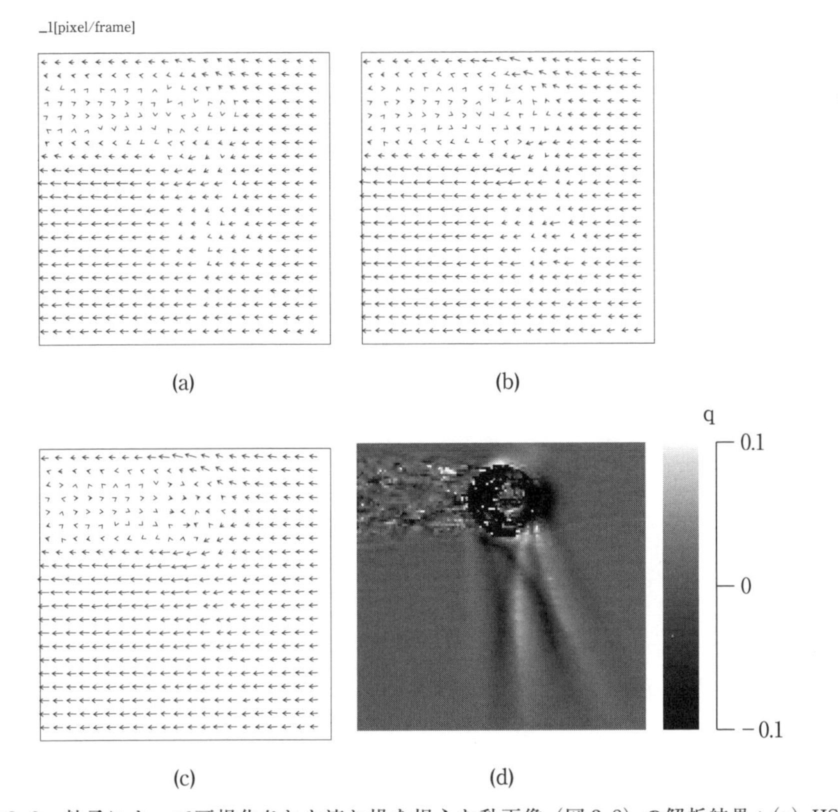

図 3-9　粒子によって可視化された流れ場を捉えた動画像（図 3-8）の解析結果：(a) HS, α=1.0, N=256。t=0 ～ 127(frame) のそれぞれにおいて得られたオプティカルフロー場を平均した結果。(b) LOM, L_x=L_y=0, ($2L_t$+1)=128。(c) NUI, ($2L_t$+1)=128。(d) NUI によって推定された照明の不均一性を表すパラメータ q の空間分布。

ここで、ノイズの影響を軽減するため、メディアンフィルターを適用した。動画像中の白く映っている部分が化学反応波の先端であり、波は画面の右下から左上方向にほぼ一定速度で伝播している。メディアンフィルターを適用して得られた動画像に対して、LOM と NSI を適用し、オプティカルフロー場を得た（図 3-11）。従来の照明の影響を考慮していない基礎式を用いた LOM では、大きく誤ったオプティカルフロー場がほぼ全体に渡って得られたが、一方、照明の時間変化を考慮した NSI では、波の先端において方向・大きさともに一様な左上方向のオプティカルフローが得られた。照明の時間変化が小さくても、濃淡分布の空間勾配が小さい動画像においては照明の時間変化の影響が大きく、照明の影響を考慮していない手法では、大きな誤りを得ることがわかる。

（3） 逆ボケ過程の動画像 [24]

カメラの光軸に直交する面内で水平方向に一定速度で移動させたときのシーンを動画像として撮影した。3 次元空間中には、1 冊の本がカメラの画像平面とほぼ平行になるように立てて置いてある。カメラが移動する際に、その焦点を連続的に変化させたため、画像がボケた状態から焦点の合ったクリアーな状態に変化した。この逆ボケ過程を捉えた

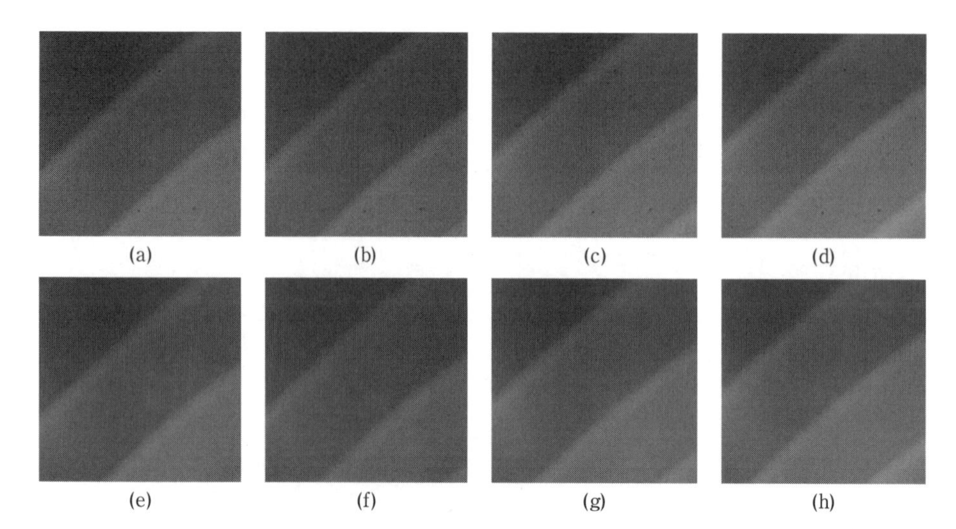

図 3-10　Belousov-Zhabotinsky（BZ）反応波の伝播の様子を捉えた動画像：動画像のサイズ：200×200（pixel），330(frame)，8(bit)。サンプリング周波数：15(Hz)。元動画像の（a）t=0、（b）t=100、（c）t=200、（d）t=300(frame）における画像。元動画像に対して 7×7(pixel)，3(frame）の時空間領域からなるメディアンフィルターを適用して得られた動画像の（e）t=0、（f）t=100、（g）t=200、（h）t=300(frame）めの画像。

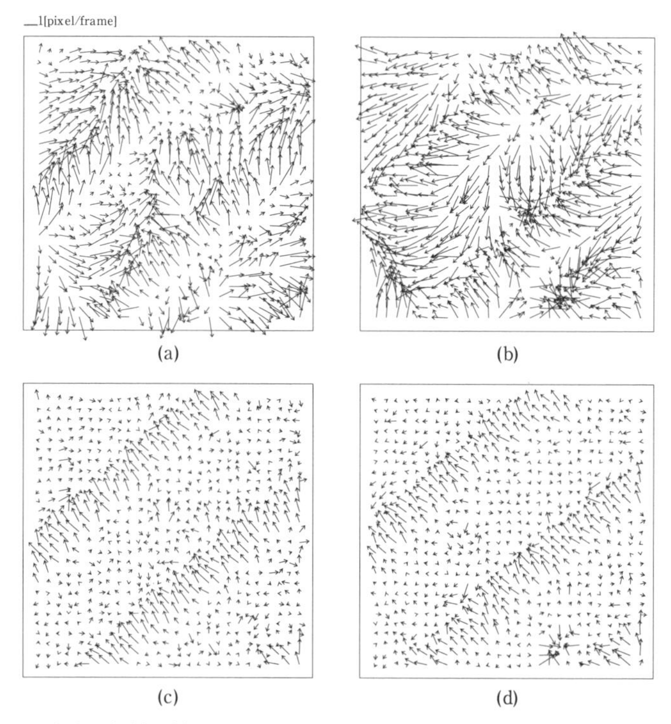

図 3-11　BZ 反応波の伝播の様子を捉えた動画像（図 3-10）の解析結果：LOM(L_x=L_y=5, L_t=0) による（a）t=100、（b）t=200(frame）での結果。NSI（L_x=L_y=5）による（c）t=100、（d）t=200（frame）での結果。

動画像を図3-12に示す。画面中を本の表紙が右から左へ水平横方向に一定速度で移動する。人間の目により特徴点を1点選択して追跡し、そのオプティカルフローの大きさを求めたところ、1.26(pixel/frame)であった。この動画像に対して、LOMとDIFを適用した。得られた結果のオプティカルフロー場と、その大きさのヒストグラム、および推定された拡散係数Dの分布を図3-13に示す。オプティカルフロー場からは両者の結果にほぼ違いは見られないが、ヒストグラムでは、2つのピーク位置とその最大値に違いがあることがわかる。すなわち、DIFによるピーク位置はLOMによるそれと比べて大きくなっており、また、DIFによるピークの方が、LOMによるそれよりも高くなっている。DIFによって得られた拡散係数の分布は、ほぼ全体にわたって負の値を示しているが、場所によってその大きさにばらつきがある。画面右上の領域ではその他の領域に比べて絶対値が小さくなっている。解析対象の動画像をみればわかるように画面右上ではテクスチャが少なく、解析の困難な領域であるためと考えられる。

図3-12　3次元空間中を移動するカメラが捉えた逆ボケ過程の動画像：カメラは、その光軸に直交する方向（画面上では横方向）に一定速度で移動する。その際、カメラの焦点距離が時間と伴に変化し、t=0のボケた状態から徐々に焦点距離の一致した状態へと変化する。画像サイズ：128×100(pixel)、8(bit)、サンプリング周波数:30(Hz)。(a) t=0、(b) t=24、(c) t=49(frame)めの画像。

3．5　おわりに

本章では、勾配法とそれを拡張した一般化勾配法による動画像からのオプティカルフロー推定法について概説した。一般化勾配法では、動画像に含まれる現象・性質に合うような基礎式をモデル方程式として選択・採用する点に特徴がある。しかしながら、最も適当な基礎式をどのように選択・採用するかが問題である。科学計測の分野では、計測対象に関する事前の知識があることが多いので、この知識を用いて基礎式を人間が選択することが可能である[38, 39]。一般化勾配法の今後の研究課題としては、基礎式をより一般化・拡張していくとともに、基礎式の自動選択の方法を考えていくことが挙げられる。

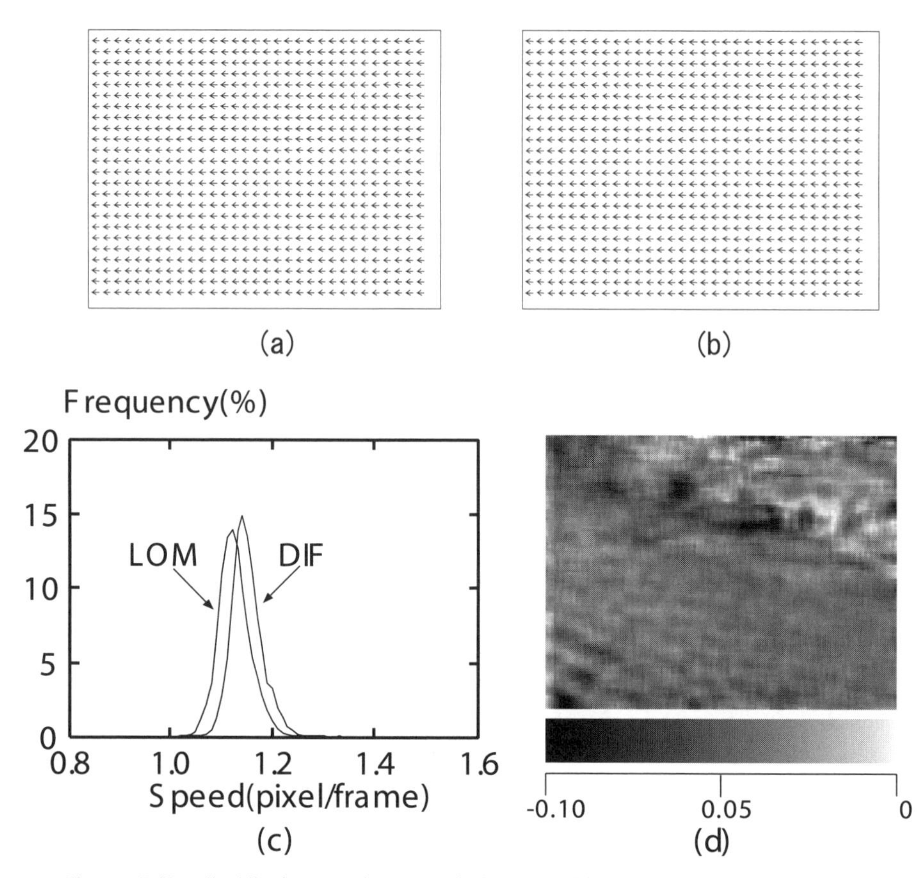

図3-13　逆ボケ過程の動画像（図3-12）からの解析結果：(a) LOM(L_x=L_y=2, ($2L_t$+1)=50)、(b) DIF (L_x=L_y=2, ($2L_t$+1)=50) によって推定されたオプティカルフロー場。(c) 推定されたオプティカルフローの水平方向成分の絶対値 $|u|$ のヒストグラム図。(d) DIF によって推定された拡散係数 D の空間分布。

Coffee Break Ⅲ　花鳥諷詠からカオスへ

ちなみに、カオスは単に「混沌」という意味ではなく、正確には「決定論的カオス」と呼ばれるべきものです。大学の教養教育で学ぶニュートン力学は、線形の微分方程式で表現され、初期値（ある時刻の位置と速度）が与えられれば、その運動は未来永劫予測可能と教えます。すなわち、未来が決定されている決定論的方程式です。ニュートンが偉大なのは、この未来予測可能な式を導いたことだと言えます。お陰で、20世紀後半になるまで、運命論的な世界観が人類の上に覆いかぶさってしまいますが、基本的な天体の動きは理解できるようになりました。すなわち、微分方程式で記述できる現象は、未来予測可能であり、決定論的規則に従うと理解されることが多いのです。しかし、「決定論的カオス」では、現象は決定論的な微分方程式に従うにも関わらず、その非線形特性のために、小さな擾乱が大きく増幅され（初期値敏感性）、未来予測が実質的に不可能なカオス状態となります。その典型例は、天気予報に関連する大気変動を記述する方程式で、これも非線形の微分方程式（３変数）であり、初期値敏感性を持つ「ローレンツカオス」として知られています。この初期値敏感性は、**バタフライ効果**としても知られ、蝶が羽ばたく程度の小さな擾乱であっても、遠くの場所の気象に影響を与えかねないという、ローレンツの寓話として有名です。一週間後の天気は、殆ど予測不可能なのです。

イラスト：Haruka Miike

【演習問題】

[3.1]　運動物体上の同一場所の濃淡値が、移動後も変化しないという次式の条件を用い、

$f(x, y, t)=f(x+\delta x, y+\delta y, t+\delta t)$

勾配法の基礎式を導け（ヒント：上式の右辺をテーラー展開し２次以上の項を無視）。

（注：勾配法の基礎式は$\dfrac{\partial f}{\partial t}+\dfrac{\partial f}{\partial x}u+\dfrac{\partial f}{\partial y}v=0$ で与えられる。）

[3.2]　運動する物体上の濃淡値を表す関数$f(x, y, t)$ の２次元ベクトル勾配は次式のように定義される：$\nabla f=\dfrac{\partial f}{\partial x}\vec{i}+\dfrac{\partial f}{\partial y}\vec{j}$。この定義式を用いて、勾配法の基礎式が$\dfrac{\partial f}{\partial t}+\nabla f\cdot\vec{v}=0$ と表現できることを示せ。ただし、２つの２次元ベクトル $(\vec{A}, \vec{B})$の内積は

$(\vec{A}, \vec{B})=A_xB_x+A_yB_y$

で定義される。ここで、$\vec{v}=(u, v)=u\vec{i}+v\vec{j}$である。

[3.3]　局所最適化手法によるオプティカルフローの推定では、オプティカルフローが一定（あるいは一様）と見なせる小さな空間領域（場合によっては時間・空間領域）を考える。時刻tにおける、その局所の各点 (x_1, y_1), (x_2, y_2), (x_3, y_3), …, (x_n, y_n) では、推定しようとするオプティカルフロー$\vec{v}$が一定であるため、各点で以下のn個の拘束式が成立する。

$$\frac{\partial f(x_1, y_1, t)}{\partial t}+\frac{\partial f(x_1, y_1, t)}{\partial x}u+\frac{\partial f(x_1, y_1, t)}{\partial y}v=0,$$

$$\frac{\partial f(x_2, y_2, t)}{\partial t}+\frac{\partial f(x_2, y_2, t)}{\partial x}u+\frac{\partial f(x_2, y_2, t)}{\partial y}v=0,$$

$$\frac{\partial f(x_3, y_3, t)}{\partial t}+\frac{\partial f(x_3, y_3, t)}{\partial x}u+\frac{\partial f(x_3, y_3, t)}{\partial y}v=0,$$

……

$$\frac{\partial f(x_n, y_n, t)}{\partial t}+\frac{\partial f(x_n, y_n, t)}{\partial x}u+\frac{\partial f(x_n, y_n, t)}{\partial y}v=0.$$

ここで、$\delta f(x_n, y_n, t)/\delta t$は点 (x_n, y_n, t) におけるtに関する偏微分係数を表す。このn個の拘束式の誤差の二乗和が最小となるように、オプティカルフロー$\vec{v}=(u, v)$ を推定する（最小二乗法）。この結果が式（3.23）と一致することを示せ。

【参考文献】

1) D. Marr: Vision, W.H.Freeman and Company (1982).(デビッド・マー著、乾、安藤訳：ビジョン、産業図書、1987).

2) 松山、久野、井宮：コンピュータビジョン：技術評論と将来展望、新技術コミュニケーションズ (1998).

3) K. Nakayama: Biological Image Motion Processing: A Review, *Vision Research*, 25 (1985), pp.625-660.

4) M. Raffel, C. E. Willert, J. Kompenhans: Particle Image Velocimetry, Springer-Verlag, Berlin (1998).(M. ラッフェル、C. E. ヴィラート、J. コンペンハンス 著、小林監修、岡本、川橋、西尾 訳：PIV の基礎と応用 — 粒子画像流速測定法、シュプリンガー・フェアラーク東京、2000).

5) 木村、植村、奥野：可視化情報計測、近代科学社 (2001).

6) B. K. P. Horn and B. G. Schunck: Determining Optical Flow, *AI*, 17 (1981), pp.185-203.

7) B. K. P. Horn: Robot Vision, The MIT Press (1986) (NTT ヒューマンインターフェース研究所プロジェクト RVT 訳：ロボットビジョン — 機械は世界をどう視るか — 、朝倉書店、1993).

8) 金谷：画像理解 — 3 次元認識の数理 — 、森北出版 (1990).

9) T. Poggio, V. Torre and C. Koch: Computational Vision and Regularization Theory, *Nature*, 317 (1985), pp.314-319.

10) J. Marroquin, S. Mitter and T. Poggio: Probabilistic Solution of Ill-posed Problems in Computational Vision, *Journal of the Americal Statistical Association*, 82 (1987), pp.76-89.

11) K. Sakaue, A. Amano and N. Yokoya: Optimization Approaches in Computer Vision and Image Processing, *Trans. IEICE Information Systems*, E82-D (1999), pp. 534-547.

12) J. K. Kearney, W. B. Thompson and D. L. Boley: Optical Flow Estimation: An Error Analysis of Gradient-based Methods with Local Optimization, *IEEE-PAMI*, 9 (1987), pp.229-244.

13) K. Nakajima, A. Osa, S. Kasaoka, K. Nakashima, T. Maekawa, T. Tamura and H. Miike: Detection of Physiological Parameters without Any Physical Constraints in Bed Using Sequential Image Processing, *JJAP*, 35 (1996), pp.L269-L272.

14) K. Nakajima, A. Osa, T. Maekawa and H. Miike: Evaluation of Body Motion by Optical Flow Analysis, *JJAP*, 36 (1997), pp.2929-2937.

15) N. Ohta: Image Movement Detection with Reliability Indices, *IEICE Trans INF.*&SYST., **E74-D** (1991), pp.3379-3388.

16) L. S. Davis, Z. Wu and H. Sun: Contour-based Motion Estimation, *CVGIP*, 23 (1983), pp.313-326.

17) E. C. Hildreth: Computations Underlying the Measurement of Visual Motion, *AI*, 23 (1984), pp.309-354.

18) E. C. Hildreth: The Computation of the Velocity Field, *Proc. Royal Society of London, Series B*, 221 (1984), pp.189-220.

19) M. Yachida: Determining Velocity Maps by Spatio-Temporal Neighborhoods from Image Sequences, *CVGIP*, 21 (1983), pp.262-279.

20) D. Terzopoulos: Image Analysis Using Multigrid Relaxation Methods, *IEEE-PAMI*, 8 (1986), pp.129-139.

21) 志沢、間瀬：多重オプティカルフロー — 基本拘束方程式と運動透明視・運動境界検出の統一計算理論 — 、信学論、J76-D-II (1993) pp.987-1005.

22) H.-H. Nagel and W. Enkelmann: An Investigation of Smoothness Constraints for the Estimation of Displacement Vector Fields from Image Sequences, *IEEE-PAMI*, 8 (1986), pp.565-593.

23) A. Nomura, H. Miike and K. Koga: Field Theory Approach for Determining Optical Flow, *PRL*, 12 (1991), pp.183-190.

24) 野村、三池、横山：動画像からの運動・拡散現象の検出、電学論C、115 (1995), pp.403-409.

25) H. W. Haussecker and D. J. Fleet: Computing Optical Flow with Physical Models of Brightness Variation, *IEEE-PAMI*, 23 (2001), pp.661-673.

26) B. G. Schunck: The Image Flow Constraint Equation, *CVGIP*, 35 (1986), pp.20-46.

27) H.-H. Nagel: On a Constraint Equation for the Estimation of Displacement Rates in Image Sequences, *IEEE-PAMI*, 11 (1989), pp.13-30.

28) A. D. Bimbo, P. Nesi and J. L. C. Sanz: Analysis of Optical Flow Constraints, *IEEE-IP*, 4 (1995), pp.460-469.

29) A. D. Bimbo, P. Nesi and J. L. C. Sanz: Optical Flow Computation Using Extended Constratints, *IEEE-IP*, 5 (1996), pp.720-739.

30) N. Cornelius and T. Kanade: Adapting Optical-flow to Measure Object Motion in Reflectance and X-ray Image Sequence, Proc. ACM SIGGRAPH/SIGART Interdisciplinary Workshop on Motion: Representation and Perception (1983), pp.145-153, Toronto, Canada, April 4-6.

31) 武川：動画像からの光源情報復元、信学論、J74-D-II (1991), pp.1236-1242.

32) N. Mukawa: Optical-model-based Analysis of Consecutive Images, *CVIU*, 66 (1997), pp.25-32.

33) S. Negahdaripour: Revised Definition of Optical Flow: Integration of Radiometric and Geometric Cues for Dynamic Scene Analysis, *IEEE-PAMI*, 20 (1998), pp.961-979.

34) A. Nomura, H. Miike and K. Koga: Determining Motion Fields under Non-uniform Illumination, *PRL*, 16 (1995), pp.285-296.

35) L. Zhang, H. Miike and K. Kuriyama: The Spatio-temporal Optimization to Determine Optical Flow with Combination of Local and Global Approach, *FORMA*, 13 (1998), pp.299-320.

36) L. Zhang, T. Sakurai and H. Miike: Detection of Motion Fields under Spatio-temporal Non-uniform Illumination, *IVC*, 17 (1999), pp.309-320.

37) J. L. Barron, D. J. Fleet and S. S. Beauchemin: Systems and Experiment: Performance of Optical Flow Techniques, *IJCV*, 12 (1994), pp.43-77.

38) A. Osa and H. Miike: An Accurate Determination of Motion Field and Illumination Conditions; *IEICE Trans., INF.&SYST.*, Vol.E87-D (2004), pp.2221-2228.

39) 三池、長、三浦、杉村：一般化勾配法によるオプティカルフローの検出：不均一照明下での物体運動の計測、情報処理学会論文誌：コンピュータビジョンとイメージメディア、49 (2008), pp.1-12.

第4章　相関法・マッチング法による速度計測

脳は左右の両眼に入る視覚情報（２枚の平面画像）から奥行きのある３次元世界を推定している。十分な情報が与えられてない状況で、この不良設定問題を脳は巧みに解いている。人工的にこれを実現するポピュラーな手法として、左右の画像の濃淡情報による相関解析を基本とするマッチング法が知られている。ここでは、この手法による速度計測手法を紹介する。

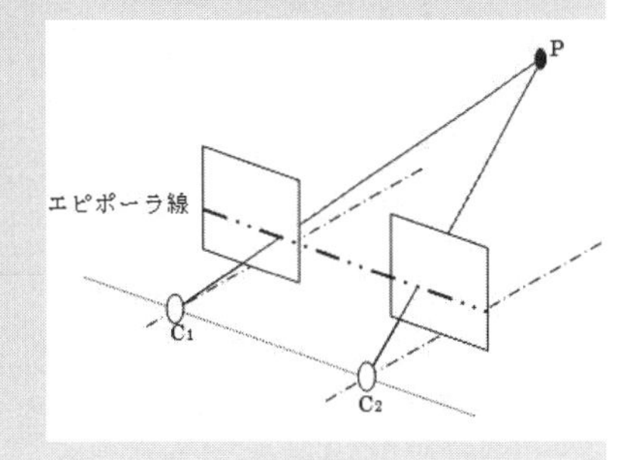

4. 1　テンプレートマッチング

画像中の動き（オプティカルフロー）を解析するための方法は、大別して勾配法とマッチング法が知られている。勾配法は、3 章で紹介したように画像中の任意の点における輝度の時間変化と空間変化との関係を理論的にモデル化したものである。マッチング法では、連続した画像中の特徴点を追跡して速度を求めるもので、直感的で最も考えやすい方法であるが、問題点もいくつか指摘されている。ここでは、テンプレートマッチング法について処理の流れを追いながら考えていくことにする。

一般に、特徴点は、画像中の 1 点ではなく、空間的な広がりを持って考えられる。1 点を特徴点にすると、モノクロ画像では、輝度のみが、カラー画像では RGB の 3 色の輝度のみが特徴となり、次の画像中の類似点が多すぎる。つまり、対応点の探査が難しくなる。従って、特徴点を 3×3 画素や 5×5 画素に選び、次の画像での類似点を減らす方法が取られる。こうした 3×3 画素や 5×5 画素の領域を一般にテンプレートと呼ぶ。また、単純にその領域の輝度を特徴とする代わりに、各種の空間フィルタを用いて輝度の変化量や曲率に換算して対応点を探索するなどの方法もとられる。これらは全て、次の画像での類似点を極力減らすための方策と考えることができる。

動画像中の 2 枚の画像を用いるマッチング法では、1 枚目の画像で選んだ、特徴点あるいはテンプレートと類似の点（あるいは領域）を次の画像で探すことになる。そこでは、空間的相関や類似度を用いたマッチングが主な手段となる。テンプレートマッチングでは、図 4-1 のように 3×3 画素ないし 5×5 画素の領域を次の画像で定め画素ごとの差の 2 乗和や絶対値和を誤差として求め（式 4.1 参照）、次画像全体で最小となる位置を対応点と考えることになる。つまり次画像での探査範囲は、画像全体となる。この次画像での探索範囲は、特徴点の数を前の画像で減らしたとしても変わらない。

$$
\left.\begin{aligned}
E &= \sum_{i=0}^{2}\sum_{j=0}^{2}\{G_n(x+i,\,y+j)-G_{n+1}(x'+i,\,y'+j)\}^2 \\
E' &= \sum_{i=0}^{2}\sum_{j=0}^{2}|G_n(x+i,\,y+j)-G_{n+1}(x'+i,\,y'+j)|
\end{aligned}\right\}\qquad(4.1)
$$

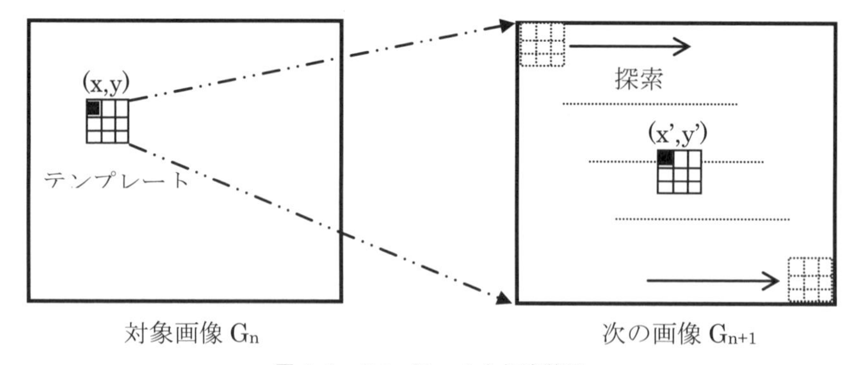

図 4-1　テンプレートと探査範囲

そこで、1枚目の画像で空間フィルタなどを用いて特徴点を算出し、ある基準を用いてその数を減らした場合などは、2枚目の画像で同様の処理を行い対応点の数を絞り、その候補の中から対応点を決定するなどの方法がとられることもある。この方法では、探索範囲や誤対応の確率は確かに減少するが、得られる結果は本章で意図する、画像全体の速度場ではなく、まばらな速度ベクトルあるいは変移ベクトルの集合となる。

対応点探査の範囲を絞る方法としては、移動速度あるいは変移量を限定する方法もある。これまでの説明で探査範囲が次画像全体になる理由は、移動速度を限定しないことから発生する。従って、移動速度の範囲を小さくすればするほど、探索範囲は縮小し、マッチングの計算量も少なくなる。一方で、新たな問題点も現われる。これまで説明したテンプレートマッチングでは、次画像で対応点を正しく見つけたとして、その移動量は縦横の画素間隔の整数精度である。移動量を縦横±数画素に限定すると、求められる移動量（速度）も1桁精度となることは避けられない。このことについては、次節で再度言及する。

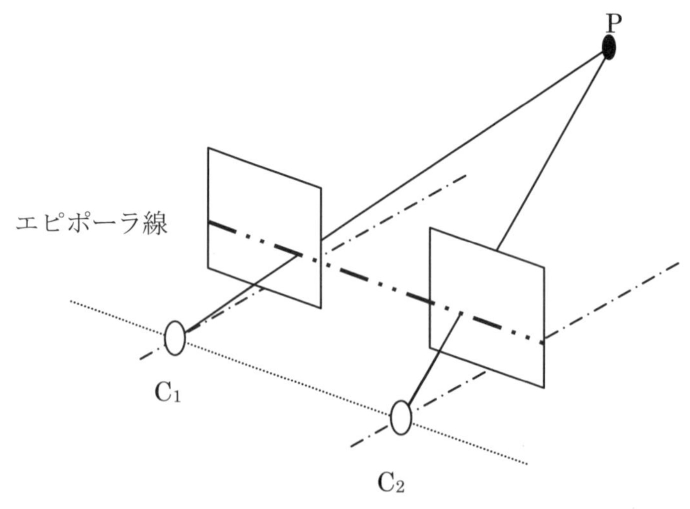

図 4-2　ステレオ画像とエピポーラ線

探索範囲を絞るもうひとつの代表的な方法としてステレオ画像の解析などに見られるエピポーラ拘束を利用した1次元探索がある。これは状況が特殊で、移動方向が限定（エピポーラ線上）される場合である。エピポーラ線とは、図4-2に示すように水平に置かれた二つのカメラの位置 C_1, C_2 と対象物体表面上の1点Pが作る平面がスクリーンと交わる直線（図中の二点鎖線）のことで、2つのカメラを水平に置き、それぞれのカメラの光軸とカメラを結ぶ直線と垂直に設定すれば、画像上では、水平走査線方向となる。このエピポーラ拘束は、左右2つのカメラの間を移動して複数の連続画像から距離を求める移動ステレオ法でも成立する。

その他の探査範囲の縮小法として、階層処理の利用がある。この方法は、縮小した画像で大まかな移動量を決め、これを初期値とすることで探査範囲をその初期値近傍に限定しようとするものである。階層を増やせば、移動量は減り、近傍のみの探索となり処理量も格段に減少する。

前述した通り、いずれの方法でもテンプレートマッチングで得られる移動量は画素単位で、それ以上の計測精度の向上は見込めない。また、移動量が大きくなると、移動した物体によって隠される部分も増え、このオクルージョン問題が大きくなってくる。奥富ら[1]は、こうした移動ステレオ法によりカメラ間距離が異なる複数のステレオ画像から求まる任意の画素点の奥行き（実際にはその逆数）は不変という性質を利用した複数基線長ステレオマッチングの提案を行ない、精度と偽対応のトレードオフの問題を解決している。

4.2　時系列相関法

（1）基本の原理

以下の節では、われわれが開発した時系列相関法[2, 3]について述べる。この方法は、これまで述べてきた方法とは大きく異なり、主に時系列信号解析の原理によるもので、用いる画像枚数もかなり大きく、大量のデータが必要となる。

時系列相関法の基本は、速度を求めたい画素（中心画素）の輝度変化の時系列と、その周辺の近傍画素の時系列との間に相互相関解析を適用し、中心画素と近傍画素間の輝度時系列の相関の強さと遅れ時間から、中心画素の速度ベクトルを得ることである。例えば、図4-3（a）のように画像中の任意の画素（中心画素）とその周りの近傍8画素を考える。各々の画素を区別するため、以降は、中心画素を0とし、近傍画素をそれぞれ図4-3（a）のように反時計回りに順に1から8までの番号を付し、これを添え字 k で表すことにする。例えば、画素 k の時系列を $f_k(t)$ などのように表す。各画素で観測される輝度変化の時系列の模式図を図4-3（b）に示す。この図の場合、中心画素の時系列 $f_0(t)$ と類似した波形は、$f_2(t)$ と $f_6(t)$ に現れてる。また、時間的には、$f_6(t)$、$f_0(t)$、$f_2(t)$ の順に現れているのがわかる。つまり、この場面では、画素6の方向から画素0を通り画素2の方向への動きが推測される。ここで述べる時系列相関法では、このような関係を相互相関解析により求めることで速度ベクトルを決定する。

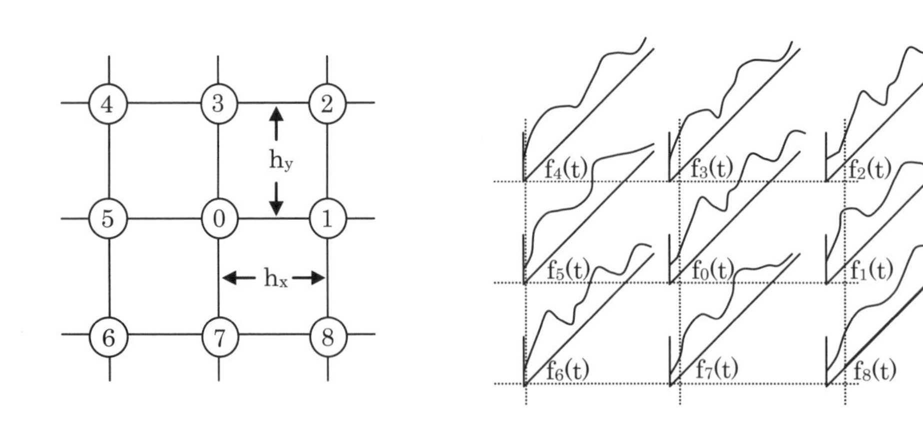

(a) 近傍画素の配置　　(b) 各画素の輝度時系列

図 4-3　近傍領域の配置と画素の輝度時系列

以下、計算の過程を順を追って示す。まず最初に速度を求める画素（中心画素）と近傍画素の相互相関関数を以下の式で計算する。

$$C_k(\tau)=\frac{1}{S_{nk}}\int_0^T f_0(t)f_k(t+\tau)\,dt \tag{4.2}$$

ここで T は時系列の観測時間、S_{nk} は、中心画素と近傍画素 k の自己相関関数

$$\left.\begin{aligned} S_0^2&=\int_0^T f_0(t)f_0(t+\tau)\,dt \\ S_k^2&=\int_0^T f_k(t)f_k(t+\tau)\,dt \end{aligned}\right\} \tag{4.3}$$

のうち、大きい方、すなわち

$$S_{nk}=max(S_0^2,S_k^2) \tag{4.4}$$

を選択する。通常の相互相関法の場合、正規化法としては

$$S_{nk}=\sqrt{S_0^2S_k^2} \tag{4.5}$$

がとられるが、こうすると、中心画素の時系列 $f_0(t)$ と近傍画素 k の時系列 $f_k(t)$ が相似波形でも相関値の最大が1となり、波形の類似度的視点が失われてしまうことになる。そこで、式（4.4）の表現を用いることにより、輝度時系列波形の振幅の違いをも考慮にいれた波形の類似度の尺度として相互相関関数を利用することができる。以下、ここで定義した $C_k(\tau)$ を便宜的に k 方向の相互相関関数と呼ぶことにする。また、$\tau=0$ に最も近い位置にある $C_k(\tau)$ の極大値を相関値、そのときの τ を遅れ時間と呼び、それぞれ γ_k、τ_k のように表す。従って両者の関係は、次式のように与えられる。

$$\gamma_k = C_k(\tau_k) \tag{4.6}$$

こうして、時系列相関法では、中心画素とその近傍8画素の時系列間の相互相関計算を行えば、相関値と遅れ時間が8組得られることになる。今、得られた8個の相関値のうち、値の最も大きな方向の画素を k、中心画素0と近傍画素 k との X, Y 方向の間隔を h_{xk}、h_{yk} とすると、速度の絶対値 V は

$$V = \sqrt{(h_{xk}^2 + h_{yk}^2)} \,/\, \tau_k \tag{4.7}$$

として求めることができる。このとき、速度ベクトルの方向は相関値が最大である k 方向と決める。これが時系列相関法の基本原理である。

図4-3（b）の例からも分かるように、近傍画素領域内で速度ベクトルの方向が一定の方向を向いている場合には、画像の流れは中心画素をはさんで対称の位置にある画素の一方から入り中心画素を通過し、もう一方の画素へと向かうことになる。つまり、中心画素の時系列と大きな相関を示す近傍画素は、中心画素に対称な位置にペアで現われる。また、このときの両者の相関関数は、ほぼ時間軸を反転した形となる。この性質を利用して、相関値 γ_k と遅れ時間 τ_k の信頼性を増すことができる。すなわち、実際の γ_k、τ_k の算出には、式（4.2）の $C_k(\tau)$ を直接用いず、代わりに

$$M_k(\tau_k) = \frac{1}{2}\{C_k(\tau_k) + C_{k'}(-\tau_k)\} \tag{4.8}$$

により求める。ここで、添え字の k' は画素 k と中心画素をはさんだペアの位置の画素を表わしている。相関値 γ_k と遅れ時間 τ_k の関係は式（4.6）に代えて

$$\gamma_k = M_k(\tau_k) \tag{4.9}$$

とする。

（2）時系列相関法の拡張

（1）で述べた時系列相関法の考え方は、きわめて単純で、中心画素を通った物体は、相関が最も大きい方向に進んでいったと考えるのであった。従って、得られる速度ベクトルの方向は、8方向に限定される。また、式（4.7）で与えた速度の絶対値も、物体が中心画素から真に k 画素方向に向かったときは、原理的に正確な値がえられるが、それ以外はあくまでも近似値にすぎない。

ここでは、式（4.2）で定義した相互相関関数の意味をあらためて考えてみることにする。図4-4は中心画素と近傍画素の時系列と画像の空間分布の関係を示した図である。下部の9個の黒い点が画素位置、L_0, L_1 はそれぞれ、中心画素0および近傍画素1を通る速度ベクトルの方向の直線で、$G(x, y)$ が輝度の空間分布である。そして太い曲線 S_0, S_1 がそれぞれ、直線 L_0, L_1 で画像の輝度分布 $G(x, y)$ を切り出した断面の輪郭線である。つまり、

この曲線 S_0, S_1 がこれまで考えてきた中心画素および近傍画素1の輝度時系列関数 $f_0(t)$, $f_1(t)$ である。一般に、中心画素および画素 k の輝度の時系列 $f_0(t)$, $f_k(t)$ とその付近の画像の輝度分布 $G(x, y)$ の関係は

$$\left.\begin{aligned} f_0(t) &= G(x+v_x t,\ y+v_y t) \\ f_k(t) &= G(x+h_{xk}+v_x t,\ y+h_{yk}+v_y t) \end{aligned}\right\} \tag{4.10}$$

で表すことができる。ここで、既に述べたように h_{xk}, h_{yk} は中心画素0と近傍画素 k の X, Y 方向の間隔、また、v_x, v_y は中心画素での X, Y 各方向の速度成分である。

図4-4で、近傍画素の時系列は $f_1(t)$ しか示していないが、この $f_0(t)$, $f_1(t)$ の相互相関で得られる相関値 γ_1 と τ_1 は何を示しているのだろうか。われわれの先の論文[2, 3]では、このことで2つの解釈モデルを示したが、ここでは、以下のようにもう少し単純に考えみることにする。

いま、曲線 S_0, S_1 で、S_1 上の白丸で示した点を曲線 S_0 の原点（白の四角で示す）と重ねた場合が最も波形の類似度が大きかったとする。このとき、相互相関関数 $C_1(\tau)$ の遅れ時間 τ_1 は、曲線 S_1 の白丸の点が近傍画素1（白三角）の位置へ移動するまでの時間を表わすことになる。従って、他の7個の相互相関関数の遅れ時間も、各近傍画素位置で、輝度の空間分布を速度方向に切り出した曲線を曲線 S_0 に重ねたとき最も類似度が大きい点が各画素に到達する時間を表わすことになる。もちろん、ここで述べる時系列相関法は、比較的長い時系列を想定しているので、曲線 S_0, S_1、つまり時系列 $f_0(t)$, $f_1(t)$ は、単峰性ではなくなる。しかし、中心画素の曲線 S_0 の原点と重ねたとき、最も重なる点が近傍画素に到達する時間を表わすことに変わりはない。

では、全ての近傍画素との相互相関を考えた場合、各近傍画素時系列のそうした点は、どのように配置されるのであろうか。その様子を図4-5に示す。図4-5は図4-4を真上から見たもので、中心画素（白四角）と近傍画素（黒丸）および近傍画素を通る時系列（速

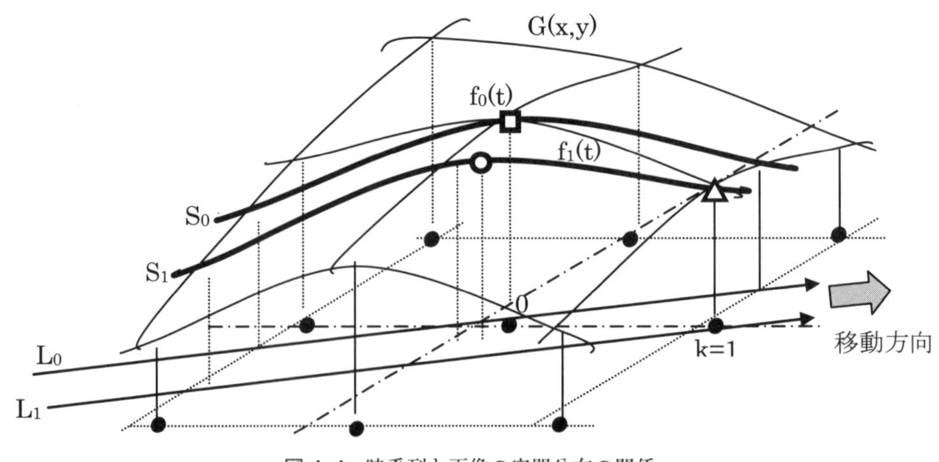

図4-4　時系列と画像の空間分布の関係

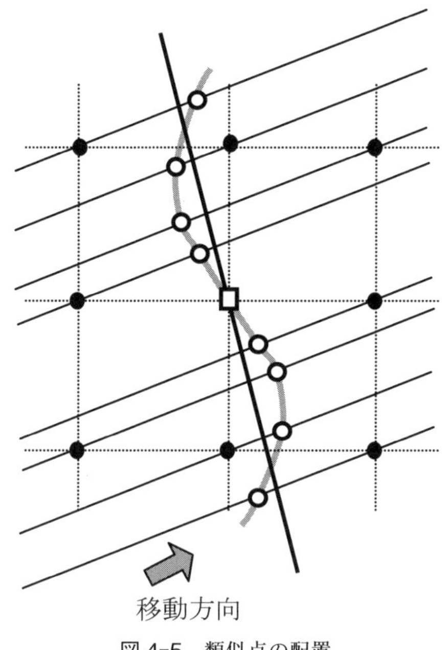

図4-5　類似点の配置

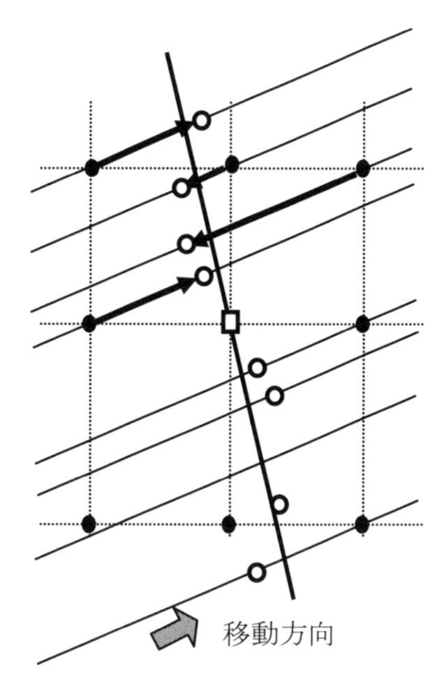

図4-6　遅れ時間と速度ベクトルの関係

度方向の直線で示す）上で、中心画素の白四角の点と重ねたとき最も類似度が高くなる点（白丸）の位置を示している。このとき、中心画素に対して対称な位置にある画素時系列の相互相関関数は、実際には式（4.8）で再定義しているので白丸の位置は中心画素に対して点対称となっている。これらの白丸で示した位置は、画像の輝度分布 $G(x, y)$ の空間的連続性を仮定すると、実際は薄い灰色で示した曲線状につながっているものと考えることができる。この曲線の形状は、対象とする動画像により異なり、正確に記述することは不可能であるが、第1次近似として、図中太い実線で示した直線状に位置すると考えても大きな間違いはない。

いま、図4-5中の白丸で示した点 p_k の座標を（p_{xk}, p_{yk}）とすると

$$\left.\begin{aligned} p_{xk}&=h_{xk}-v_x\tau_k \\ p_{yk}&=h_{yk}-v_y\tau_k \end{aligned}\right\} \tag{4.11}$$

また、この点 p_k が位置する直線の式を

$$ax+by=0 \tag{4.12}$$

とおく。この様子を図4-6に示す。この式（4.12）の x, y に式（4.11）の p_{xk}, p_{yk} を代入し

$$E=\sum_k \{a(h_{xk}-v_x\tau_k)+b(h_{yk}-v_y\tau_k)\}^2 \tag{4.13}$$

を最小とする速度ベクトル $\vec{V}=(v_x, v_y)$ 求めれば良い。

このためには、E を最小とするパラメータ a, b を定めつつ、v_x, v_y を決定する必要がある。

ただ、現時点では、この解は求まっておらず今後の研究課題としている。なお、先の論文[2]では、式（4.12）が常に速度ベクトルに直交すると考えたもので、論文[3]では、別の観点からの幾何学モデルで同様の速度ベクトルの算出法を示している。

（3） 計算機シミュレーション画像および実画像による実験

ここでは（2）で述べた時系列相関法による速度ベクトル解析の有効性を計算機シミュレーションにより生成した動画像を用いて検討する。

用いる動画像としては、2種類を用意した。1つは粒子運動の計測やトレーサーで可視化された流体場の解析を想定したものである。もう1つは、表面の輝度が空間的に広い範囲にわたって連続的に滑らかに変化する物体が画像中を移動していく場面を想定したものである。生成された動画像は、256×256画素を1フレームとし、256フレームからなる。各画素の輝度は256階調の整数値で与えられる。最初に粒子が同心円状に回転運動を行う場合の例を示す。回転場としたのは、全ての方向を含んだ大きさの異なる種々の速度ベクトルが含まれ、解析結果を見るのに最適であると考えたからである。図4-7にシミュレートした動画像の第1フレームの例を示す。この動画像は、画面中央を中心として反時計回りに回転する。得られた速度ベクトル場を図4-8に示す。画像の中央を中心とした円運動の様子がよく分かる。

もう1つの例として、表面輝度が空間的に広い範囲にわたって連続的に滑らかに変化する物体が画像中で回転運動を行う場面を想定した。このときの画像例を図4-9に示す。このシミュレーション画像では回転運動を時計回りとなるように作成した。速度場の解析結果を図4-10に示す。粒子場と同様に得られた速度ベクトル場は回転の様子をよく表わし

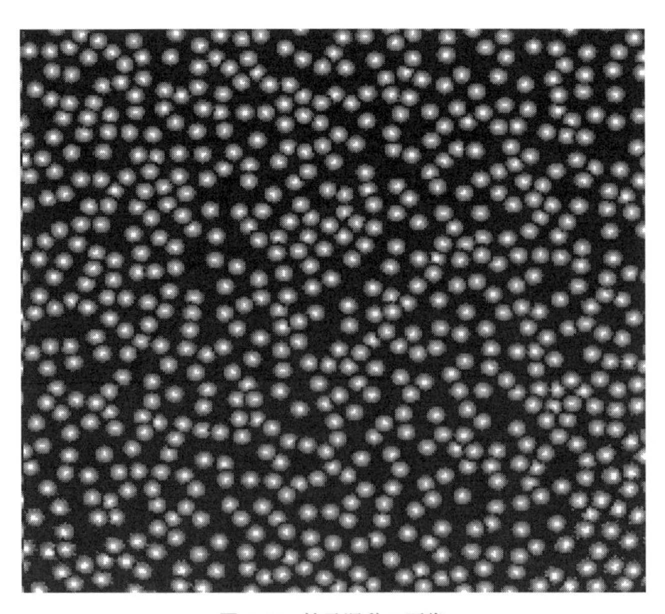

図4-7　粒子運動の画像

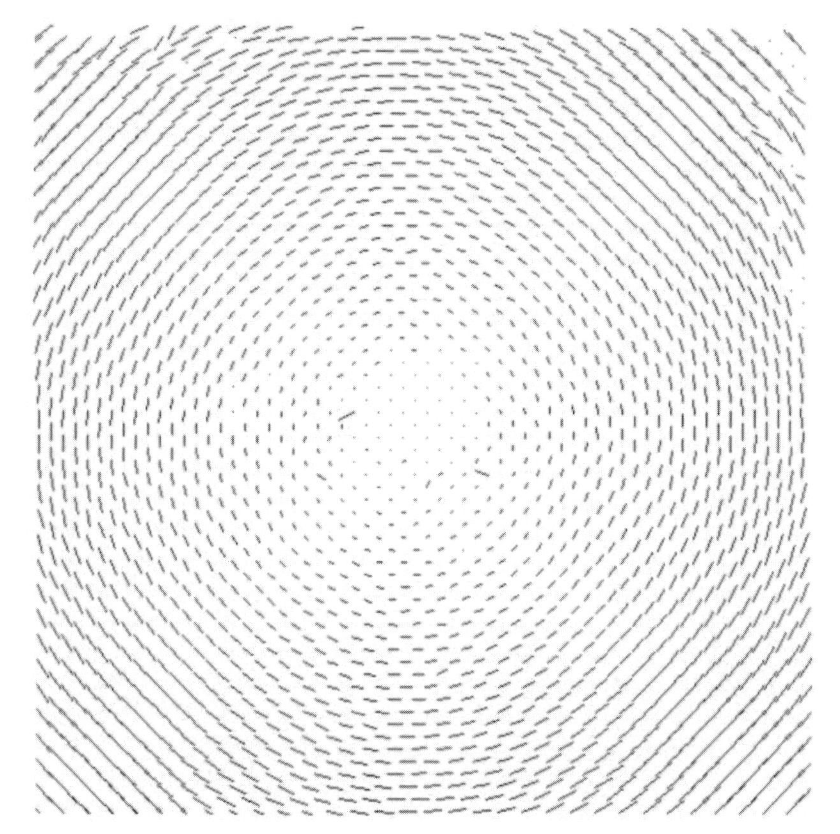

図 4-8　回転する粒子像から得られた速度ベクトル場

画 4-9　連続した輝度分布の画像

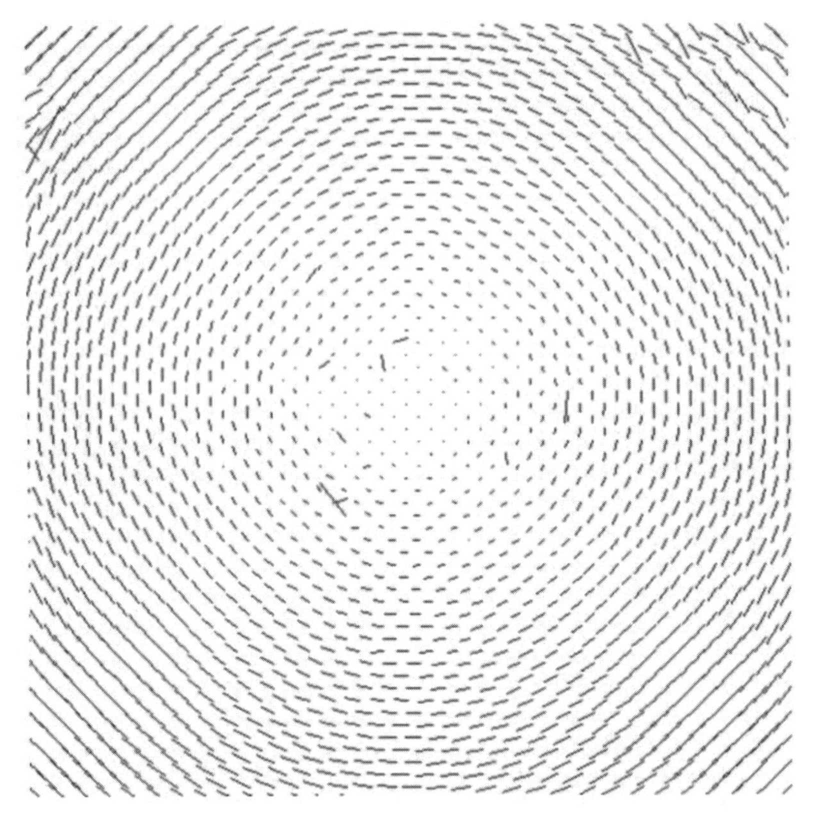

図 4-10　連続した輝度分布を持つ物体の回転運動から得られた速度ベクトル場

ている。以上示した回転場の様子を別の角度から整理してみる。ここに示したシミュレーション画像では、粒子の回転運動では中心から 45 画素離れた画素の速度を 1.0p/f に設定し、滑らかな輝度分布を想定した物体の回転運動では、同じ距離で 0.45p/f に設定している。従って両画像とも回転中心から離れるに従って真の速度の大きさは、直線的に大きくなっていく。図 4-8 および図 4-10 の個々の速度ベクトルに対し、中心からその画素までの距離 r を横軸に、得られた速度ベクトルの大きさを縦軸にとってプロットしたグラフを図 4-11 に示す。横軸が中心からの距離 r、縦軸が得られた速度ベクトルの大きさを表わしている。このグラフで見る通り、動画像に設定した中心から 45 画素の位置で速度ベクトルが 1.0p/f、0.45p/f という直線の周りにきれいに分布しており、少なくとも 1.0p/f の速さまでは、精度よく計測可能なことがわかる。

最後に、実験した時代が少し古く、画像サイズが 64×64 画素と粗いデータであるが実画像による実験の解析結果を 2 例ほど示す。

1 例目は、回転する円盤の上に直径約 3mm の発砲スチロール片を無作為にばらまいた 256 フレームからなる動画像の解析結果である。図 4-12 にそのときの状況を写した写真を示した。得られた速度ベクトル場から図 4-11 と同様に回転の中心からの距離と速さの関係で表わしたグラフを図 4-13 に示す。実験では、回転速度を 3 段階に変えて行った。

図中の黒丸は回転数と円盤の半径から算出した点であり、結果はこの点と原点を結ぶ破線で示した直線の周りに回転速度に応じて分布していて、中心からの距離と速さの比例関係がよく示されている。

もう1つの実例は、動画像による流体場の2次元的な計測例として渦流の解析例を示す。渦流を作る装置は、直径29cmの水槽底面の中心に直径5mmの穴をあけ、水を満たして渦流を起した。流れ出た水は、ポンプでくみ上げ、水槽面の水位は約4cmに保った。水槽の中には、もう1つ、底の無い直径18cmの隔壁枠を置き、くみ上げた水は隔壁と水槽

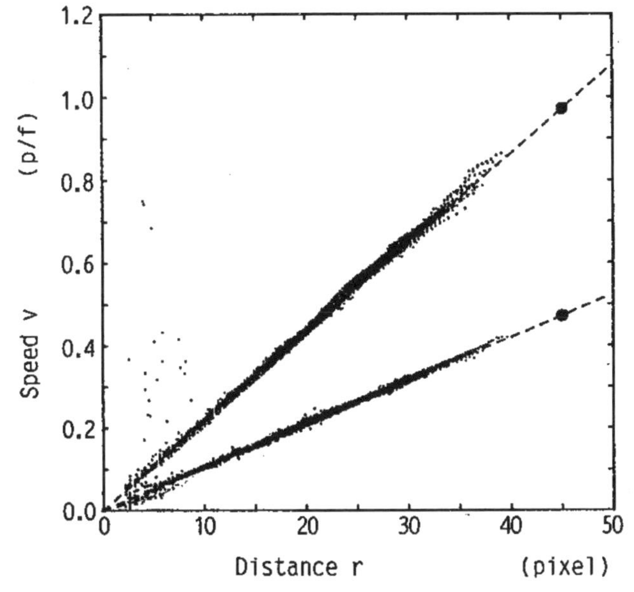

図4-11　シミュレーション画像解析より得られた速度場の中心からの距離rと速度Vの関係

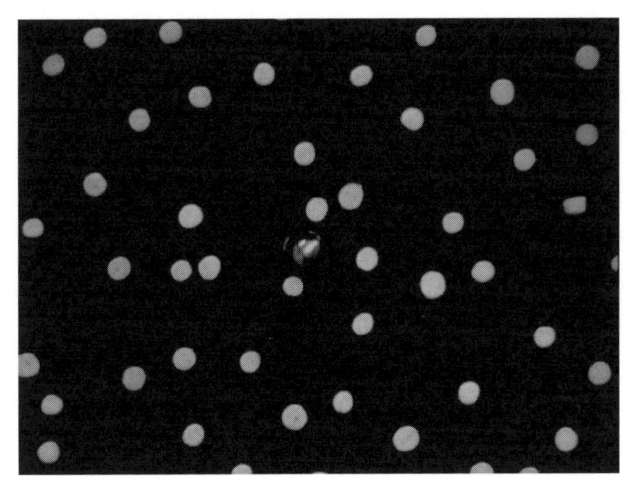

図4-12　回転円盤による実験の様子

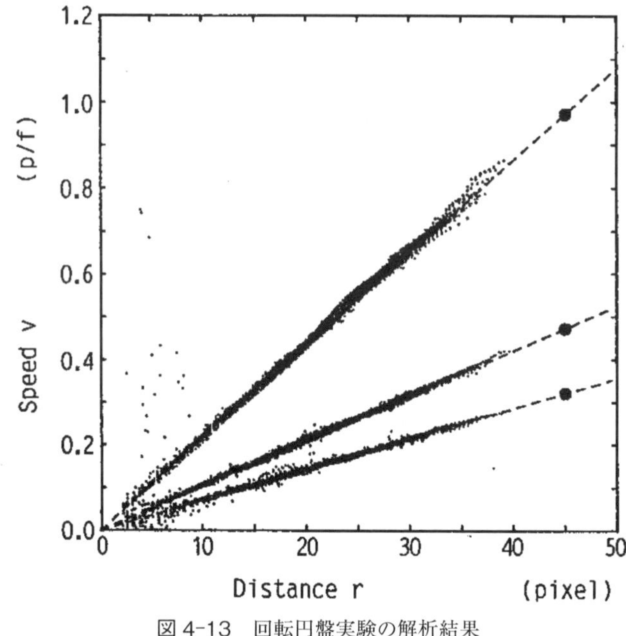

図4-13　回転円盤実験の解析結果

の底の隙間から静かに供給されるようにして、くみ上げた水で渦が乱されないようにした。撮影された動画像は、この18cmの隔壁内の画像である。渦流を可視化するためのトレーサーには、方眼紙を約2cm角に切り取った紙片を用いた。解析に用いた動画像の第1、第2、第4、第8フレームの画像を図4-14に示す。得られた速度ベクトル場を図4-15（a）に示す。この速度ベクトル場から図4-11と同様に回転の中心からの距離と速さの関係を表わしたグラフを図4-15（b）に示す。渦の中心から離れた領域で、次式で与えられる流体物理学の知見と矛盾のない結果が示されている。

$$\left|\vec{V}\right| \propto \frac{1}{r} \tag{4.14}$$

4.3　時間空間マッチング

（1）基本原理

ここで示す解析手法は、4.2の時系列相関法の図4-4で示した考え方と本質的に同じである。しかし、時系列相関法のように大量の動画像を用いず、比較的少ない画像フレーム（5から11枚程度）で速度を求めようとするものである。一連の動画像の中央フレームでの輝度分布を利用するため、画像の枚数は必ず奇数枚が必要となる。

いま、対象となる連続画像には、次の仮定が成り立つものとする。

仮定1　画像の輝度分布は滑らかである

仮定2　この輝度分布は時間的に変化しない

仮定3　物体の速度は1.0p/f以下で一定である

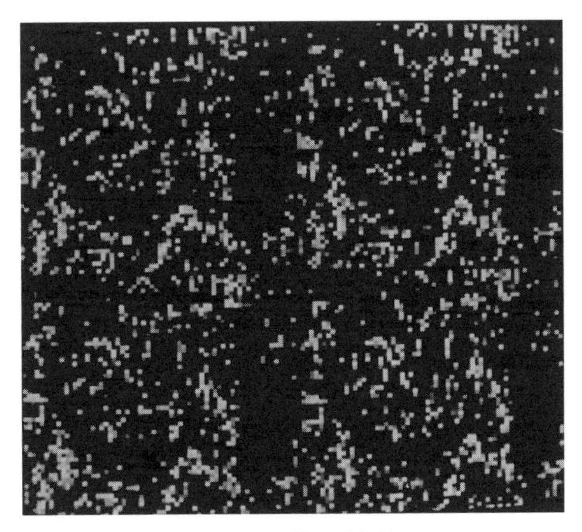

図 4-14　渦の画像例

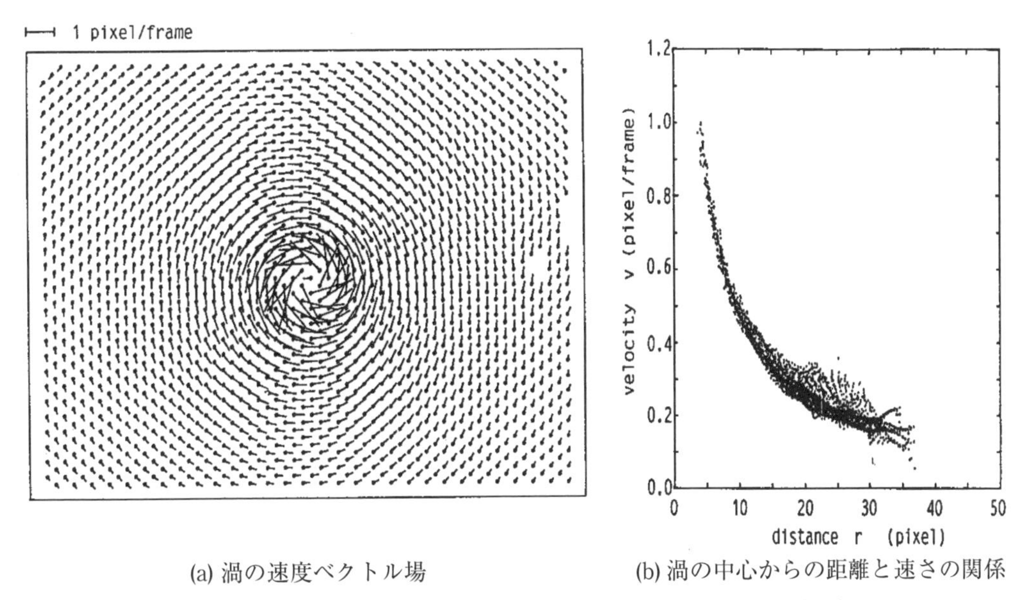

(a) 渦の速度ベクトル場　(b) 渦の中心からの距離と速さの関係

図 4-15　渦流の中心からの距離と速さの関係（文献 12 の図 5-17 参照）

このとき、ある画像フレーム中の任意の画素およびその近傍の空間分布と、その画素の前後の画像フレームに現われる濃淡値の時系列の間には、図 4-16 のような関係がある。すなわち、注目する画素に連続して現われる濃淡値の時系列は、その画素の近傍の空間的な濃淡分布 $G(x, y)$ を速度方向（図中では第 1 象限方向）に切断したとき得られる太線で示した曲線を、一定の間隔で標本化した値（図中□および■印）である。この標本化間隔は、速度の絶対値 V と連続画像間の時間間隔 t の積 Vt で表わされる。従って、この空間分布の曲面 G と前後の画像フレームに現われる濃淡値の時系列を、未知の速度ベクトル

$\vec{V}=(v_x, v_y)$ をパラメータとしてマッチングを行ない、そのときのマッチング誤差を極小とする解として速度$\vec{V}$を求めることができる。以上が提案する速度推定の概略である。

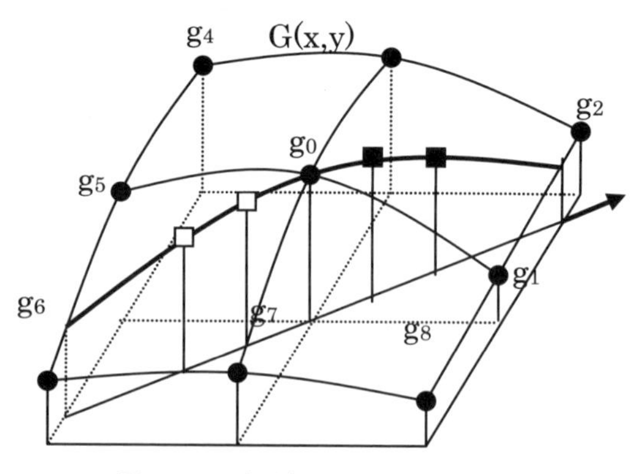

図 4-16　時間空間マッチングの原理

(2)　空間分布の曲面近似

（1）で述べた原理では、任意の画素での空間分布が既値でなければならない。そこで実際には、仮定1を満たす空間分布を、任意の画素を原点Oとした3×3画素の範囲で

$$G(x, y)=Ax^2+Bxy+Cy^2+Dx+Ey+F \tag{4.15}$$

なる曲面で近似する。この関数Gで与えられる曲面は、原点を通りXY平面に垂直な任意の方向の平面で切断したとき得られる曲線の殆どが放物線（稀に直線）となる性質を持つ。

式（4.15）の関数Gの係数$A, B, \cdots, F$は、図4-16中に黒丸で示した中央画像フレームの各画素の輝度値$g_0, g_1, g_2, \cdots\cdots, g_8$の9個の濃淡値データから決定する。もともと曲面$G$は、9個の濃淡値データの任意の6個のデータのみでは決定不能となる場合もあり、9個のデータ全てを用いて次式の残差の総和Sが最小となるように求める。

$$S=\sum_{k=0}^{8}\{Ax_k^2+Bx_ky_k+Cy_k^2+Dx_k+Ey_k+F-g_k\}^2 \tag{4.16}$$

ここで、x_k, y_kは各画素点の座標である。各係数は、具体的には

$$\left.\begin{aligned}
A&=(g_1+g_2+g_4+g_6+g_8-2g_0-2g_3-2g_7)/6\\
B&=(g_2+g_6-g_4-g_8)/4\\
C&=(g_2+g_3+g_4+g_6+g_7+g_8-2g_0-2g_1-2g_5)/6\\
D&=(g_1+g_2+g_3-g_4-g_5-g_6)/6\\
E&=(g_2+g_3+g_4-g_6-g_7-g_8)/6\\
F&=(5g_0+2g_1+2g_3+2g_5+2g_7-g_2-g_4-g_6-g_8)/9
\end{aligned}\right\} \tag{4.17}$$

で与えられる。式（4.17）の係数を3×3画素の空間フィルタと考えた場合、図4-17のように係数A～Cは2次微分、D, Eは1次微分、そして、Fはラプラシアン・ガウシアンフィルタとなっている点が興味深い。

こうして、各画素の空間的輝度分布$G(x, y)$を近似2次曲面として求め、その前後の画像の同じ画素での時系列を、速度をパラメータとしてマッチングさせる。

A（1/6）

1	−2	1
1	−2	1
1	−2	1

B（1/4）

−1	0	1
0	0	0
1	0	−1

C（1/6）

1	1	1
−2	−2	−2
1	1	1

D（1/6）

−1	0	1
−1	0	1
−1	0	1

E（1/6）

1	1	1
0	0	0
−1	−1	−1

F（1/9）

−1	2	−1
1	5	2
−1	2	−1

図 4-17　各係数の重み係数

（3）　時間空間マッチング

中心画素の時系列データを $f_0(t)$ とすると、式（4.17）で係数を求めた式（4.15）で与えられる空間分布 $G(x, y)$ とこの時系列 $f_0(t)$ の間には

$$f_0(t) = G(-v_x t,\ -v_y t) \tag{4.18}$$

なる関係が成立する。ここで v_x, v_y および t は、それぞれ速度の x 方向成分、y 方向成分および離散時間を表わす。従って、式（4.18）の両辺の差の二乗和

$$E = \sum_{t=-m}^{m} \{G(-v_x t,\ -v_y t) - f_0(t)\}^2 \tag{4.19}$$

を最小化することにより速度成分 v_x, v_y を求める。ここで m は、時系列データが空間分布を仮定した 3×3 画素の範囲の中に含まれる最大の時間を表わす。この値は、求めた速度の大きさに依存するため、$m=1$ から順次大きくして速度を求め、求められた速度と m の積が近似領域を超えたところで計算を打ち切るようにする。

式（4.19）と同様の関係は、周辺の 8 画素でも成立する。この場合の誤差式は、近傍画素の xy 座標を x_k, y_k、その時系列を $f_k(t)$ とすると

$$E_k = \sum_{t=1}^{m} \{G(x_k \pm v_x t,\ y_k \pm v_y t) - f_k(\pm t)\}^2 \tag{4.20}$$

となる。ただし、時系列データは、速度の方向に依存し、空間分布を求めた画像より前のフレームか後のフレームのいずれか一方のみとなる。式（4.20）の分布関数 G の中の符号 ± は前のフレームデータのみを使うときには＋符号、後のフレームのみを使うときには－符号となる。ここでは、煩雑さを避けるために、この誤差式を加味した場合は先の報告[5)]

にゆずり考慮しないことにする。

よって、式（4.19）で与えられる誤差Eを最小とする速度（v_x, v_y）を

$$\left.\begin{aligned}\frac{\partial E}{\partial v_x}=0\\ \frac{\partial E}{\partial v_y}=0\end{aligned}\right\} \tag{4.21}$$

から求める。

式（4.19）は速度v_x, v_yの4次式であるから、式（4.21）は2元連立3次方程式となり、ニュートン法[6]などを用い数値的に解を求める。このときのニュートン法の漸化式は、

$$\left.\begin{aligned}v_x^{n+1}=v_x^n-\frac{E_{yy}E_x-E_{xy}E_y}{E_{xx}E_{yy}-E_{xy}E_{yx}}\\ v_y^{n+1}=v_y^n-\frac{E_{xx}E_y-E_{xy}E_x}{E_{xx}E_{yy}-E_{xy}E_{yx}}\end{aligned}\right\} \tag{4.22}$$

で与えられる。ここで、$E_x, E_y, E_{xx}, E_{xy}, E_{yx}, E_{yy}$は、式（4.19）の誤差$E$の速度成分$v_x$, v_yに関する1次および2次の偏導関数である。

（4） 速度場の連続性による拘束条件の導入

式（4.20）によれば、各画素点での速度が3×3の近傍でそれぞれ独立して求めることができる。しかし、現実の画像に対しては、ノイズなどにより推定値に大きい誤差を含み、良い結果は得られない。従って、文献7）以来の方法に習い、速度場の連続性による拘束条件を用いて画面全体での誤差の極小化策を導入する。離散化されたディジタル画像では、速度場の連続性E_sは、

$$E_s=(v_x-v_{x-1})^2+(v_x-v_{x+1})^2+(v_y-v_{y-1})^2+(v_y-v_{y+1})^2 \tag{4.23}$$

で表わされる[8]。ここで、v_{x-1}、v_{x+1}、v_{y-1}、v_{y+1}は隣接する上下左右の画素の速度成分である。この式（4.23）を先の式（4.19）と結合して新しく誤差式Wとして

$$W=E_0+cE_s \tag{4.24}$$

を用いる。ここで、cは輝度分布と時系列とのマッチング項と速度場の連続性とを制御するパラメータである。この式（4.24）を用い速度（v_x, v_y）で最小化を行なうと、漸化式は

$$\left.\begin{aligned}v_x^{n+1}=v_x^n-\frac{(E_{yy}+c)(E_x+\Delta v_x^n)-(E_{xy}-c)(E_y+c\Delta v_y^n)}{(E_{xx}+c)(E_{yy}+c)-(E_{xy}+c)(E_{yx}+c)}\\ v_y^{n+1}=v_y^n-\frac{(E_{xx}+c)(E_y+\Delta v_y^n)-(E_{xy}+c)(E_x+c\Delta v_x^n)}{(E_{xx}+c)(E_{yy}+c)-(E_{xy}+c)(E_{yx}+c)}\end{aligned}\right\} \tag{4.25}$$

となる。この漸化式（4.25）を繰り返し計算することにより画面全体での誤差の最適化をはかりながら、全画素での速度ベクトルを求めることができる。

(5) 勾配法との比較

3章で述べた勾配法[7]は、2枚の画像フレームを使い、一枚目の任意の画素点での空間勾配と速度との内積が輝度の時間変化と等しいという関係を用いて速度場を決定する。その関係式を式（4.19）のような誤差式の形で表すと、

$$E=(I_x v_x+I_y v_y+I_t)^2 \tag{4.26}$$

である。ここで画像の時空間関数 I（x, y, t）の空間 x, y および時間 t に関する偏微分を I_t, I_x, I_y で表している。この式について少し考えてみよう。式（4.26）の第1項と第2項は大まかに言えば、輝度勾配 I_x, I_y の傾きを持つ平面（中心画素での輝度は0となることに注意）の中心から（v_x, v_y）だけ離れた場所（図4-18（a）のA点）の輝度、すなわち輝度の変化分に相当する。また第3項は、B点が中心に移動したときの輝度の変化分を算出することで求められる。この場合輝度の空間分布は平面を仮定しているので速度方向の2つの変化分は同一で、B点の輝度データをフィットさせることに相当する。

また、横矢の提案した弛緩法[9]は、ステレオ画像の x 方向視差の検出の手法として提案されているが、2次元に拡張すると

$$E=\iint\{I_L(x+v_y, y+v_y)-I_R(x, y)\}^2dxdy \tag{4.27}$$

となる誤差式となる。実際には、v_x, v_y が実数であるため、他方の $I_L(x, y)$ を4近傍の輝度値を用い3次スプライン曲面で補完して、その曲面の中心（図4-18（b）のC点）から（v_x, v_y）だけ離れた場所と右画像 I_R の原点の輝度データを1点だけフィットさせることより移動量を求めていることになる。

しかし、このままでは、両者とも条件式1つに未知数 v_x, v_y の2つで速度を決定できない。また2枚の画像しか利用しないのでノイズなどには特に敏感で、精度良く速度場を求めることができない。従って、式（4.23）の速度場の連続性という拘束条件を加えて速度

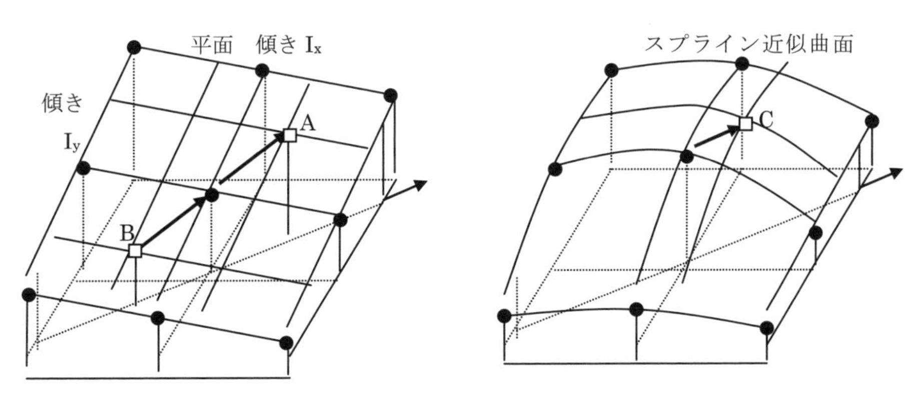

(a) 勾配法[7]　　(b) 横矢[9]の手法

図4-18　時間空間マッチングの観点からみた勾配法（a）と横矢の手法（b）

場を求めている。こうした観点からみると（4）までに述べた時間空間マッチング法は、輝度の空間分布面として二次曲面を利用し、前後のフレームの複数個輝度をマッチングさせていることを除けば、勾配法や弛緩法と同様の手法ということになる。ただし、勾配法[7]や横矢の手法[9]は、2枚の連続画像のみを利用するため、任意の点での速度変化の時間分解能が高く、3～11枚の画像を利用する時間空間マッチング法は、精度を上げるために時間分解能を犠牲にしていることになる。

いずれの手法でも、式（4.19）や 式（4.26）、式（4.27）のような速度に関する条件式と式（4.24）の速度場の連続性を結合する際用いた、重み係数 c をいくらにするかは、大きな問題である。種々の観点から研究は進められているが[10-12]、決定的なものは知られていない。一般的にいって、c が大きければ、滑らかな速度場はえられるが、繰り返し計算の収束速度は遅い。また、現実の画像で速度場が不連続な場所があれば、その部分での正確な速度場は得ることができない。その逆の場合は、収束速度は速く、不連続な部分速度場の誤差も小さくなるが、速度場全体の精度は悪くなる。経験的には、計測しようとする速度場の連続性が保障されれば c の値はあまり問題とはならず、ある程度大きければ、まずまずの速度場が得られる。具体的には4.4節で示す。いずれの場合も、計測という立場からいえば、速度場の連続性を導入して求めた速度場は、正しい速度場かという疑問は残る。

ここで述べた速度場の解析手法は、繰り返し計算となるため、前節で述べた階層画像を利用する方法は、ここでも非常に有効である。

（6）時間空間マッチング法を用いたシミュレーション

ここで提案した速度推定のアルゴリズムを検討するために、計算機内で作成したシミュレーション動画像による速度場の推定実験を行なった。

まず、図4-19に示す画像を、左上隅を中心に回転する動画像を作成し、速度場の解析を行なった。画像のフレーム数は最大11枚でサイズは128×128画素で、各画素の濃淡値は8ビットの値を持っている。式（4.25）により求められた速度場を図4-20（a）に示す。制御パラメータの値は c=2000 とした。各画素点から伸びた線が速度ベクトルの大きさと方向を示している。左上隅を中心とした反時計周りの速度場がよく求められている。

図4-20（b）は、図4-20（a）の速度場をより詳しく検討するため左上隅から各画素までの距離を横軸に、その画素でのベクトルの絶対値を縦軸にして示している。回転中心からの距離に比例して速度がほぼ直線的に増加している様子が明瞭に示されている。速度のバラツキは、式（4.25）の繰り返し回数を増やすほど小さくなる。

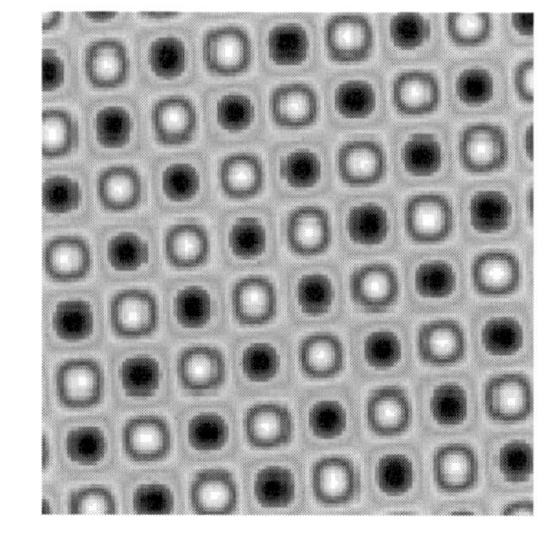
図4-19　シミュレーション画像

次に、射影幾何学の原理に基づき作成した移動ステレオ法のシミュレーション画像を用いて、奥行き復元のシ

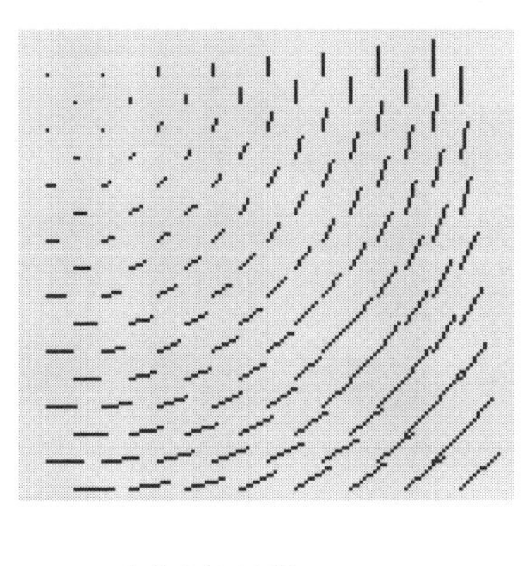

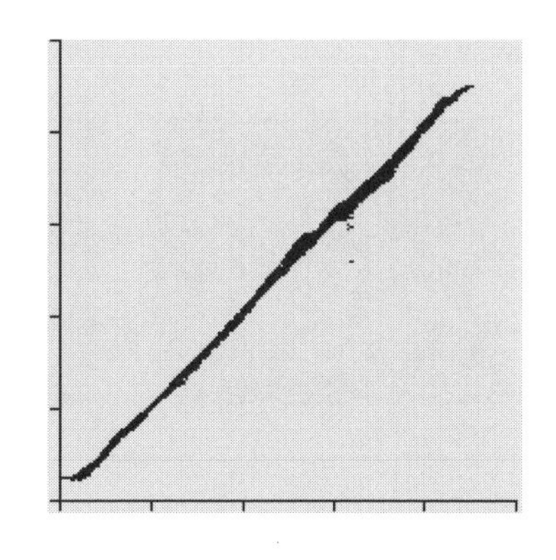

(a) 速度場　　(b) 距離と速さの関係

図 4-20　計測された速度場

ミュレーション実験を行なった。生成した場面は、カメラの光軸に垂直な平面の手前に、左上隅が最も遠く、右下隅が最も近くなるよう配置された模様のある長方形を光軸と直角に水平にカメラを移動した時のものである。この場合は画像のフレーム数最大11枚、サイズ160×128画素で濃淡値は8ビットである。11枚の画像の最初と最後のフレームを図4-21（a)、（b）に示す。この場合、制御パラメータの値は c=200 とした。また、速度ベクトルは水平方向成分しか持たないことが明らかであるため、式（4.25）の垂直方向成分 v_y は常に0として繰り返し計算を行なった。求められた水平方向の速度に比例して、水平方向への画素点の移動量を与え、その画素の濃淡値をプロットして擬似的な立体表示を行なった結果を図4-21（c）に示す。シミュレートした三次元の空間形状がよく復元されているのがわかる。

連続した画像列を利用し、任意の画素点での空間的な輝度分布に、その画素の輝度時系列をフィットさせる時間空間マッチングの手法を解説した。この手法は、4.3節で紹介した時系列相関法と、速度推定法として代表的なマッチング法で利用される濃淡値の空間相関法の両方の特徴を併せ持った、両者の中間的な位置に属する手法といえる。また、速度場（あるいは変位場）が画素間距離以内という制約からいえば、グラディエント法のように微小差ステレオ法であり、マッチング法など大きな変位を必要とする場合に問題となる物体の境界でのオクルージョンの範囲が境界の付近の数画素と軽減できる利点を持つものである。

実際の応用では、二次元の任意方向の速度場を持つ場合と、移動ステレオ法などのように速度が水平方向へ限定されている場合（常に v_y=0 とする）でそれぞれの速度場の決定方法を示し、その有効性を確かめた。計算式が漸化式で与えられるため、計算時間を縮小するため階層性の導入や、マッチングと速度場の連続性制約項との間の、制御パラメータの決定法などの大きな問題点も残されている。しかし、この手法は、カメラを搭載した自立機械が前後左右あるいは斜めに移動する場合にも応用が可能であり、こうした技術も実験を通して確立して行きたいと考えている。また、最近では、全く新しい発想でのステレ

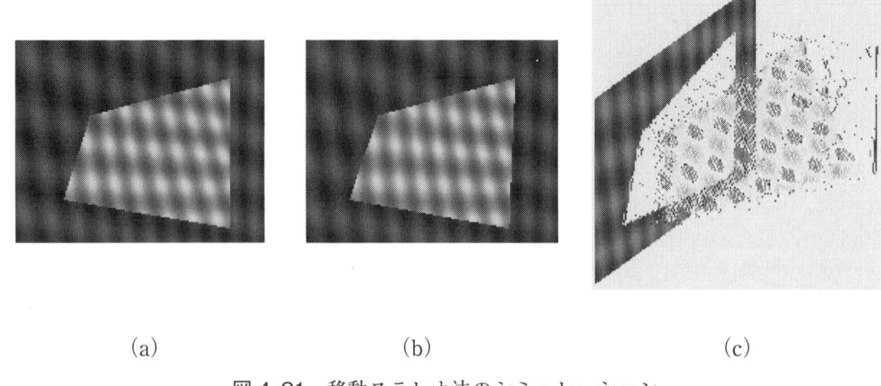

(a)　(b)　(c)

図 4-21　移動ステレオ法のシミュレーション

オ対応問題を解こうとする流れもあり[13, 14]、特に高速アルゴリズムの開発に関しては進展が著しい。こうした展開にも注目していく必要がある。

Coffee Break Ⅳ　大学の先生（大学紛争から大学改革へ）

大学教授や科学者と言えば、私たち団塊の世代には憧れの職業でした。**湯川秀樹**博士（当時、京都大学教授）が、1949年に日本人として最初のノーベル賞を受賞され、戦後混乱期にあった日本人、とりわけ当時の子供たちに、大きな感動と希望を与えています。2016年度、日本人25人目のノーベル賞を受賞された**大隅良典**博士も、その影響を受けた一人だったに違いありません。実は大隅博士は、九州（福岡県）で最初にノーベル賞を受賞された方であり、筆者自身の高等学校の先輩でもあり、他人事では無い喜びを感じたものです。2016年は記憶に残る年となりました。戦後70年が過ぎて初めて、日米の両首脳が広島と真珠湾を相継いで訪問し、戦後のわだかまりが大きく一歩解消に向かい、日米同盟が新たな段階に入った年としても2016年は記録されることと考えます。その一方で、2017年新たにスタートした新大統領は、行く先不透明の世界を予感させています。

40年以上「大学の先生」を生業としている筆者も、「いずれは…」と野望を持って研究に取り組んだ時期があったのを思い出します。当時は珍しかった博士課程への進学も、周りからは“まだ大学に残るの！”と言われながらも、育英会の奨学金のお陰で何とか生計を立て、多感な青春時代に色んな体験をさせて頂きました。

Nen-Doll（6章参照）

【参考文献】

1)　奥富、金出：複数の基線長を利用したステレオマッチング、信学論、J75-D-Ⅱ、No.8, pp.1317-1327 (1992).

2)　古賀、三池：動画像からのオプティカルフローの検出、信学論 D, J72-D, No8, 4, pp.1508-1515 (1987).

3)　中田、永尾：二元二次連立方程式の研究について、高知大学学術研究報告、**47**, pp.93-127 (1998). 及び http://math.akamon-kai.co.jp/yomimono/kai/kai.html (数学のサイト ― 赤門会 ―) を参照.

4)　古賀、三池：動画像の時空間相関に基づくオプティカルフローの検出、信学論 D, **J72-D**, 4, pp.1-10 (1989).

5)　古賀、中野、田中：時間空間マッチングを用いた速度計測、第26回画像コンファレンス論文集、pp.83-86 (1995, 10).

6)　例えば、柳田、中木、三村：理工系の数理　数値計算、裳華房 (2014).

7)　B.K.Horn, B.G.Schunck: Determining Optic Flow, Artifitial Intell., **17**, pp.185-208 (1981).

8)　浅田：ダイナミックシーンの理解、電子情報通信学会、pp.19-20 (1994).

9)　横矢：多重スケールでの正則化によるステレオ画像からの不連続を保存した曲面再構成、信学論 J76-D-Ⅱ, 8, pp.1667-1675 (1993).

10)　S. T. Banard, W. B. Thompson: Disparity Analysis of Image, IEEE Trans., **PAMI-2**, pp.333-340 (1980).

11)　N. Nasrabadi, C. Choo: Hopfield Network for Stereo Vision Correspondence, IEEE Trans. Neural Networks, **3**, 2, pp.332-342 (1992).

12)　三池、古賀、橋本、百田、野村：パソコンによる動画像処理、森北出版 (1993).

13)　A. Nomura, M. Ichikawa, and H. Miike, Reaction-diffusion algorithm for stereo disparity detection: Machine Vision and Applications, **20** (2009), pp.175-187.

14)　Atsushi Nomura, Koichi Okada, Hidetoshi Miike, Yoshiki Mizukami, Makoto Ichikawa, Tatsunari Sakurai: Stereo Algorithm with Anisotropic Reaction Diffusion Systems, Chapter 4, pp.61-92, Current Advancements in Stereo Vision, (2012).

第5章　生体情報計測への応用

身体各部での、見かけの動きを動画像として計測・解析することで、バイタル信号である脈拍数、呼吸数などを計測することが可能となる。ここでは、生体計測の背景を概説し、前章までに紹介して来た動画像計測・解析法による生体情報計測手法の基本と、その応用について述べる。

5. 1　はじめに

（1）生体情報計測の背景

これまでに数多くの生体情報を計測するためのモニタが考案・製品化されてきた。また、電子機器の発展によりモニタの計測精度や安定性、利便性などが向上してきた。生体情報モニタの分類は種々考えられるが、患者用モニタ、生体内計測機器、無侵襲計測機器および無拘束計測機器などに大別される[1)]。患者用モニタでも手術室用、集中治療室（ICU）用や冠動脈疾患集中治療室（CCU）用、および一般病室用など、使用目的や使用場所に応じた専用のモニタが開発されている[2)]。

生体情報を計測するためには、生体の内圧や温度、生体表面の電位など何らかの物理量を計測する必要がある[3, 4)]。これらの物理量を計測するためには、センサやトランスデューサを身体に取り付けなければならない。センサやトランスデューサからは、時間的に変化する生体情報が1次元データとして得られる。これらに対して、2, 3次元の画像としてX線や放射線、磁気など生体透過性の波を利用して生体情報を取得する機器も次々と実用化されている[5-7)]。MEG（Magnetoencephalogram、脳磁図）、MRI（Magnetic Resonance Imaging、磁気共鳴画像）、X線CT（Computed Tomography by X-ray、X線断層写真）、PET(Positron Emission Tomography、陽電子放射断層写真）などを用いた総合的画像診断法によるアルツハイマー病、パーキンソン病、脳疾患の早期診断・病態変化、老化による脳機能変化の解明など、脳機能の解明を目指した研究[8)]を始め生体各部を対象とした研究[9, 10)]も行われている。しかし、X線や放射線は被曝の問題があることや、これらの装置が大がかりであることなど、実用上の問題点も多く残されている。

一方、非侵襲的に生体の情報を取得する方法として、超音波や光が用いられている。超音波では体表から非侵襲的に体内の情報が可視化できる医用超音波診断装置が臨床で広く用いられている。これらの装置では、細いビーム状のパルス超音波を形成して方向同定しながら、全計測空間を順次走査する手法を用いている。超音波の伝播速度の制限から、全計測対象からの情報を取得するための時間が必要となる。例えば計測対象を2次元断層面内に限定しても、計測は毎秒30フレーム程度である。そのため高速に運動している心臓や心臓房室弁などの空間的な動きを正確に把握することは不可能であった。近年、2次元超音波アレイを用いて全計測対象空間に伝播する非ビーム状の超音波を送波し、対象空間からの反射波を受波することにより像再生する手法が開発され、高速に3次元画像情報を計測できるようになった[11-14]。

光学的な手法として、反射光法やホログラフィ、スペックルなどを用いて体表面の動きから生体情報を取得する手法が開発されている[15, 16]。最も簡便な手法として、生体表面の反射光強度の変化を測定する手法がある[17]。この手法では、生体表面の反射状態によって検出感度が大きく影響を受ける。また、ホログラフィやスペックル計測法により、身体からの反射光の干渉状態変化を測定する手法も開発されている[18, 19]。そこでは体表面の変位を2次元的に計測可能で、光の波長精度の分解能を有する。しかし、リアルタイム計測には不向きで、測定には干渉系の調整に熟練を要する。連続的に体表面の位置を計測する手法としては、レーザー光を三角測量法に応用した手法がある[15, 20]。レーザー光の取り扱いには注意が必要で、さらに身体全面を連続計測するのは困難である。

（2）動画像計測処理による生体情報計測

これまでに開発されてきた生体情報モニタは「病気を診断する」ために開発されてきた。特に胸部X線像や同CT像、そしてMR像などの静止画像から病巣部の特定や、複数枚のスライス画像からの3次元像の再構築などの分野での画像処理は、すでに実用レベルとして計算機支援診断（Computer Aided Diagnosis, CAD）が行われている[21]。

高齢社会においては「健康に年をとる」または「病気にかからない」など、健康寿命を延伸するための生体情報モニタが必要であるとの考え方がある[22]。日常生活の中で疾病の予防や早期発見、作業や運動の安全性を高めるためには、毎日の生体情報を自己管理する必要がある。健康状態の自己管理を目的としてこれまでに開発されたモニタを長期間使用する場合、日常生活の行動を制限したり、センサやトランスデューサまたはワイヤなどが被験者に不快感を与える。理想的には、身体にセンサやトランスデューサなどを一切取り付けず、いつものように椅子に腰を掛けたり、家事を行ったり、ベッドに入るなどの日常生活を行う中で、本人の気づかないうちに種々の生体情報が自動的に計測されることが望ましい。つまり非侵襲・無拘束、できれば本人が計測されていることを意識しないようなシステムが要求される。

これを病院や専門の施設だけでなく家庭内でも簡便に実現するための計測機器として各種の計測方法が開発されてきているが、ドアの開閉や電化製品の使用状態、また人から放出される赤外線を部屋に設置したセンサで検出し行動を把握する方法などが試みられている[23]。さらに画像を利用したセンサとしてはCCDカメラやサーモカメラが考えられる。これらでは、対象を撮影するだけで生体からの情報を連続的に画像として取得することが可能となる。

5．2　動画像計測・解析法による生体計測

（1）手首表面からの心拍数検出

首、手首や足首部では総頚動脈、橈骨動脈や後脛骨動脈が体表から触知可能として知られており、触診により心拍の確認が行える。また、これらの部位では動脈の振動による微少な皮膚表面の動きを目視確認できる。そこで、手首部における橈骨動脈の振動による皮膚表面の動きを検出し、そして動画像計測処理法により解析することを試みた[24)]。

以下や次節5.3でも述べるように、拡散反射は光が入射角に関係なく、いずれの方向にもほぼ同じ強さで反射する。これは、紙などのように表面がざらざらしたものにみられる。鏡面反射は、入射と反射角が等しい方向に光が反射される。具体的には、拡散反射法では主に皮膚表面の上下運動に伴うパターンの並進運動が反映され、鏡面反射法では主に皮膚表面の傾き変化が反映される[25, 26)]。このため、鏡面反射法を用いることで、皮膚表面の微妙な動きを拡散反射法より高感度に検出できる。図5–1に拡散反射と鏡面反射の概念図を示す。

鏡面反射像を得るためには、スキンケア用のゲル（オロナイン®H軟膏、大塚製薬）を皮膚表面に薄く塗布した。拡散反射法の光源には天井の蛍光灯、鏡面反射法のそれには机上型蛍光灯スタンドを各々用いた。ビデオカメラによる計測とオプティカルフローの検出および解析を行った。ズームレンズで皮膚表面の動いている部位が100pixels以上の面積を持つように調節し、測定周波数30Hzで動きを取り込んだ。画像取り込みと同時にテレメータ心電計（Dyna Scope DS-3100、フクダ電子）でCM_5誘導による心電図を測定した。

皮膚表面の動きを解析するために、3章3.2節の局所的（時間・空間）最適化手法を用い、各速度ベクトルを局所領域3×3pixelsで3framesの画像から算出した。すなわち、ある点$P(x, y, t)$のオプティカルフローの検出においてP点を囲む$\delta x \cdot \delta y \cdot \delta t = 3 \times 3\text{pixels} \times 3\text{frames}$の領域で$v=\text{constant}$と仮定し、27個の連立方程式を立てる。この連立方程式から$v=(u, v)$を決定した。また、差分法に基づき、比較的計算量の少ない輝度変化評価関数$D(t)$を以下の式で定義した。

$$D(t) = \sum_{x} \sum_{y} \{f(x, y, t) - f(x, y, t-\delta t)\}^2 \tag{5.1}$$

ここで$f(x, y, t)$は点(x, y)の時刻tにおける輝度（濃淡値）を表す画像関数である。この評価関数$D(t)$は画像間における変化の有無を評価する場合、感度が高く有効であるが、運動の速度や加速度などの定量的情報の検出は原理的に不可能である。ここでは$\delta t=1$とした。この手法は計算量が少ないので、画像処理専用のハードウェアを用いずともリアルタイム処理が可能である。得られたオプティカルフローは、対象の2次元的な見かけの速度ベクトル場を表す。オプティカルフローの時間変化から皮膚の動きを表現するパラメータを得るために、以下の2種の評価関数を定義した。

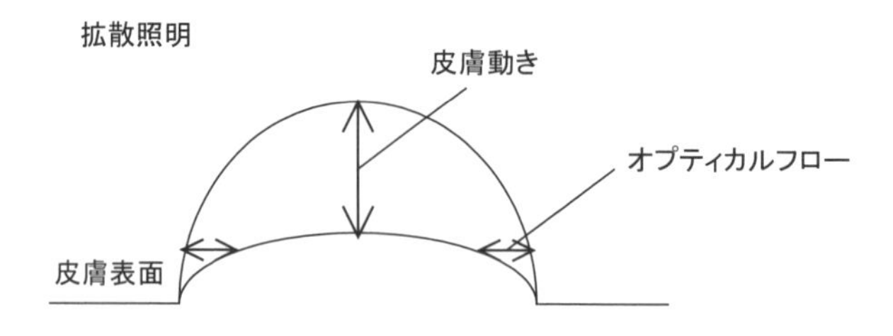

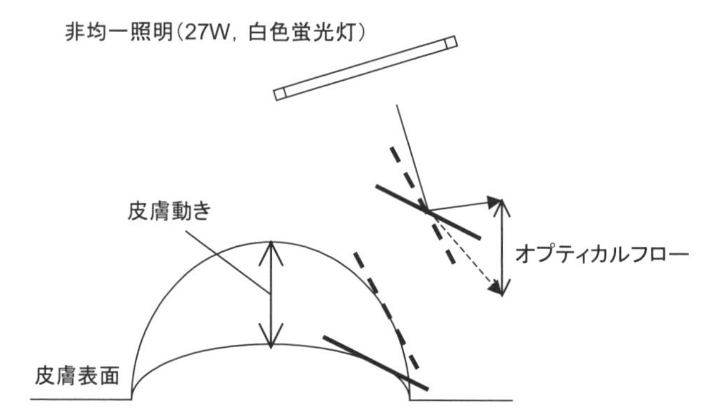

図 5-1　皮膚動きによる鏡面反射と拡散反射[24)]を改変。

1)　速度の絶対値の空間平均（関心領域（region of interesting）の面積 S_{roi}）

$$\langle \mathbf{v} \rangle = \frac{1}{S_{roi}} \int_{S_{roi}} \sqrt{u^2 + v^2} \tag{5.2}$$

2)　局所的な速度場の発散

$$\mathrm{LAD} \equiv \int_{S_{roi}} \mathrm{div}\mathbf{v} dS = \oint_{C_{roi}} \mathbf{v} \cdot \mathbf{n} dC \tag{5.3}$$

ここで C_{roi} は S_{roi} を取り囲む閉曲線である。関心領域 S_{roi} は w×wpixels の矩形（正方形）とした。

1）の定義および意味については明らかである。2）の評価関数導入の必要理由に関連し、以下に簡単な議論を行う。橈骨動脈部の皮膚表面動きは心拍動により皮膚表面の一部が湧き出すように見える。そこで脈波によるオプティカルフローの湧き出しや吸い込みが見られる部分、つまり、速度ベクトルの空間的変化が大きな領域を関心領域 S_{roi} とし、S_{roi} における速度場の発散を LAD（Local Area Divergence）と定義した。また、関心領域のサイズは次のように決定した。まず速度場の重心を算出し、ある大きな速度ベクトルを持つオプティカルフローの 1frame を選択する。関心領域の重心を中心とする正方形を 3×3pixels から 23×23pixels で 2×2pixels ごとに変化させる。これらの正方形でそれぞれ LAD を算出し、最も大きなLADを最適なサイズとした。そして、最適サイズの関心領域で重心のLADとその周囲8方向にそれぞれ1pixel毎にずらしたLADを含めた合計9ヶ所の平均を〈LAD〉とした。

33歳男性の左手首の拡散反射像と皮膚表面の動きのオプティカルフロー時間変化の合成像を図5-2に示す。心拍による動脈の拡張・収縮運動は周辺組織に機械的な変形を起こさせる。そして、機械的な変形は皮膚表面にまで達し、皮膚表面を変形させる脈波を反映

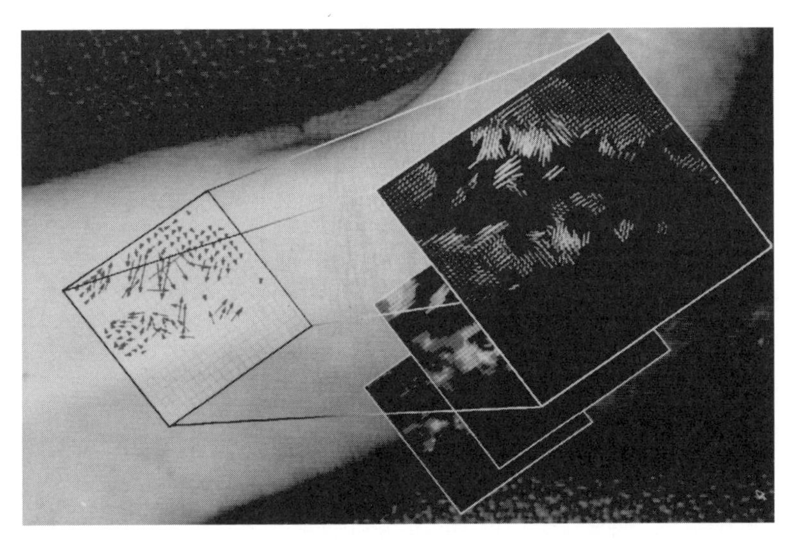

図5-2　健康男性の左手首[24]。右上側が手の平で、左下が肘方向。透明な図は画像を取得した部位（64×64pixels）を示す。右側には下から順に皮膚表面で検出したオプティカルフローを重ねて示す。

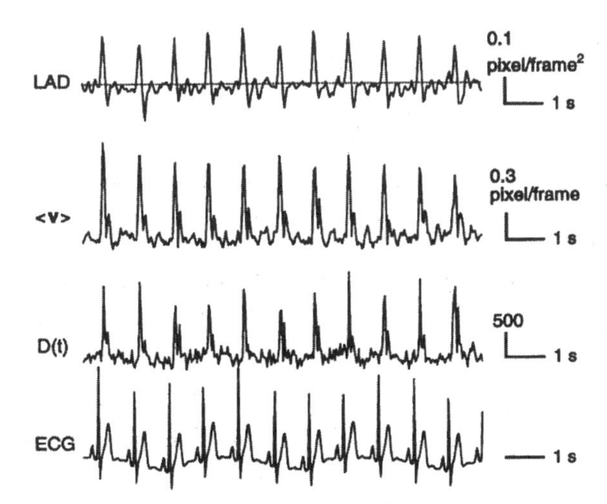

図5-3　動画像処理によって得られた心拍波計[24]。LAD（Local Area Divergence, δ_S=17×17pixels）、〈**v**〉、$D(t)$ の波形は、拡散反射モードを利用して得られた画像から得られた。LAD波形の点線は、ゼロレベルを示す。LADと〈**v**〉は図6-2のベクトル場から、$D(t)$ は生画像から計算された。心電図（ECG）は、画像と同時記録された。

した皮膚表面の動きが2次元的によくとらえられている。

図5-3に、オプティカルフローの時系列の解析から得られた〈LAD〉、〈v〉および$D(t)$波形（式（5.1）参照）と同時記録した心電図を示す。全ての波形とも心電図R波に約0.2s遅れた鋭いピークを持ち、そのピーク間隔は心電図のR-R間隔に一致した。心電図R波からの遅れは、脈波が心臓から手首部までに達する時間に相当する[36]と考えられる。〈LAD〉は、皮膚表面の拡張と収縮に一致する正負のピークを示した。関心領域S_{roi}を13×13pixelsから21×21pixelsまで変化させても〈LAD〉からは安定した脈波形が得られた。この被験者では、最大の〈LAD〉はS_{roi}=17×17pixelsであった。〈LAD〉波形では、皮膚表面の上下運動を定性的に表すことができた。一方、〈v〉はベクトルのノルムなので常に正値を示し、方向成分の情報は持っていない。$D(t)$は多くのノイズ成分を含んだ波形となった。

（2） ベッドでの生体情報計測

ベッドは健常人で1日の1/3程度、患者ではもっと長時間を過ごす場所であり、基本的に誰が利用するかが決まっている。そのため、無拘束な状態で生体情報を取得するには適した場所と考えられる。ベッドやマット、枕などにセンサを装着する各種の方法が提案されている[27-29]。さらに、枕型呼吸モニタを用いた睡眠時無呼吸症候群の臨床評価も行われている[30]。CCDビデオカメラをセンサとする方法では、ベッド上での呼吸、体動などをモニタリングするので、完全な無拘束・非接触計測が実現できる[31-36]。これらは視覚情報を利用するので、この手法を石原らはビジュアルセンシングと呼んでいる[34]。現在、動画像から生体情報を取得する手法として大別すると、差画像法とオプティカルフロー法の2つの手法が用いられている。また、3次元的な動き解析は、レーザーグレーティング法により多数の光点を同時に評価することで呼吸による見かけの体積変化のモデリングも試みられている[37]。

（i） 心筋梗塞患者のベッド上での動き頻度評価

心筋梗塞患者の心臓はダメージを受けているため、軽微な身体活動も心臓に負担を与える。心筋梗塞患者に対しては発症直後には絶対安静を必要とするが、現在では比較的早期からリハビリテーションを行う傾向にある。例えば急性心筋梗塞発症後の患者に対して第3日目より心電図を評価しながらトレッドミル検査を行った報告もある[38]。しかし、体動強度を定量的に評価している報告は無く、現在は医師や看護師の主観によって判断されている。そこで、リアルタイムに差画像から式（5.1）を計算し、ある閾値を越えた場合に体動と判断し、1分毎に体動数をカウントするシステムを試作した。図5-4にシステムの外観を示す。

ここでは冠動脈疾患集中治療室（CCU）に入院中の急性心筋梗塞患者（39歳、男性）の解析結果を図5-5に示す。これは心筋梗塞発症翌日から3日間の午後8時から午後11時までの連続した体動頻度である。計測中には、医師や看護師などの介護者が関心画像領域

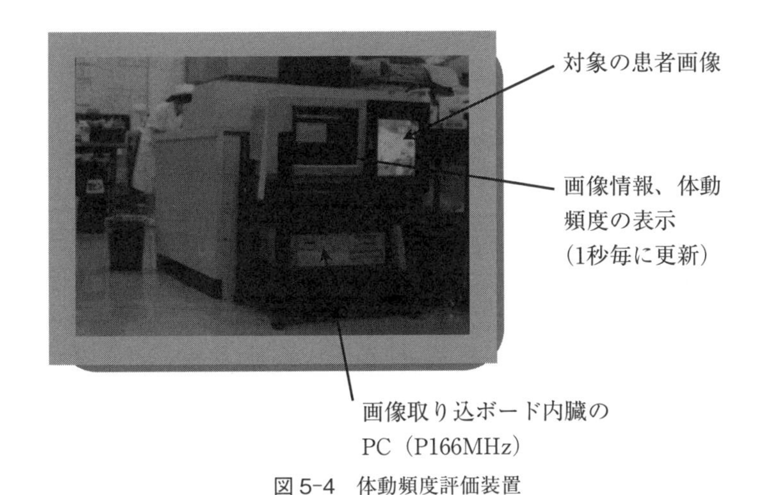

図 5-4　体動頻度評価装置

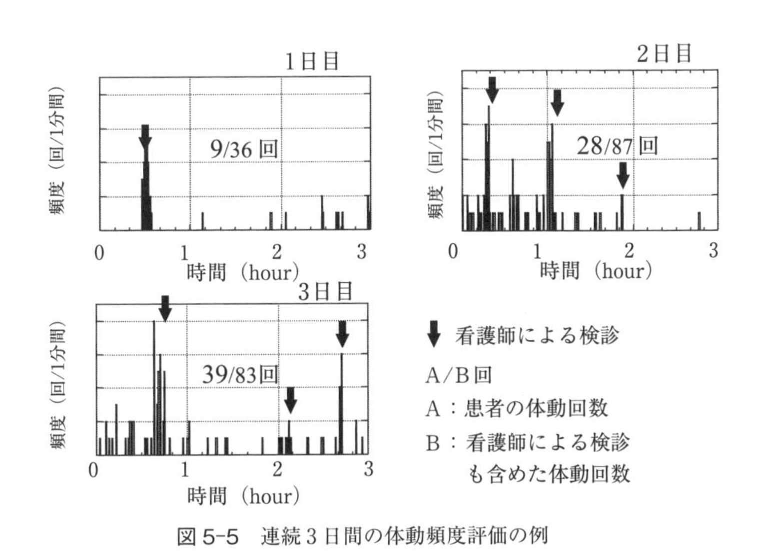

図 5-5　連続3日間の体動頻度評価の例

内に入ることで大きな輝度変化が起こり、これが式（5.1）の雑音となった。これらは同時記録したビデオテープを確認することにより、介護者によるものと患者の体動に分離した。1日目は全部で36回のカウントであったが、患者の体動は9回であった。翌日は全部で87回中、患者の体動は28回であり、3日目は83回中、患者の体動は39回であった。1日目に比べて2日目と3日目には体動頻度が増加した。アーチファクトは防げないが、これまで定量評価できなかった患者の体動頻度を無拘束・無意識下で行える可能性があると考えられる。

（ii）オプティカルフロー法による呼吸数・体動頻度評価

ベッド上の被検者の呼吸による身体の動きや寝具の動きから体動数や呼吸数を計測する手法も開発されている。図5-6に寝具を介した呼吸によるオプティカルフロー検出の例を示す。吸気時には上向きのベクトルが、呼気時には下向きのベクトルが多く検出されてい

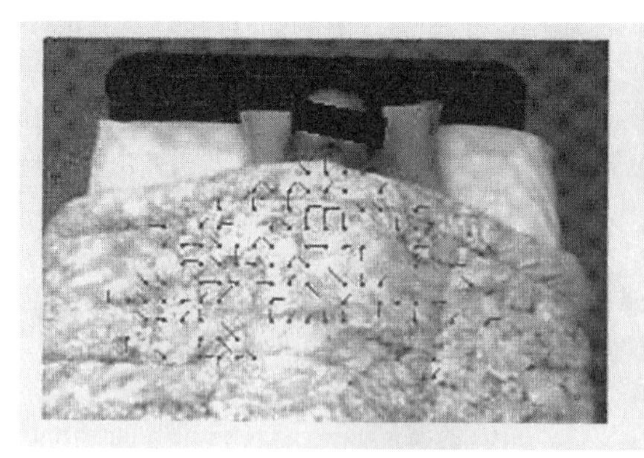
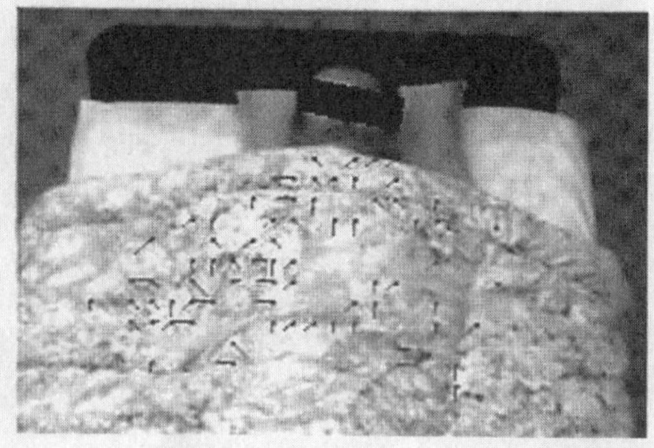

図5-6　オプティカルフローの検出例 [39]

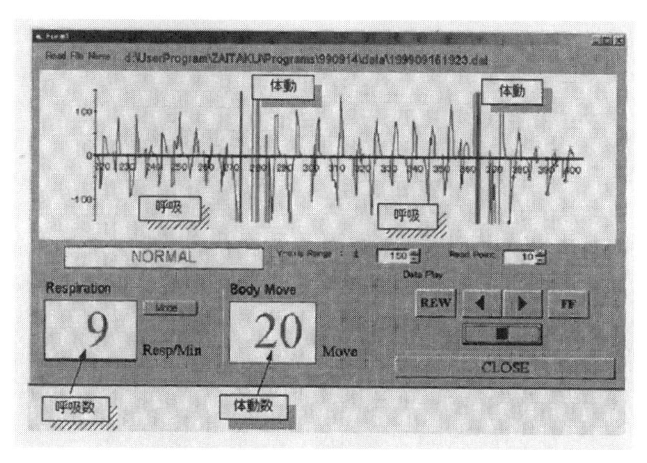

図5-7　リアルタイムオプティカルフロー検出による呼吸・体動評価モニタの画面 [39]

る。このベクトル場から、周期的なリズムを持つ呼吸波形と大きなピークを持つ体動時の波形を得ることができる。オプティカルフロー法では多くの計算を要するが、パソコン用の並列画像処理プロセッサ（最大処理性能 10GOPS, Giga Operation Per Second）を使用すれば、オプティカルフローをリアルタイムに検出・解析できる [35, 36]。図5-7にリアルタイムシステムの計測時の画面例を示す [39]。また、このリアルタイムシステムを用いた山口県の老人保健施設でのフィールドテストでも、予め診断されていなかった睡眠時の異常な呼吸状態を発見するに至っている [35, 36]。

5. 3　入浴中の水面ゆらぎ評価による心拍数・呼吸数検出

ここでは、2章2.1節で述べた空間フィルタ法による速度計測法の応用として、水面ゆらぎによる入浴中の心拍数と呼吸数の検出に関して紹介する。

入浴は身体を清潔にするだけでなく精神的なリラックス効果も期待される習慣である。日本人ではシャワーよりも浴槽に身体を浸けることが好まれる。浴槽と洗い場、また、脱衣所などとの気温差、さらに起立時の血圧変化などが主たる原因と考えられる事故が少なくない。これを防止するために浴槽や浴室にセンサ類を取り付け、いつものように浴槽に身体を浸けるだけで、心拍数や呼吸数を計測する手法として水面のゆらぎ評価法が開発されてきた[40]。

身体胸部までを水面下に浸けた状態で水面を観察すると、心拍や呼吸に同期するゆらぎを確認することができる。これは胸部や頸部の動脈による脈波および呼吸による胸部の体積変化が原因であると考えられる。しかし、水面でのゆらぎは微小であるため、フローターにより直接計測することは容易でないだろう。そこで、理論的には0.1 μmまで評価が可能である鏡面反射法[26]を用いる光学的な基本的な手法を開発した。計測中の被検者を図5-8に示す。鏡面反射のための光源にはレーザーダイオード（LD、波長635nm、出力2mW）を、鏡面反射光の軌跡を撮影するためにCCDビデオカメラを用いた。LDからの光の一部は、水面で反射し浴槽壁面に達する。浴槽壁面では、水面の凹凸に従って光点が動き回る。この動きから心拍や呼吸に同期するゆらぎ成分を抽出する。具体的には、まず浴槽壁面の光点の動きを連続画像としてPCに取り込む。次に、正弦波状の空間分布を与えたディジタル処理による空間フィルタ速度計測法で、心拍数と呼吸数を評価した。第2章では粒子の動きに関して空間フィルタを適用したが、ここではLDの壁面光点の動きに適用することになる。

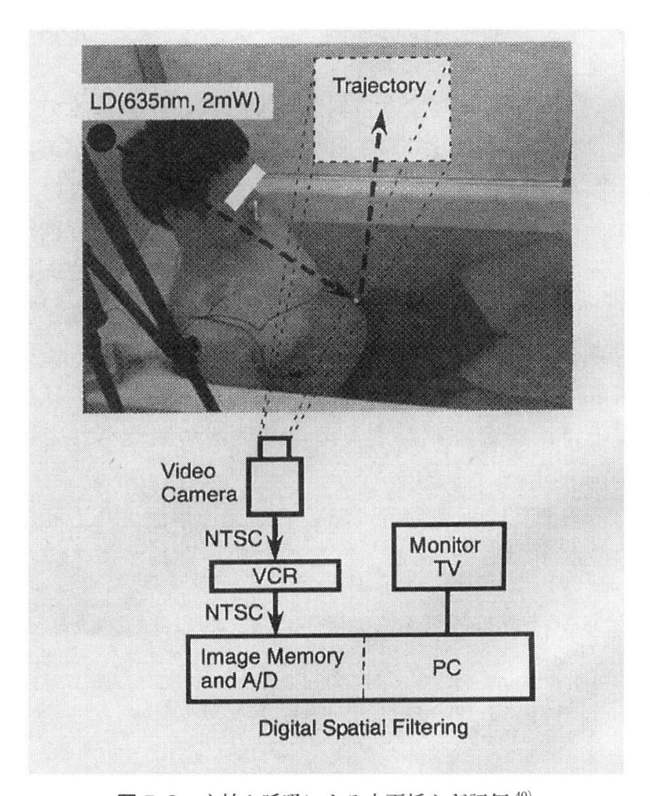

図5-8　心拍や呼吸による水面揺らぎ評価[40]

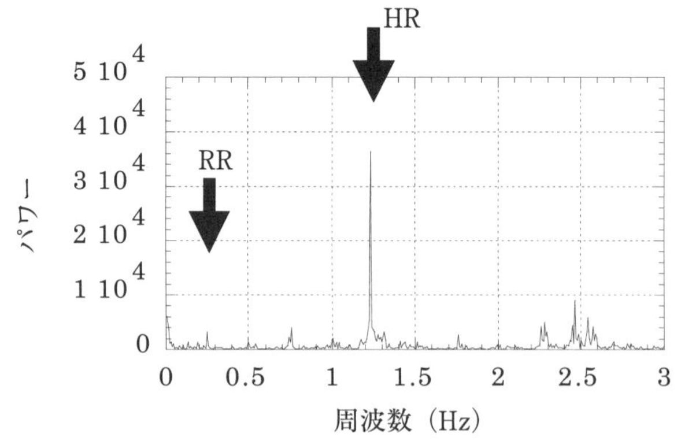

図5-9　水面揺らぎから得られた周波数解析。呼吸数（RR）と心拍数（HR）に一致する周波数にピークを有する。

健常成人男性10名（年齢21～24歳）を対象として、一人1回の測定を行った。その結果、被検者が水面下で安静にしている場合、心拍数と呼吸数は安定して評価できた。図5-9に結果の一例を示す。心拍数および呼吸数に一致するスペクトルピークが得られた。水面下でマッサージやストレッチ運動を行った場合、心拍数と呼吸数を評価できなかった。しかしこの場合には、水面が非定常にゆらぐことを示す結果が得られた。つまり、何らかの事故により水面下でもがくような動作を検出し、通報できる可能性が示唆される[40]。さらに本手法では、壁面の光点位置が水位そのものを反映するので、水面下に身体が浸かっているかどうか、また、どの程度の体積が浸かっているかを定量的に評価することも可能である。

5．4　足形による男女識別や個人識別

動画像ではないが、これまでにないニーズによって開発された、画像計測に基づく個人識別法について述べる。一つの住居で複数人が生活する場合、前述のように風呂やベッドから得られた誰の生体情報かを識別したいというニーズがある。従来、個人識別や本人認証のためには、指紋、顔、虹彩、網膜、話者の声を利用したバイオメトリクス（身体的特徴）を用いた手法が開発されている[41, 42]。これらは、法律を執行するための補助証拠、社会福祉、銀行業務や各種のセキュリティなどを目的としている。バイオメトリクスを取得する場合には、対象者にある程度の協力を求める。顔をバイオメトリクスとする場合には、対象者の協力を求めなくても実現できるが、髪型や化粧の影響を受けやすい。バイオメトリクスとして素足の足形を利用することにより、個人識別を実現できる可能性が1996年に示唆された[43]。セキュリティを目的としない研究としては、足圧や足音などを利用してマーケティング関連の分野で強いニーズがある入店客の男女識別の自動化の試みがある[44, 45]。これに対して家庭内、特に浴室入り口のマットにセンサを設置することで足形をバイオメトリクスとして利用できる可能性がある[46, 47]。

足形による個人識別の基礎的な研究として、圧力センサシートを利用した例を述べる。

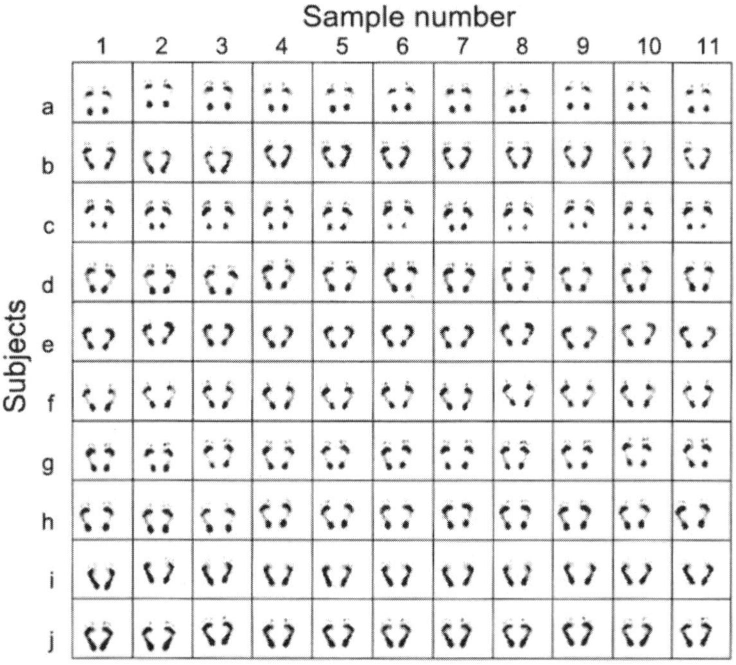

Sample number

1　2　3　4　5　6　7　8　9　10　11

Subjects

a　b　c　d　e　f　g　h　i　j

図 5-10　取得した足型画像（現画像）[47]

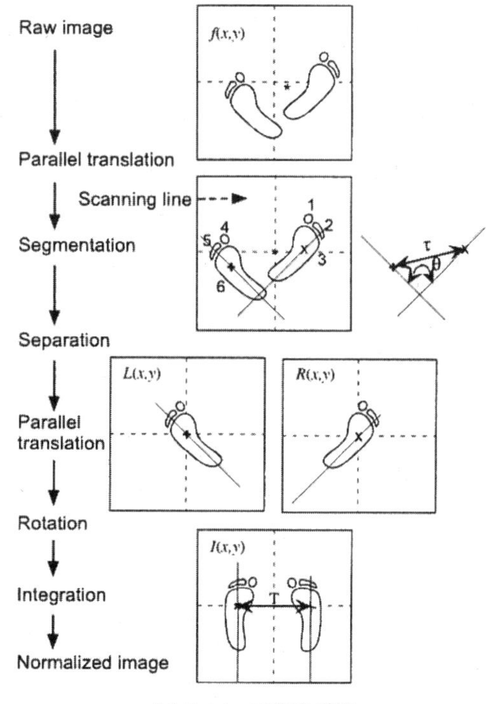

図 5-11　正規化手順

図5-10に示すように、取得した足形は両足重心間の距離、両足の成す角、圧力分布などが個人間で異なる。また、個人内でも圧力センサシートのどの位置に乗るかが、計測ごとに異なる。そこで、安定した自動識別のために計測された足形画像に対して、図5-11に示すように左右足の位置と方向の正規化を行った。10人の被験者から110枚の足形を取得し自動識別実験を行った結果、識別率は正規化なしで30.45%、正規化した場合では86.55%となった。セキュリティを目的とした場合には、十分な識別率とは言い難いが、生体情報取得時の個人識別としては利用できる手法ではないかと考えられる。なお、本手法は足形に注目した世界初の個人認証であると紹介された[48)]。

5.5　おわりに

（1）まとめ

本章では「病気を診断する」ためのモニタでなく、動画像情報を利用した新しい計測システムや、日常生活内で計測されていることを意識しないうちに生体情報が取得されるシステムについて述べた。そして、体表面から得られる生体情報、ベッドでの生体情報計測、そして入浴中の心拍や呼吸情報などを紹介した。これら以外にも、生体を対象とした動画像計測としては、モーションキャプチャーや動作解析が行われているが、完全な自動化は困難であり、当該分野のますますの発展が期待される。

（2）動画像による生体情報計測の今後の可能性

ここで紹介したような検査される側を意識させない状態での生体計測や行動計測が発達するほかにも、広く動画像計測・処理技術を利用した生体情報の利用が普及するだろう。これ以外にも臨床では、手術時の応用が期待される。手術を行う場合に、患者の負担を軽減するために身体を大きく切らない内視鏡下手術が普及してきている。内視鏡下手術は皮膚に開けた小さな穴から小型カメラや器具を入れて行うが、手術野で医師の意志通りに器具を操作する場合に制約を伴うことが少なくない。そこで小型ロボット工学技術を導入したmaster-slave manipulator方式の内視鏡下手術機器が開発され、国内でもこの機器の運用が開始された[49)]。内視鏡下の手術ではいくつかの問題点を持っているが、その一つは直視下でなくモニタの映像を見ながら手術を行わなければならないことである。これらを解決するためには、視野を広角にすることおよび高画質な3次元画像が医師に提供されることが必要であろう。さらに、リアルタイムに3次元形状を計測し、そして機器に情報をフィードバックすることにより、目的以外の臓器や血管などを傷つけないような安全機構が必要となると考えられる。今後、ほとんどの外科手術がmaster-slave manipulatorを用いる内視鏡下手術が行われる可能性もあるので、リアルタイムに高精度な3次元形状の計測、高精細な3次元画像の提示技術の発展が求められる。

Coffee Break Ｖ　大学の先生（大学紛争から大学改革へ）

当時は珍しかった博士課程への進学も、周りからは“まだ大学に残るの⁉”と言われながらも、日本育英会の奨学金のお陰で何とか生計を立て、多感な青春時代に色んな体験をさせて頂きました。世界遺産となった、屋久島の宮之浦岳（1,936m）への研究室仲間との登山は、その中でも最もインパクトある経験でした。20kg 以上の荷物を担いで、海抜０メートルの海岸端から出発し、トロッコ道沿いの山中で２泊して、２日目遅くに山小屋にたどり着き、そこから宮之浦岳の山頂を目指しました。

１日・２日目と屋久島特有の豪雨にたたられ、小杉谷・縄文杉を経て、ようやく高塚小屋（約1,330m）に着いた我々は、ほっとすると同時に３日目からの登山計画の見直しを強いられました。最初の縦走計画にこだわるメンバーの一人（K 君）と、縦走計画を変更し目標を宮之浦岳だけに絞るというリーダー（H 君）の主張は、平行線をたどります。結局はリーダーの安全策に落ち着くのですが、若かった私自身は強行策に賛成した記憶があります。「心の中」では安全策を願ってはいましたが。３日目は高塚小屋からの日帰りでの宮之浦岳登頂でした。幸い快晴に恵まれ、往復 12 時間の行程も苦にはなりませんでした。種子島を眺望する山頂からの 360 度のパノラマは、生涯忘れることはありません。

このときのメンバー６名のうち４人が、その後、大学の先生を生業としますが、強硬策を主張した K 君は研究面で世界的な業績を次々と積み上げて行きます。偶然にも、その山小屋には 2016 年７月に永眠された永六輔氏が宿泊されていました。40 年以上の歳月が流れていますが、山小屋の主人と穏やかに談笑されていた永六輔氏の横顔は、昨日のことのように鮮明に思い起こされます。

Nen-Doll（6 章参照）

【参考文献】

1）戸川：理工学者のための生体計測入門、沖野、島村編、コロナ社（1981）.
2）小野：モニタシステム・最近の傾向、臨床 ME 機器なんでも 110 番、日本プランニングセンター（1990）.
3）T. Togawa, T. Tamura, P. Å. Öberg: Biomedical Transducers and Instruments, CRC Press, FL（1997）.
4）山越、戸川：生体用センサと計測装置、コロナ社（2002）.
5）高木：下田 監修、画像解析ハンドブック、東京大学出版会（1991）.
6）英保：システム制御情報ライブラリー 5 医用画像処理、システム制御情報学会編、朝倉書店（1992）.
7）K.M. Mudy: Chapter VII Imaging, *In* The Biomedical Engineering Handbook, Ed. J.D. Bronzino: CRC Press, FL, IEEE Press（1995）, pp.949-1179.
8）特集　脳機能の比侵襲的計測、BME, **8**（1994）、pp.2-54.
9）竹中、平松：最新 MRI 診断、メジカルビュー（1990）.
10）小塚：MRI の臨床、中山書店（1993）.
11）眞渓、藤本、南部、近藤、大城、千原、浅生：超音波マイクロリングアレイプローブを用いた 3 次元可視化、電気学会論文誌 E、**117-E**（1997）, pp.359-363.
12）M. Nambu, M. Doi, A. Matani, O. Oshiro, K. Chihara: A high-speed image acquisition using ultrasonic ring array probe, Computers in cardiology: pp.355-358（1999）.
13）南部、大城、土居、千原：凸形表面送波子を用いたリングアレイプローブ、電気学会論文誌 E、**l121-E**（2001）、pp.107-112.
14）特集　超音波の非線形現象とその医療への応用、BME、13（1999）、pp.1-62.
15）清水：光による体表面変位計測、BME、**4**（1990）、pp.33-43.
16）清水：光による生体情報テレメトリ技術、BME、**9**（1995）、pp.35-50.
17）中村、田中、谷島、古川：光トランスデューサを用いた胸壁面振動検出システムの開発、医用電子と生体工学、**20**（1982）、pp.73-77.
18）B. Hök and H. Bjelkhagen: Imaging of chest motion due to heart action by means of holographic interferometry, Med. Biol. Eng. Comp., **16**（1978）, pp.363-368.
19）G. Ramachandran and M. Singh: Three-dimensional reconstruction of cardiac displacement patterns on the chest wall during the P, QRS and T-segments of the ECG by laser speckle interferometry, Med. Biol. Eng. Comp., **27**（1989）, pp.525-530.
20）K. Shimizu, K. Kobayashi, G. Matsumoto: Respiratory and cardiac monitoring of neonate by non-contact optical technique, Biotelemetry, **10**（1989）, pp.626-632.
21）鳥脇：X 線像のコンピュータ支援診断 ― 研究動向と課題、電子情報通信学会論文誌 D-II、**J38-D-II**（2000）、pp.3-26.
22）特集　ホームケアテクノロジー ― 健康長寿社会をめざして ― 、日本機械学会誌、**101**（1998）、pp.3-39.
23）特集号　e-house, ehealthcare、ライフサポート、**13**（2001）、pp.1-39.
24）K. Nakajima, T. Maekawa and H. Miike: Detection of Apparent Skin Motion Using Optical Flow Analysis: Blood Pulsation Signal Obtained from Optical Flow Sequence, Review of Scientific Instruments, **68**（1997）, pp.1-6.
25）R. Vas, C. Joyner, D. Pittman and T. Guy: The displacement cardiograph, IEEE Trans. Biomed. Eng., **BME-23**（1976）, pp.49-54.
26）H. Miike, K. Koga, T. Yamada, T. Kawamura, M. Kitou and N. Takikawa: Measuring surface shape from specular reflection image sequence -Quantitative evaluation of surface defects of plastic moldings-, Jap. J. Appl. Phys. **34**（1995）, pp.L1625-L1628.
27）渡辺、渡辺：睡眠中の心拍、呼吸、イビキ、体動および咳の無侵襲計測、計測自動制御学会論文集、**35**（1999）、pp.1012-1019.

28）田中：歪ゲージを用いた呼吸および心拍の無拘束無侵襲自動計測、計測自動制御学会論文集、**36**（2000）、pp.227-233.
29）原田、坂田、飯田、森、佐藤：圧力センサ枕による睡眠時呼吸・体動計測システムの実現、計測自動制御学会論文集、**37**（2001）、pp.593-601.
30）中島、山小、樋口、佐橋、神谷、塩見、田村：枕型呼吸モニタを用いた睡眠時無呼吸症候群評価の検討、ライフサポート、**14**（2002）、pp.14-19.
31）K. Nakajima, A. Osa and H. Miike: Evaluation of Body Motion by Optical Flow Analysis, Japanese Journal of Applied Physics, **36**（1997）, pp.2929-2937.
32）K. Nakajima, A. Osa, S. Kasaoka, K. Nakashima, T. Maekawa, T. Tamura and H. Miike: Detection of Physiological Parameters without Any Physical Constraints in Bed Using Sequential Image Processing, Japanese Journal of Applied Physics, .**35**（1996）, pp.L269-L272.
33）西田、森、溝口、佐藤：視覚情報による睡眠時無呼吸症候群診断法、日本ロボット学会誌、**16**（1998）、pp.274-281.
34）中井、渡邊、三宅、高田、山下、新盛、石原：動画像処理による呼吸モニタリングシステム、電子情報通信学会論文誌 D-II、**J83-D-II**（2000）、pp.280-288.
35）松本、中島、田村、田中、田中：動画像処理を用いた非接触呼吸・体動モニタリング、システム制御情報学会論文誌、**14**（2001）、pp.173-179.
36）K. Nakajima, Y. Matsumoto, T. Tamura: Development of real-time image sequence analysis for evaluating posture change and respiratory rate of the subject in bed, Physiological Measurement, **22**（2001）, pp.N21-N28.
37）青木、竹村、味村、中島：FG 視覚センサを用いた就寝者監視システムの開発　第 16 回生体・生理工学シンポジウム論文集：pp.187-190（2001）.
38）E. J. Topol, K. Burek, W. W. O'Neill, D. G. Kewman, N. H. Kander, M. J. Shea, M. A. Schork, J. Kirscht, J. E. Juni and B. Pitt: A randomized controlled trial of hospital discharge three days after myocardial infarction in the era of reperfusion, New Engl. J. Med. **318**（1988）, pp.1083-1088.
39）中島、田村：看護・介護モニタの現状と今後、 BME, **14**（2000）、pp.30-35.
40）中島、吉村、南部、田村：生活の質（QOL）向上のための無拘束生体情報モニタの利用、電子情報通信学会論文誌 A, **J85-A**（2002）、pp.1373-1379.
41）Special issue on automated biometrics, Proc. IEEE, **85**（1997）, pp.1348-1491.
42）瀬戸：バイオメトリクスを用いた本人認証技術、計測と制御、**37**（1998）、pp.395-401.
43）R. B. Kennedy: Uniquneness of bare feet and its use as a possible means of identification, Forensic Science International, **82**（1996）, pp.81-87.
44）数藤、大和、伴野：モルフォロジー処理によるパターンスペクトルを特徴量に用いた男女識別法、信学論（D-II）、**J80-D-II**（1997）、pp.1037-1045.
45）数藤、大和、伴野、石井：入店客計数のためのシルエット・足音・足圧による男女識別法、信学論（D-I）, **J83-D-I**（2000）、pp.882-890.
46）K. Nakajima, Y. Mizukami, K. Tanaka, and T. Tamura: Footprint-Based Personal Recognition, IEEE Transactions on Biomedical Engineering, **47**（2000）, pp.1534-1537.
47）中島、水上、田中、田村：足形を利用した個人識別、電気学会論文誌 D、**121-D**（2001）、pp.770-776.
48）U. Andreas, P. Wild: Foorprint-based biometric verification, J. Elec. Imaging, **11**（2008）, pp. 011016-1-011016-10.
49）古川、小澤、北島：胃食道逆流性疾患・食道アカラシアに対する腹腔鏡下手術、臨床外科、**55**（2000）、pp.1213-1218.

【謝辞】

研究協力者：

　山口大学工学部卒業論文生：岡野和彦、花田幸紀、南茂雄、山田晴樹

研究補助金：

　本研究の一部は山口大学ベンチャービジネスラボラトリ、山口ウェルフェアテクノハウス研究会、中小企業創造基盤技術研究事業（10-12)、厚生科学研究費補助金長寿科学総合研究事業（H11- 長寿 -042)、長寿医療研究委託事業（11- 公 -05）の助成によってなされた。

第6章　新しい展開

ここでは、動画像の計測と処理に関わる関連分野の広がりについて、最近の研究からいくつかの新しい試みを紹介する。すなわち、動画像の強調、三次元立体形状計測、さらには認知科学や脳科学、そしてデザイン分野との接点を探る。

6．1　画素時系列フィルタリング

（1）動画像の強調

動画像は、静止画像と違って時系列方向にも情報を持っている。カメラが固定されている場合、各画素（各座標）で観測した濃淡値の時間変化は音声と同じ一次元信号とみなせる。音声信号処理の技術は非常に成熟しており、音声認識やカクテルパーティ効果（雑踏の中で特定話者の声を聞き分ける）などのような困難なテーマへのアプローチが盛んに行なわれている[1)]。ここでは、各画素で観測される濃淡情報の時間変化を一種のハイパスフィルタを通すことで、1）動きの強調や、2）照明の時間・空間的不均一に左右されないオプティカルフロー推定が可能になることを示す[2)]。処理手法自身は、それ程独創的とは言い難いが、結構実用的に使える手法と言える。

まず、与えられた動画像$f(x, y, t)$に対し、次式のような局所時間平均濃淡値からの偏差を増幅する処理を実行し新たな（偏差）動画像$f_{de}(x, y, t)$を得る。

$$f_{de}(x, y, t) = \alpha[f(x, y, t) - f_{av}(x, y, t)] + C \tag{6.1}$$

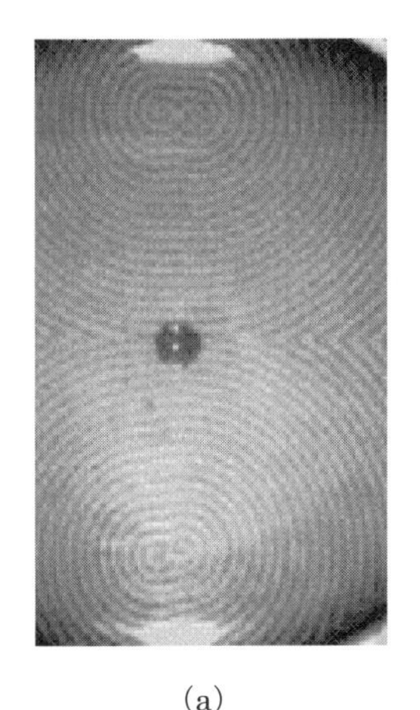

(a)

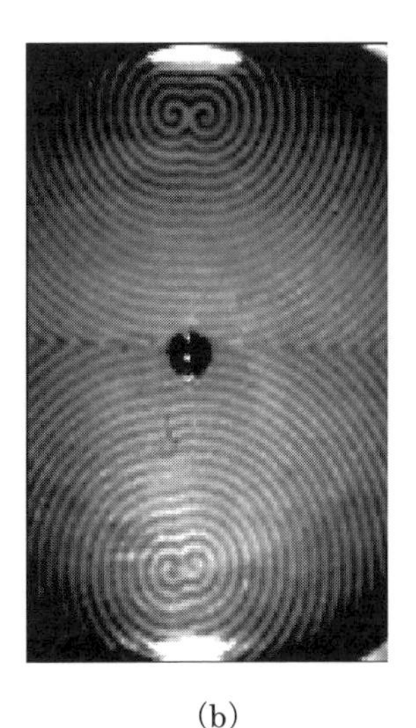

(b)

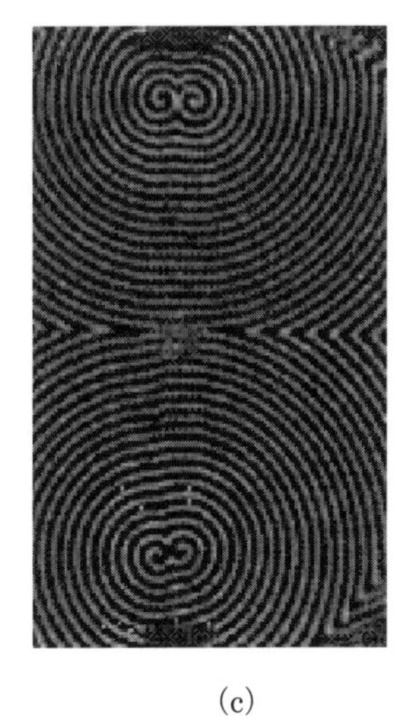

(c)

図6-1　動画像の強調処理例：(a) は元動画像、(b) は AGC 処理、(c) は偏差動画像

ここに、αは増幅率、$f_{av}(x, y, t)$は以下のように与えられる。

$$f_{av}(x, y, t) = \frac{1}{\delta T+1} \sum_{j=-\delta T/2}^{\delta T/2} f(x, y, t+j) \tag{6.2}$$

ここで、δTは現象の速さに合わせて適切に設定するパラメータ（局所平均時間）であり、観測したい現象に比べて濃淡値の時間変化が緩やかであることを想定している。この処理は、フーリエ変換を用いた一種のハイパスフィルタリング（高域濾過）処理と等価であることが証明できる[2)]。

提案した処理を、自己組織的なパターン形成を伴う化学反応 Belousov-Zhabotinsky (BZ) 反応[3)]に適応した例を図6-1に示している。また、処理アルゴリズムのイメージ図を図6-2に示している。図6-1（a）は元動画像$f(x, y, t)$、6-1（b）は画像一枚に通常のAGC（Automatic Gain Control）処理を施したもの、そして6-1（c）は提案した偏差動画像$f_{de}(x, y, t)$である。元動画像やAGC処理した画像では、照明の不均一や反応容器の形状に依存するパターン（化学反応波）の濃淡値の空間的不均一が存在するが、偏差動画像で

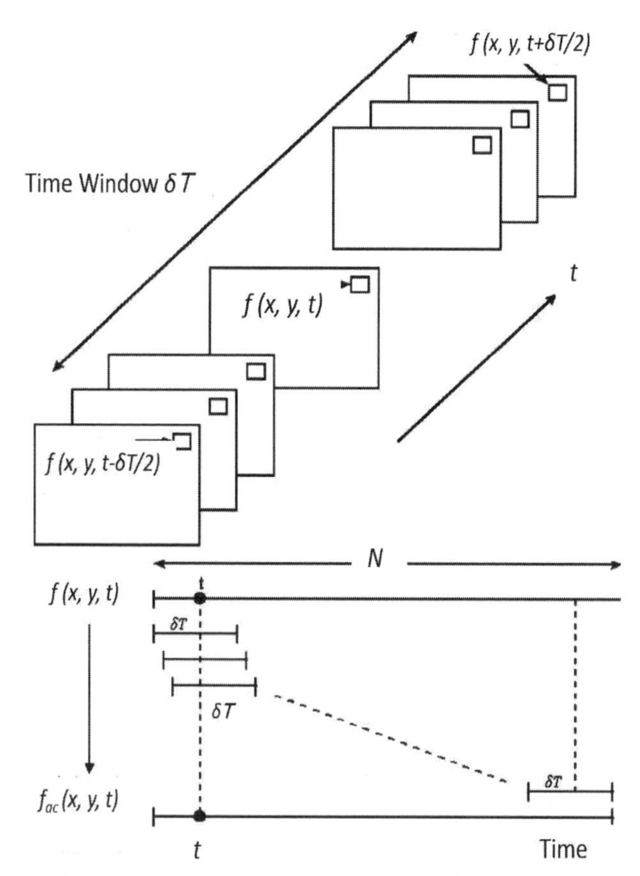

図6-2　元の動画像から、動きを強調する偏差動画像を計算するイメージ図：動画像の各フレームの各画素における濃淡値の時系列に注目し、局所的な時間平均値からの偏差を増幅して表示する。

はその影響がかなり軽減されている。ここでは動画像を呈示できないので残念であるが、偏差動画像では反応に伴い出現する振動的な流体現象が明瞭に可視化される[2)]。すなわち、単にパターンのコントラストを改善するのではなく、照明の空間的不均一の影響を抑えて動的な現象の本質部分をより明瞭に可視化できる手法である。注目し可視化したい現象の時間変化の速さに合わせて、適切な局所平均時間δTを選択する必要がある。

（2） オプティカルフロー検出への応用

画素時系列のフィルタリング処理は、3章で詳述したオプティカルフローの検出においても威力を発揮する。特に照明の空間的変動があるような環境の中で物体が運動する場合に有効である。科学計測では、レーザ光のような特殊な照明装置を用いて流れの可視化が行なわれる。こうした場合、流れ場の均一な照明は至難の技である。その中での粒子の運動は必ず照明の不均一な空間中での運動となり、単純なマッチング処理や勾配法では非常に大きな過誤の速度ベクトルを推定してしまう。理論的には、3章で述べたような厳密なモデル化を行なうことで、不均一な照明の場$\phi(x, y)$自身も推定できる可能性がある[4, 5)]。しかし、実際に必要なのは照明に左右されない流れのベクトル場である。以下、偏差動画像を用いて、モデルの簡単な局所時空間最適化処理（STLO法：3章参照）による勾配法を適用した例を紹介する。

図6-3は、解析対象とした元のYosemite sequence（図中a1, a2）と、画素時系列フィルタリング処理を行った偏差動画像（Modified Yosemite sequence：図中b1, b2）とを、

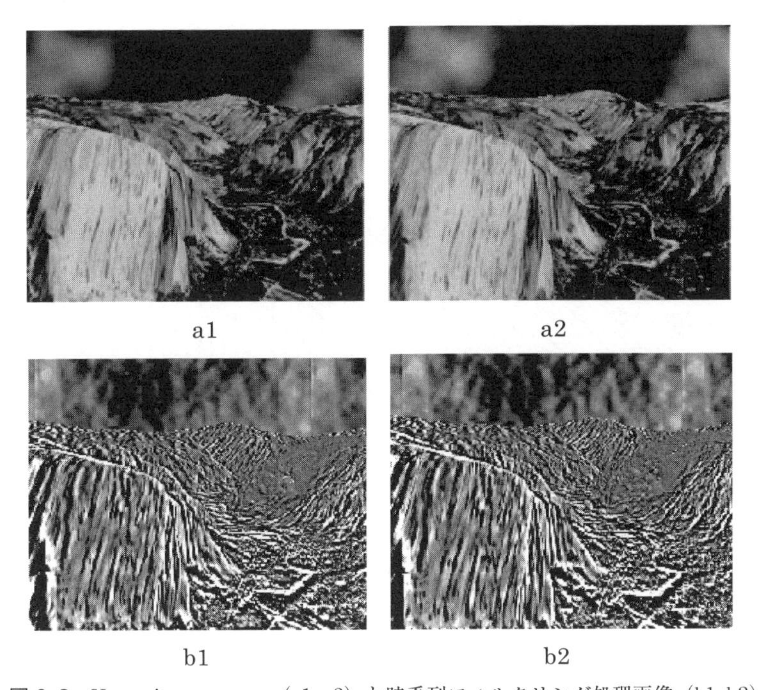

図6-3　Yosemite sequence（a1, a2）と時系列フィルタリング処理画像（b1, b2）

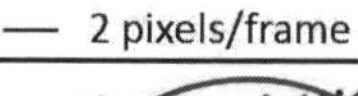

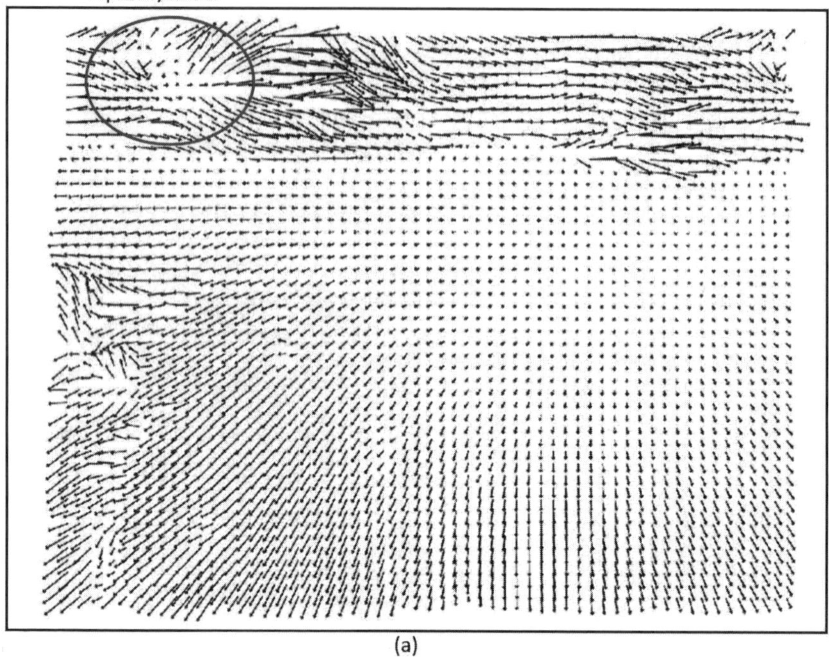

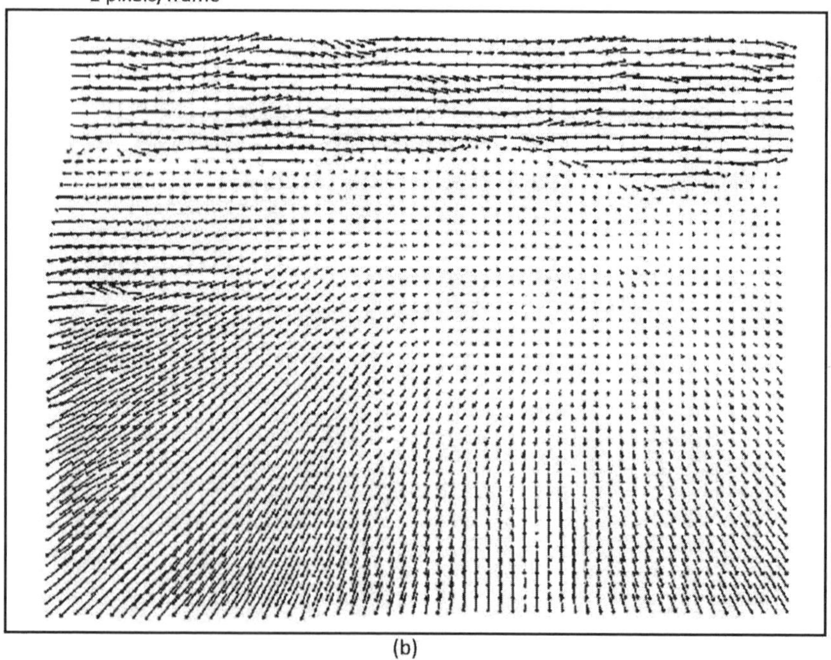

図6-4　STLO法（勾配法）を用いて解析した速度ベクトル場：(a) 元画像から、(b) 画素時系列フィルタリング処理した動画像から得られたオプティカルフロー。

比較して示している。元の動画像では、背景の雲の後ろに隠れている太陽の影響で上部左端の雲の明るさが大きく変化している。照明の時間空間的変化が顕著である。この条件下で、雲は一定速度（2pixels/frame）で右方向に移動している（図6-3a1, a2参照）。一方、提案した偏差動画像では照明の変動がほぼ取り除かれ、雲の移動の情報のみが取り出された形となっている。この二つの動画像に対して、3章で紹介したSTLO法を用いてオプティカルフロー（速度ベクトル場）を求めた。図6-4（a）は、元の動画像から処理した結果、図6-4（b）は前述のフィルタリング処理を行った動画像から処理した結果である。背景の雲部分の、解析結果の改良が顕著である。元画像からの処理では、照明の時間空間変化がある領域（左上の楕円で囲まれた背景部分）の速度場の発散（$div(\vec{V})$）が大きくなっている。式（6.1）による画素時系列フィルタリングの有用性が確認できる[2)]。

6. 2　三次元立体形状計測（レンジファインダ）

（1）空間コード化法

三次元形状計測は、工業製品の品質検査、貴重な資料のデータベース化（デジタルアーカイブなど）、コンピュータグラフィックス（CG）モデリング、エンターテイメントでの利用など、多様な分野での用途が広がっている[6-8)]。測定対象は、主に拡散面である事が想定される場合が多い。拡散面の形状計測法は大別すると、能動法と受動法に分かれる。受動法は単眼や多眼（両眼立体視を含む）のカメラを用いて、物体表面でのテクスチャーの変形や影の落ち方、あるいは多眼カメラの視差情報を基に三次元形状を復元する。いわゆるコンピュータビジョンの、shape from ～の問題設定となる[9-12)]。この手法は、動きのある対象に対しても計測が可能であるが、一般に高精度の計測が困難である。

一方、工業用の高精度な計測を前提とする場合は、能動法が多く用いられる。能動法として知られているのは、照度差ステレオ法、光レーダ法、等高線計測法（干渉法、モアレ法）、そしてパターン光投影法などである。普及しているパターン光投影法には、スリット光投影法、傾斜光投影法、虹色回折光投影法、空間コード化法などが知られている[13-15)]。この中でも、コード化された2値の明暗パターン（バイナリーパターン）を対象物体に投影する空間コード化法は、計測時間と精度ともに実用的な手法として知られる（図6-5参照）[16-17)]。しかし、測定空間を有限個のスリットで離散化するため、原理的に空間量子化誤差を生じる。この誤差を低減するため、空間コードのBi-linear内挿法（文献）が提案されている。この方法は、空間量子化ビット数が画像解像度に対して低い場合に滑らかな計測結果が得られるという点で有効だが、元々の測定空間の分割度が少ないため得られる奥行分布の空間分解能も低い。逆に空間量子化ビット数が画像解像度とほぼ同程度に高い場合、画像上の隣接画素間で空間コード値が異なることが多くなるためにこの内挿法は適用できず、得られる奥行分布が滑らかでないという問題がある。

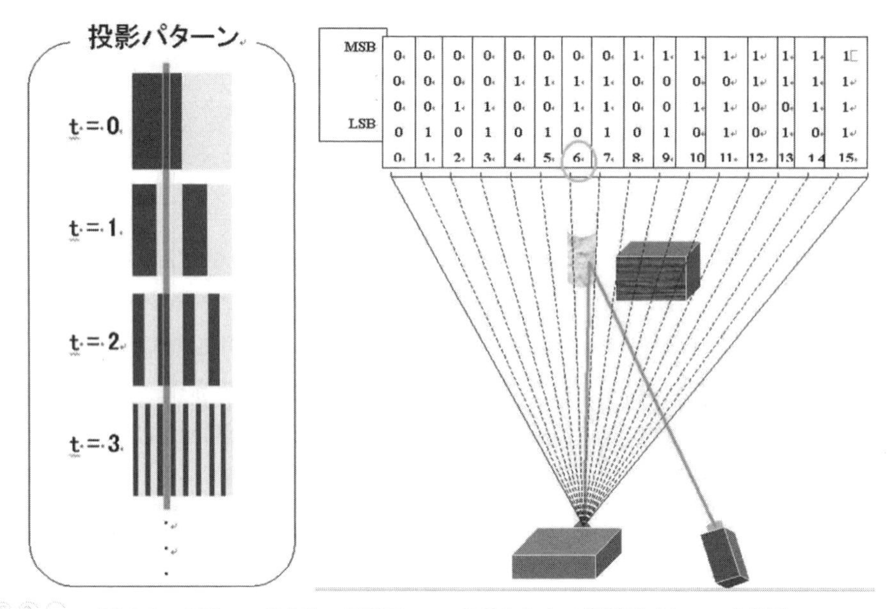

図6-5　空間コード化法の原理図：コード化された二値明暗パターンを投影。

（2）位相シフト法

そこで塚本らは、基本的に1周期の正弦波で構成した空間パターンを移動させながら対象に投影し、画像上の各画素で算出する初期位相からパターン面の位置を求め、三角測量の原理によって対象の奥行を得る手法を提案した[18, 19]。この方法は原理的には正弦波格子シフト法[20]と等価であるが、投影パターンが空間的に滑らかな1周期で構成されているため、空間量子化誤差が原理的に生じず、また位相接続を必要とすることなく高信頼な奥行情報が得られる。更に投影パターン光の空間周波数を段階的に切替え、逐次位相計測精度を向上させる階層的方法を導入することで、空間コード化法と比較してより高精度の奥行分布が得られる[19]。図6-6は提案されているパターン光投影法の原理図を示している。投影するパターンは、横方向（x 軸方向）に関して輝度変化させた1周期の正弦波で構成する（図6-6a参照。但し L[pixel] はプロジェクタの x 方向画素数）。このパターンを、T[frame] かけて一定速度で左方向へ1周期だけ移動させつつ、画像を取得する（図6-6b参照）。このとき、画像上の任意の画素 (x, y) において、次式によって位相が算出できる[18, 19]。

$$\phi(x, y) = \tan^{-1}\frac{\displaystyle\sum_{t=0}^{T-1} I(x, y, t)\cos\left(\frac{2\pi t}{T}\right)}{\displaystyle\sum_{t=0}^{T-1} I(x, y, t)\sin\left(\frac{2\pi t}{T}\right)}. \tag{6.3}$$

ここで、$\phi(x, y)$ は投影パターンの初期位相を表しており，時刻 t=0 における投影パターンの空間的位相と一致する。これより、次式によってパターン面の位置が求まる。

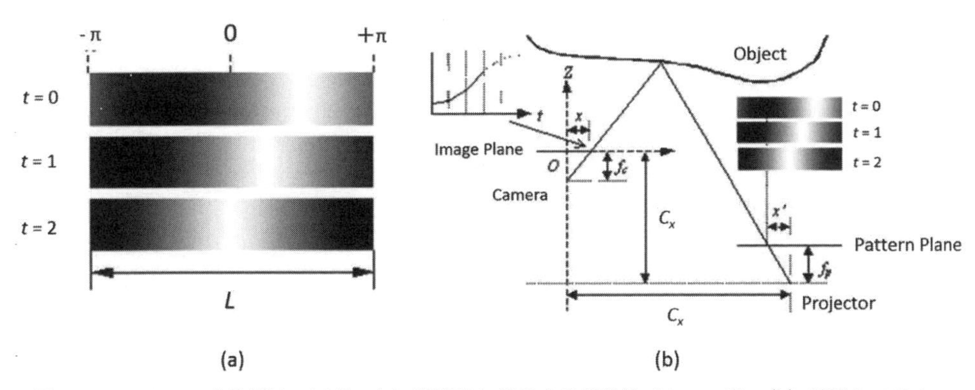

図6-6　パターン光投影法の原理：(a) 時間的に移動する正弦波パターン光、(b) 計測システム。

$$x'(x,\ y)=\frac{\phi\ (x,\ y)L}{2\pi} \tag{6.4}$$

ここで、x' はパターン面上の座標（パターン面中央を原点）である。パターン面に歪みがない場合、投影パターンは縦方向に関して同一の位相となる。従って対象の奥行 $Z(x,\ y)$［mm］は、パターン面の $x'(x,\ y)$ におけるこの同一位相直線とプロジェクタの光学中心とで構成される平面、そしてカメラの光学中心と注目画素（$x,\ y$）を結ぶ直線の交点として得られる。

上記の方法では、投影パターンの空間周波数が1周期と低いために位相分解能が低く、得られる奥行の分解能も悪い。そこで、投影するパターンの空間周波数を階層的に順次高いものへと切替え、位相情報を逐次修正する方法が考えられる[19)]。ここでは階層を m で表現し、第 m 階層において投影されるパターンの波長を L_m、得られる位相を ϕ_m とする。但し初期階層を m=1, L_1=L（プロジェクタ x 方向画素数）、位相の初期値は $\phi_0(x,\ y)$=0とする。式（6.3）で観測される位相が E_ϕ［rad］未満の誤差を含むと仮定する。このとき m>1 なる階層で投影するパターンの波長 L_m が

$$L_m=L_{m-1}\cdot\frac{E_\phi}{2\pi}=L\cdot\left(\frac{E_\phi}{2\pi}\right)^m, \tag{6.5}$$

であれば、その波長 L_m のパターンを投影したときに得られる相対的な位相を用いて、初期階層で算出した1周期パターンの空間位相を修正できる。このように投影パターンの波長は階層を増すごとに短くするが、パターンはプロジェクタパターン面全面にわたり複数周期投影する。図6-7に、E_ϕ=π としたとき各階層で投影するパターンの例を示す。パターンは全ての階層において T[frame] かけて1周期動かす必要があるため、使用画像枚数は $T\times M_{\max}$ 枚となる（実質的なパターン移動速度は階層を増すごとに遅くなる）。このとき、位相修正式は次式のように表せられる（但し ϕ_m は常に初期階層において投影した1周期パターンの空間位相を表すことに注意）。

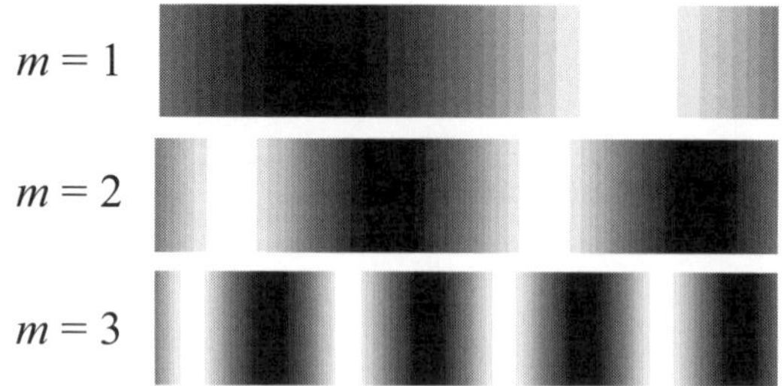

図6-7　高周波数の投影パターン例（$E_\phi=\pi$）

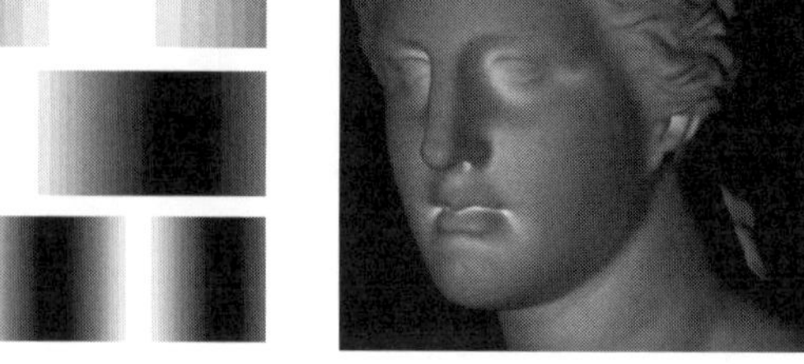

図6-8　計測に用いた石膏ビーナス像

$$\phi_m(x,y)=\phi_{m-1}(x,y)+\frac{L_1}{L_m}\cdot \tan^{-1}\frac{\sum_{t=0}^{T-1} I_m(x,y,t)\cos\left(\frac{2\pi t}{T}+\frac{L_m}{L_1}\phi_{m-1}(x,y)\right)}{\sum_{t=0}^{T-1} I_m(x,y,t)\sin\left(\frac{2\pi t}{T}+\frac{L_m}{L_1}\phi_{m-1}(x,y)\right)}. \tag{6.6}$$

式（6.6）は m=1のとき式（6.3）と等価で、1階層前に得られた位相から現在得られる位相を予測し、そのズレを求めている。この階層処理を、プロジェクタで正弦波が表現可能な範囲で、m がある大きな値 M_{max} になるまで繰り返す。この手法は、観測される位相に含まれる誤差 E_ϕ を予め予測することを必要とする。誤差 E_ϕ は使用する機器、実験環境、そして画像サンプリング枚数 T や画像の明るさによって決定される。より小さな E_ϕ を用いることは使用画像枚数の削減につながるが、不適切に小さな値に見積もると正確な形状が得られない。これは、低い階層での誤った位相推定が上位の階層で修正しきれないことによる。E_ϕ は実験環境および測定対象に応じて経験的に定める必要があるが、余裕をもった値は計測の安定性および測定精度を向上させる。

カメラキャリブレーションなどの詳細は文献19）に譲るが、実際の計測例を従来法との比較で図6-8、図6-9に示している。図6-8は対象となった石膏ビーナス像、図6-9（a）は従来法（空間コード化法）を用いて計測された3次元形状、そして図6-9（b）は、ここで紹介した階層化位相シフト法による結果である。図6-9で解析に用いられた画像枚数は、空間コード化法（a）が20枚、階層化位相シフト法（b）が12枚、そして（c）が90枚である。計算コストはCPUなどにCeleron 500MHz, Linux7.1OS, C言語（gcc2.96）を用いた場合、空間コード化法（a）で7.5秒、階層化位相シフト法（b）で9.9秒であり、ほぼ同程度の計算コストで計測精度の大幅な改善が出来ていると言えよう。レンジファインダとして実用化するには、高速化や対象物体表面のテクスチャーの影響軽減など、いくつかの課題が残されているが有用な手法である。

(a)　(b)　(c)

図 6-9　石膏ビーナス像の三次元計測：(a) 空間コード化法による結果、(b) 階層化位相シフト法による結果、(c) は解析に用いる画像枚数を増やして高精度化したときの結果であり、(b) とは異なる視点で表現している。

（３） 鏡面・光沢の強い表面の形状計測

測定対象の表面が拡散性と鏡面性を併わせ持つ場合は、一般に計測が困難となる。鏡や光沢の強いプラスチック表面など完全鏡面に近い場合は、パターン光源の情報をその鏡面に映し込み、そのパターン変形の定量的計測からサブミクロン精度での形状計測が可能となる[21, 22]。図 6-10 は、コンピュータで作成した空間パターンを、液晶プロジェクタを用いて試料（例えば光沢のあるプラスチック）表面に投影し、その鏡面反射像を CCD カメラで計測し形状解析するシステムのブロック図を示している。また図 6-11 は、スリット状のパターン光をプラスチック表面に投影し移動させているときの動画像を示している。光学精度（$\lambda/10$）でフラットな鏡面を背景におき、その時の投影パターンからの変形（変位）を計測し、表面の局所的な傾斜角の変化を捉える。あらかじめ、鏡面の傾斜角とパターンの変位との関係を計測しておくことで試料表面の局所傾斜角が定まり、周囲の傾斜角の情報を用いて積分演算を実行することで、表面形状が復元できる。すなわち、図 6-10 において、CCD カメラのレンズ面を R、試料表面がフラットであるときの光線の反射点を P、表面が角度 β 傾いているときの反射点を Q とすると、画面上の y 方向の変位 δ_y は∠QRP＝γ を用いて、

$$\delta_y = f\tan(\gamma),$$

$$\gamma = \tan^{-1}\left(\frac{H-D}{H+D}\tan\beta\right)+\beta, \tag{6.7}$$

と表せる。ここに、H は点 P とスクリーン上の光線の投影位置（点O）との距離、D は点 P と点 R との距離、f はレンズの焦点距離である。$H=D$ と選べば、$\delta_y \approx f\tan\beta$ となり、画面上でのパターンの変位量 δ_y から試料表面の y 方向局所傾斜角ベータ $\beta_y(x, y)$ が検出できる。また、投影パターン光に横方向スリットを用いて上下方向（y方向）にスキャンすることで、x 方向の局所傾斜角 $\beta_x(x,\ y)$ が求まる。この２つの局所傾斜角の情報から三次元形状が復元できる。図 6-12 は、図 6-11 に示したプラスチックの形状計測結果を示す。(a)、(c) は表面傾斜角の分布 $\beta_x(x, y)$ を、(c)、(d) は表面の凹凸分布 $d(x, y)$ を示す。

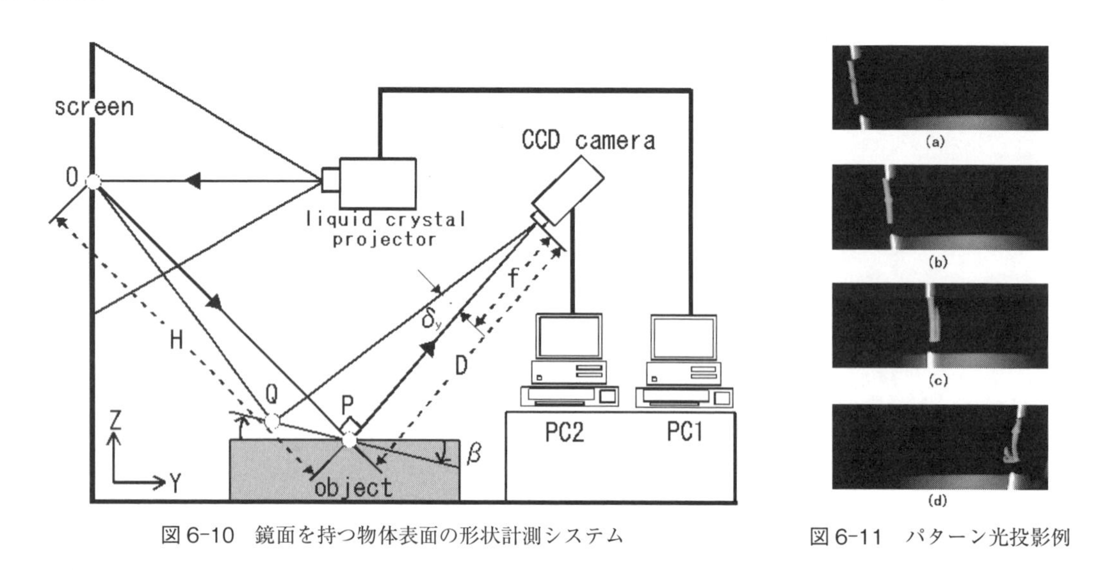

図6-10　鏡面を持つ物体表面の形状計測システム

図6-11　パターン光投影例

例

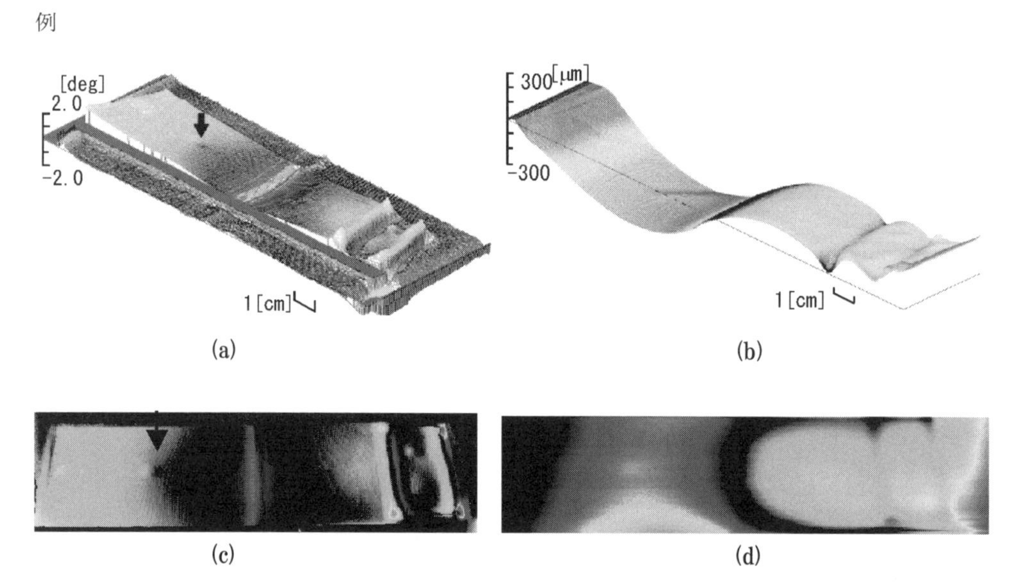

図6-12　光沢のあるプラスチックの表面形状計測結果：(a) 表面の傾斜角分布 $\beta_y(x, y)$、(b) 表面の凹凸分布 $d(x, y)$、(c) 傾斜角分布の擬似カラー表示、(d) 凹凸分布の擬似カラー表示。

(a)、(b) の図中、矢印部分は直径約10mm、深さ約1.2 μm の小さな「ひけ」を示している。サブミクロン精度で形状の検出が可能なことがわかる。また、(c)、(d) では試料の長軸方向に最大300 μm の歪（そり）が存在している事が確認できる。約150×60mmの試料を、300×120画素程度の分解能（約0.5mm）でサンプリングした動画像から、ミクロンレベルの形状欠陥（ひけやそり）が定量的に計測できる[21, 22]。

6. 3　ＣＶとＣＧとの接点（バーチャルキャラクタを介したインタラクティブシステム）

ここでは、高齢者の看護・介護支援機器研究の一環として開発した、バーチャルリアリティ技術を用いたインタラクティブシステムを紹介する[23, 24]。バーチャルリアリティの技術を応用する高齢者の看護・介護支援機器としては多くの提案がある。しかし、3次元コンピュータグラフィックス技術を用いて創作したバーチャルキャラクタ（ここでは2歳前後の孫のイメージ・キャラクタ）を利用するインタラクティブシステムの提案は殆ど無い。システム構成は、図6-13に示すように、ディスプレイ上に表示したバーチャルキャラクタの働きかけ（アニメーションと吹出し&効果音）に対して応答する、ユーザ（一人暮しの高齢者を想定）の声と動きをマイクとカメラでモニタする。これらの情報から、キャラクタの働きかけに応じて反応するユーザの意志を判断し、キャラクタの次の動作に反映させていく。このフィードバックのプロセスを介して、キャラクタとユーザとのインタラクションが仮想的に成立する事を想定する。さらに、情報弱者に位置付けられている高齢者などがマウスやキーボードを使うことなく、ネットワーク環境を利用し家族や病院などとのコミュニケーションを促進させるシステムの構築を目指している。画像処理や音声情報処理の技術はさておき、ここではバーチャルキャラクタのデザインプロセスとキャラクタアニメーションの評価について紹介することとする。

商品化を前提とする場合、こうしたキャラクタのデザインは、通常プロのデザイナーの手により行なわれ、そのプロセスが明らかにされることは少ない。図6-13中のキャラクタは、プロフェショナル・デザイナーの指導を受けながら、学生（山口大学大学院感性デザイン工学専攻）が制作した[24]。そのデザインプロセスの一端を紹介しながら、キャラクタデザインのあり方を考察してみよう。まず、キャラクタのデザイン企画として、

1)　コンセプト：老人にとって、親しみやすい、感情移入しやすいキャラクタ、

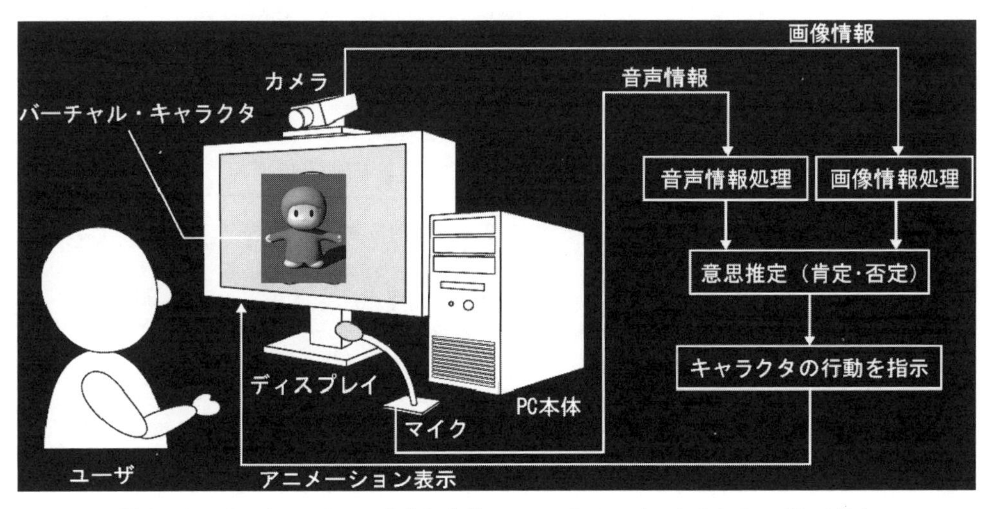

図6-13　バーチャルキャラクタによるマン・マシン・インタラクティブシステム

2)　実現方法：孫（幼児、2歳前後）、2頭身、丸みを帯びた体型、
性別を特定しない髪型・服装、精神状態を特定しない目のみでの顔表現、があげられている。具体的な制作手順は、以下の通りである。

1)　イメージスケッチ（図6-14a）、
2)　油土（クレイ）によるモデリング（図6-14b）、
3)　3次元デジタイザによるデータ入力（図6-14c）、
4)　3次元CGソフトによる整形（図6-14d）。

この手順では、イメージスケッチの後、わざわざ実空間でクレイモデルを造形し、時間をかけてイメージスケッチに近い微妙な曲面に仕上げている。手順2)、3)を省略し、3次元CGソフトで直接モデリングすることも可能であるが、3次元の微妙な曲面の再現はなかなか困難である。図6-15はクレイを用いるモデリング（b）と、3次元CGソフトによる直接のモデリング（a）の結果を比較している。CGソフトによるモデリングではモニタ上での作業であるため、三次元形状の把握がなかなか困難であり、イメージスケッチが求める3次元曲面を再現出来ていない。実際にモデリングされた2つのキャラクタ（静止画）の与える印象を被験者13名に対して心理評価実験を行い、現実空間において油土を用いてモデリングした場合のほうが好印象であることを確認している。ただ、実物での

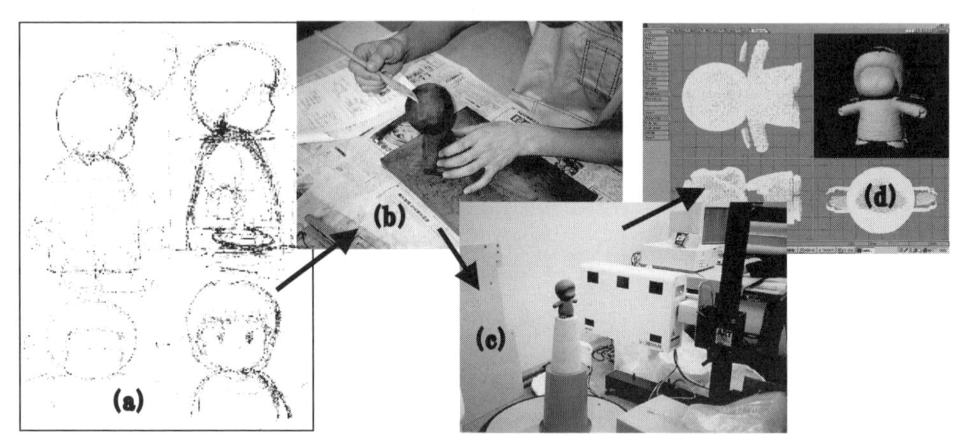

図6-14　バーチャルキャラクタの制作手順：(a) イメージスケッチ、(b) 油土によるモデリング、(c) 3次元デジタイザによるデータ入力、(d) 3次元CGソフトによる整形。

図6-15　モデリングされたキャラクタ：(a) 3次元CGソフトでの直接のモデリング結果、(b) 油土（クレイ）を用いた造形（現実空間）を通して3次元曲面をモデリングした結果。

モデリングは時間を要することや、製作コストが高くなるなどの問題点もある。

最近、車などのプロダクトデザイン分野では開発コスト削減・期間短縮の観点から、最初のイメージスケッチの段階からコンピュータ上での作業が行われる。ただ、全てコンピュータ上でのデザイン作業に終始することは無く、計算機で大まかなデザイン作業を済ませた後、数値制御切削機器を用いて産業用クレイから粗形状を削り出し、実空間で細かな曲面などの仕上げのデザインプロセスが進められる。その後、3次元形状計測機により再び計算機上でのデジタルデザインデータとして微調整される。最終的には、計算機上に完成したデザインフォルムを切削機が削り出し、製品形状となる。このように、完成度の高いデザインを短期間に開発するには、計算機上での作業と実空間での作業を効果的に組み合わせ、一歩一歩詰めて行く行程が実践されている[25)]。

一方、インタラクティブシステムとしてキャラクタの特徴を活かすためには、キャラクタのアニメーションのデザインがキーとなる。ユーザの感情移入を高めるための動きのデザインは、まさにプロのデザイナーの独壇場であるが、サイエンスとして動きのデザインを追求するには動きの大きさ、速さなどのタイミングの変化が与える印象の違いを定量的に評価する必要がある。ここではこれ以上立ち入らないが、従来のデザイン分野では秘伝や奥義としてベールに包まれていた部分である。今後、サイエンスやテクノロジーからの分析的なアプローチによる検証が必要になると考える。図6-16は、高齢者とのインタラクションを想定しモデリングされた基本的な8つの動作を示してしている。この基本動作を組み合わせ、より高度な感情・意思表現を試み、基本動作の大きさや速さの検討を加えることで、バーチャルキャラクタへの感情移入を高める工夫をしている。

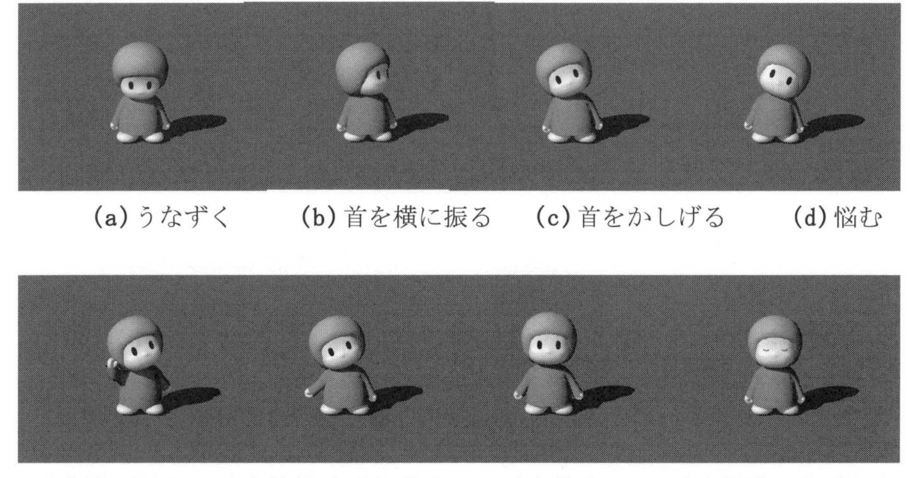

図6-16　バーチャルキャラクタの8つの基本動作

6．4　認知科学と映像デザイン（知覚像を捉えるデジタル印象カメラ）

ここでは、最近の研究の中でも認知科学（特に視覚心理学）や映像デザインと関連する研究の一端を紹介し、動画像の計測と処理の関連分野の広がり・可能性を議論する。人間の視覚の特性が、カメラで捉えた画像情報と大きく異なっていることを体験することは多い。特に、山登りに行った時に出会う素晴らしい風景や景観は、写真に撮った時にあまりにも印象が異なるのに驚かされる。目の前に迫る高い山の印象は、写真ではなぜかあまりにも低く写されている（図6-17参照）。カメラで捉えた写真は透視投影を基本としており、いわゆる「網膜像」に相当する。人間の視覚は、網膜に投影された像（倒立像）情報をより高次の視覚処理系（外側膝状体、一次視覚野、頭頂連合野、側頭葉下部など）に送り、視覚パターンの認識や空間視を実現している[26]。視覚系が捉えるイメージは「知覚像」と呼ばれ、「網膜像」とはかなり異なる事が認識されている[27]。宮崎駿監督のアニメが、なぜあれほど魅力的で人を引き付けて止まないのか？ この説明も「知覚像」と「網膜像」の違いで議論されている。すなわち、写真（網膜像）を見て描くのでは無く、三次元世界に存在する対象を直接捉える人間の「知覚像」の印象を表現する事がアニメータに要求される。そこで、人間の視覚が捉える物体の見かけの大きさに関する心理物理実験を行い、人間の見た目の印象を捉えるデジタルカメラの開発を目指す研究を紹介する。図6

図6-17　カメラで捉えた久住山（a）と、写真を撮った位置・高さからのスケッチ図（b）

(a)

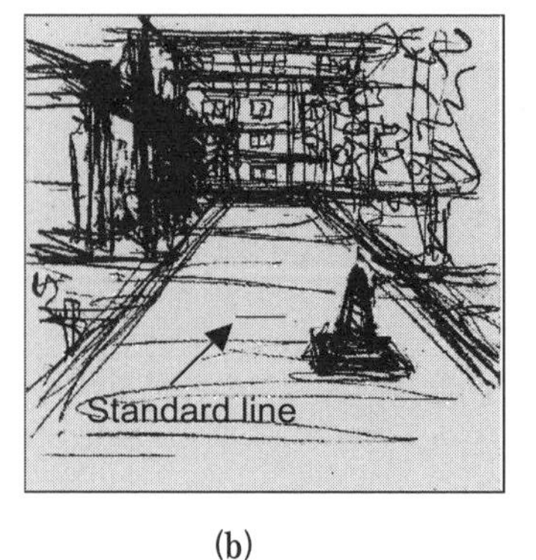

(b)

図6-18　カメラで撮影した写真（a）と、人間の知覚イメージ（スケッチ：(b)）との比較

-18に示すように、対象の見かけの大きさの定量的比較を行なうため、同じ位置（場所と目の高さを合わせて）からカメラ（28 & 35mm レンズ）による撮影とスケッチ（デザイナーなどに依頼）とを比較した。図（b）では、拘束条件として、スケッチする画用紙にはStandard lineが初めから記入されている。大きさは、写真で撮影して同じ大きさに現像した時のサイズが一致するように描かれている。一見しても分かるが、遠方の対象ほど見かけの大きさ（拡大率）が増加している。デザイナーも含めて5人の観察者の平均を取ると、手前にあるコーンの高さは0.94倍、その位置での道路幅が0.63倍であるのに対して、遠方にある建物の窓の大きさが3.0倍、その位置での道幅が2.93倍となっている。このとき、Standard lineの長さは1.0倍としている。従ってStandard lineより手前では縮小、遠方では拡大と、奥行きに応じた拡大・縮小が視覚系で行なわれ、かなりの変形を受けた映像が知覚像となっている。縦と横の拡大率も違う事が推測され、いわゆる縦横錯視[28]との関連も考えられる。また、透視投影と考えたときの平行線の交差角も大きく異なっている（図6-19（a）参照）。これらの事実より、人間の視覚が対象物体の奥行きに応じた視

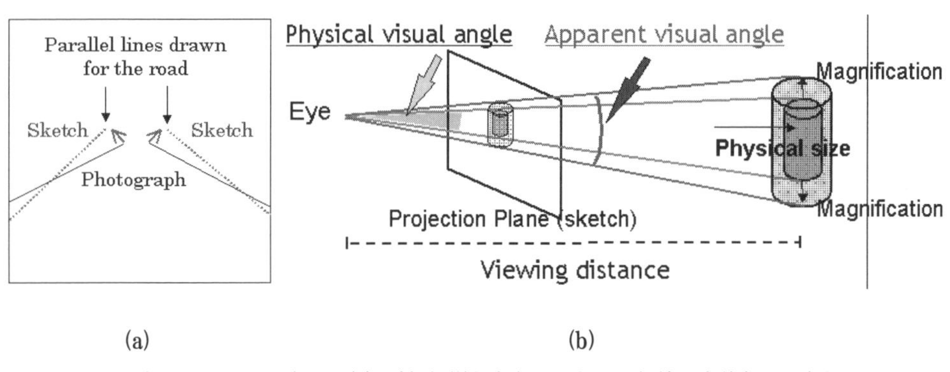

図6-19　写真とスケッチの違い。（a）透視投影と考えたときの平行線の交差角が写真とスケッチでは大きく異なる。（b）物理的な視角と見かけの視角が異なり、距離依存性を持つ。

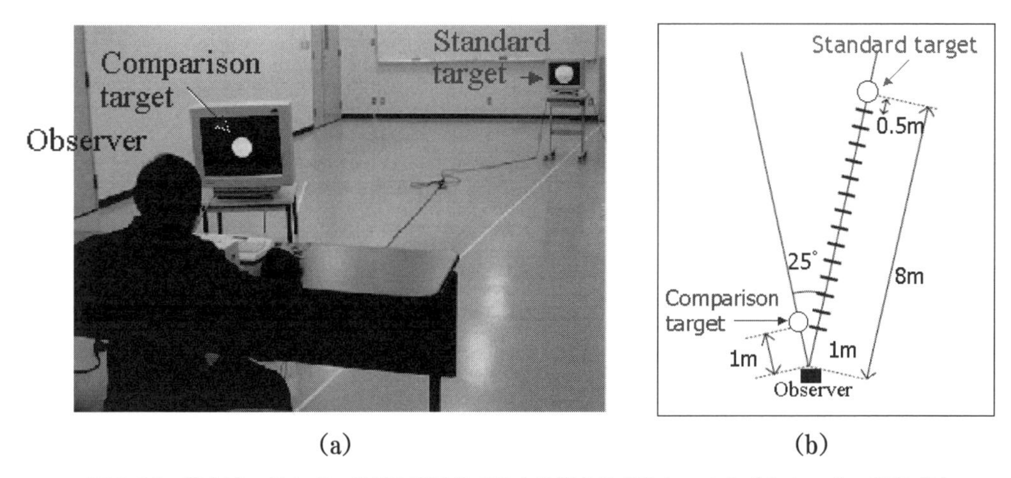

図6-20　見かけの拡大率の奥行き距離依存性を計測する実験システム（a）と、その設定（b）

角拡大機能を有している事が仮定できる（図6-19（b））。

そこで、拡大率の定量的測定を行なうため、図6-20に示すような実験を行なった[29]。すなわち、二つのCRTモニタに図形を表示し、観察者から右手前方の距離xの位置に置かれた「標準刺激」の見かけの大きさと、左手前方1mの位置に表示した「比較刺激」の大きさとが一致するようにマウスを用いて「比較刺激」のサイズを変更する。この作業を、「標準刺激」の位置を変えて繰り返し、見かけの視角が観察距離xにどのように依存するかを調べた[30, 31]。いま、観察距離xでの物理的視角（Physical Viewing Angle）を$P_p(x)$、見かけの視角を$P_a(x)$、拡大率を$f(x)$とすると、次式のような関係になる。

$$P_a(x)=f(x)\times P_p(x). \tag{6.8}$$

ところで、観測できるのは「比較刺激」をある位置x_Cに置いたとき、距離xに置かれた「標準刺激」との見かけの視角を合わせることであるので、

$$P_{aC}(x_C)=P_{aS}(x). \tag{6.9}$$

ここで、

$$P_{aC}(x_C)=f(x_C)\times P_{pC}(x_C), \tag{6.10}$$

$$P_{aS}(x)=f(x)\times P_{pS}(x). \tag{6.11}$$

そこで、$f(x_C)\times P_{pC}(x_C)=f(x)\times P_{pS}(x)$より、比較刺激を位置$x_C$に置いたときの拡大率$Fx_C(x,x_C)$は次のように定義できる。

$$F_{xC}(x,x_C)=\frac{f(x)}{f(x_C)}=\frac{P_{pC}(x_C)}{P_{pS}(x)} \tag{6.12}$$

図6-21は、実験結果をまとめたものである。この結果は、実験のときの教示（Instruction）にかなり影響される。「二つの刺激を交互に見て、見かけの視角が同じになるように調整する」よう指示している。図6-21（a）は、$x_C=1m$での11人の観察者の拡大率$F_{xC}(x, x_C=1)$データをまとめたものである。観察者間の拡大率のばらつきは大きいが、標準刺激までの距離が増加すると対数関数的に拡大率が増加することを示している。図6-21（b）にフィットさせた実験式は、比較刺激の位置1m、2m、3mに対して各々、

$$\left.\begin{aligned} F_1(x)&=0.86+2.8\log(x)\\ F_2(x)&=0.46+2.0\log(x)\\ F_3(x)&=0.24+1.2\log(x)\end{aligned}\right\} \tag{6.13}$$

と表せる。これらの実験式を用い、比較刺激の位置を適切に仮定することで、写真（網膜像）から人間の捉える知覚像への変換が可能になる[30-31]。ただし、3次元空間中での対象物体の奥行き情報が必要である。知覚像を撮影するデジタル印象カメラを実現するには、

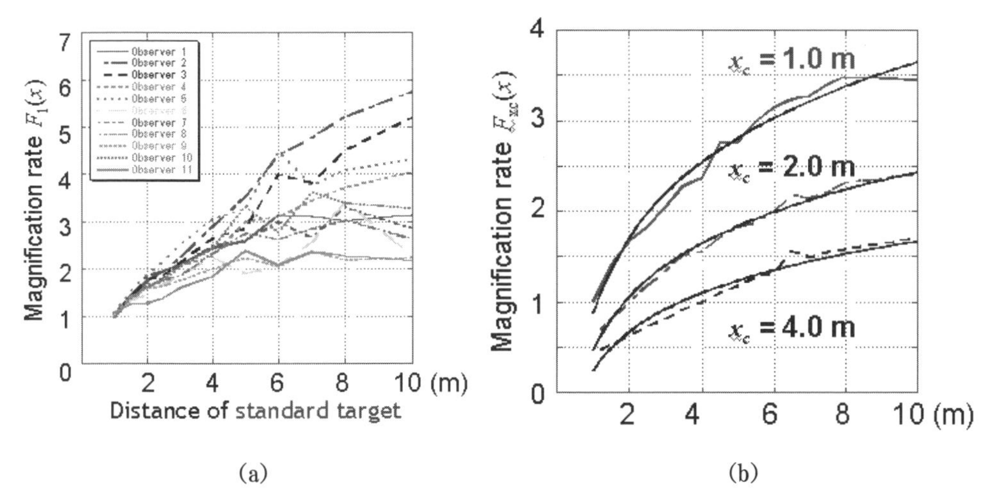

(a)　(b)

図 6-21　観察者 11 人の拡大率の刺激距離依存性：(a) と、平均拡大率を説明する実験式 (b)。

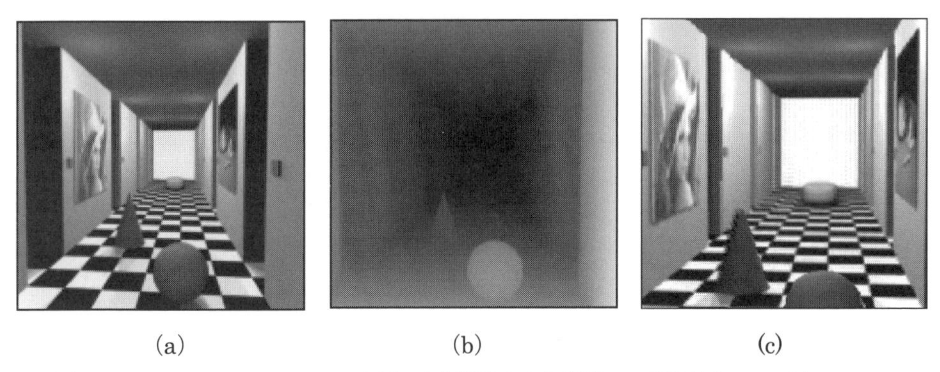

(a)　(b)　(c)

図 6-22　シミュレーション CG を用いた網膜像から知覚像への変換例その 1。(a) CG による室内画像、(b) その奥行き分布、(c) 変換して得られた知覚像 [29]。

三次元世界の奥行き情報の計測精度が要求される。高性能なレンジファインダ機能との組み合わせが必要になる。ここでは、奥行き情報が与えられた CG からの知覚像の創成例を以下に示す。

図 6-22 (a) は CG による室内画像で、同図 (b) がその奥行き分布 (Depth Map) を表す。(b) の濃淡値の明るい部分がその物体面までの距離が近い事を示し、暗い部分は奥行き距離が大きい事を示す。この 2 つの情報と、式 (6.12) 中の変換式を用いることで知覚像が計算できる。ここでは、比較刺激の位置を 2m と仮定して $F_2(x) = 0.46 + 2.0\log(x)$ を用いた。この例では、手前にある物体が画面の外に飛び出しているので、実際の人間の知覚感覚とは違う印象がある。図 6-23 は他のシミュレーション例を示している。この場合は、元の画像中に現れている物体の全てを表現している為に全体としてかなり拡大されている。また、物体の遮蔽など、1 枚の画像からだけでは情報が不足する領域が目立つ。この変換画像が人間の印象に近いかどうかは結論が出せる段階ではない。単純な変換では

(a)　(b)

図6-23　シミュレーションCG（網膜像：(a)）からの知覚像（b）の創成例その2。

なく、物の見え方に関する知識を始めとする脳の非線形な再合成過程が潜んでいると考えられる[31)]。奥行き情報が正確に与えられているという条件の下でも、精密な再合成にはいくつもの発見的な技術の開発が求められている。人間の視覚心理や生理学の基礎的な知見に戻っての論理的な思考が試される挑戦的なテーマであり、今後の研究の進展が期待される。

6．5　非線形科学の画像処理への応用

（1）化学反応による画像処理

この最後の章では、最新の非線形科学の知見を生かした新しい画像処理のアプローチを紹介する。非線形科学の分野は1970年代のカオス研究に始まり、ソリトン、フラクタル、反応拡散系、熱対流の逐次転移、確率共鳴など、身近な自然現象や生命の理解につながる新しい概念をもたらしてきた[3, 32, 33)]。特に、チューリングマシンで有名なA. Turingが提案した「ヒドラ」の形態形成モデルとしての、反応拡散系におけるチューリング不安定性[34)]による自己組織化現象は、非線形画像処理という新しい分野を形成する有力な武器になると考えられる。カオスやフラクタルの概念を用いた信号処理やCGの研究例も数多く提案されているが、ここでは反応拡散系の自己組織化機能を生かした画像処理の例を紹介し、非線形科学の情報処理応用の可能性を議論する。

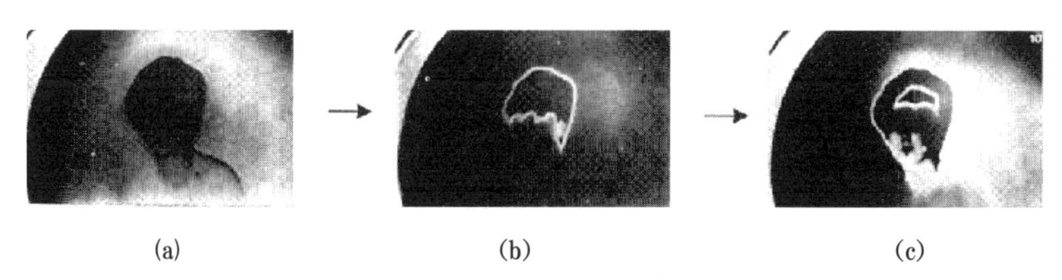

(a)　(b)　(c)

図6-24　光触媒を用いた振動化学反応における画像情報処理（輪郭強調）
H. Kuhnert et al., Nature, **337**（1989）244[35)]

図6-24は、光感受性BZ反応で観測された、一定時間（約20秒）毎の化学反応パターンの時間変化を示している[35]。この化学反応は振動的で、一定時間毎に酸化と還元のプロセスを繰り返す。光が当たる事によって、その場所での反応の進行が抑制され酸化領域（明るい部分）と還元領域（暗い部分）との不均一（位相差）が現れる。その過程で、図6-22（b）、（c）に見られるように像の輪郭が強調される。この現象は、振動性媒質における位相拡散過程で生じると説明されている。詳細は文献[35]に譲るが、通常の画像処理で知られている$\nabla^2 G$フィルタとは全く異なるメカニズムで出現しており、かつ振動系である事から静止したパターンともならない。この意味では画像処理とは言い難いが、反応拡散系の自己組織的なパターン形成は情報処理機能を持つとは言える。この他にも興奮性媒質での白黒反転像の出現なども観測されているが、やはり静止パターンではない。ところで、反応拡散モデルとチューリング不安定性の条件を用いて、$\nabla^2 G$フィルタと同等あるいはそれ以上の機能を持たせる事が出来る。以下、最近の関連研究の一端を紹介する。

（2）反応拡散モデルによる輪郭抽出・領域分割

ここで取り上げている反応拡散モデルは、神経軸索での興奮の伝播を記述するFitzHugh & Nagumo（FHN）モデルである[36]。神経の興奮（インパルス）の伝播は、導体中を電流が流れるのとは異なり、閾値を持つ興奮性素子が電気化学的なプロセスを介して次々と興奮し、空間的に伝播するという形で理解されている。ここでは、FHNモデルを少し拡張し、活性因子uの拡散D_uだけでなく抑制因子vの拡散D_vも同時に仮定している。すなわち、次式のような時間発展方程式で記述されるモデルを考える[37, 38]。

$$\begin{aligned}\frac{\partial u}{\partial t}&=D_u\nabla^2 u+\frac{1}{\varepsilon}\{u(1-u)(u-a)-v\} \qquad (0<a<0.5,\ 0<\varepsilon<1),\\ \frac{\partial v}{\partial t}&=D_v\nabla^2 v+u-bv \qquad (b>0).\end{aligned} \tag{6.14}$$

ここでa, b, εは定数パラメータである。各因子の右辺の二項はそれぞれ、ある局所領域での拡散による流出入量と、反応による生成量を表す。左辺の符号は右辺に代入されるu, vの値によって決定することから、ある状態（u, v）の素子について単位時間後に各因子濃度の増減がどちらに向かうのかを知ることができる。これを単位時間毎に追うことで素子の状態変化の様子を把握することができる。そこで、ある1つの素子の濃度変化が定常状態（$\partial u/\partial t=0, \partial v/\partial t=0$）に落ち着くまでの様子を定性的に把握するため、拡散の影響を無視し式（6.14）を次のように変形する（$\partial u/\partial t=0, \partial v/\partial t=0, D_u=D_v=0$を仮定）。

$$\begin{aligned}0&=u(1-u)(u-a)-v\\ 0&=u/b-v\end{aligned} \tag{6.15}$$

図6-25は、式（6.15）をグラフに表したもので、ヌルクライン（null clines）と呼ばれる。図6-25（b）中の交点$A(u_A, u_A)$、$B(u_B, u_B)$、$C(u_C, u_C)$は式（6.15）の連立方程式の解であり、u,

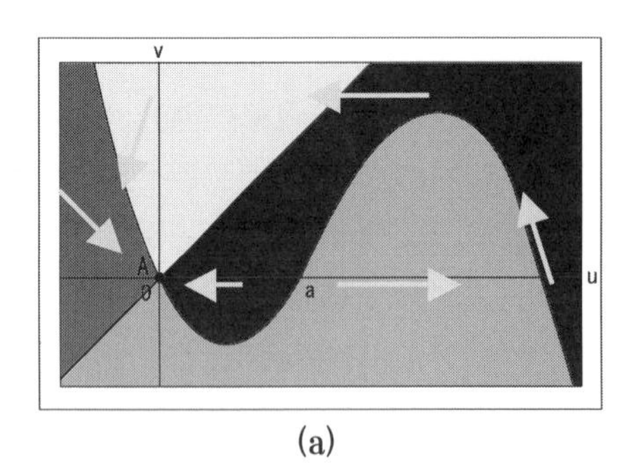

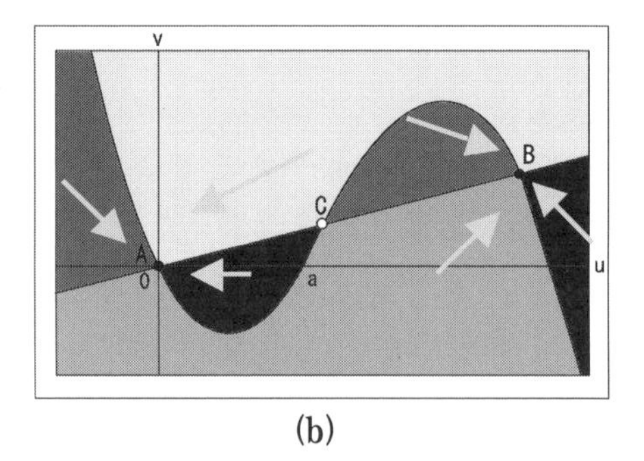

(a)　(b)

図6-25　FHN モデルのヌルクライン：単安定系(a)、双安定系（b)。各領域の色分けは、黒から白の領域まで順に、$\partial u/\partial t<0$, $\partial v/\partial t>0$（黒）、$\partial u/\partial t>0$, $\partial v/\partial t<0$（黒灰）、$\partial u/\partial t>0$, $\partial v/\partial t>0$（白灰）、$\partial u/\partial t<0$, $\partial v/\partial t<0$（白）に対応する。

v の両因子の濃度変化が共に0となって安定する定常状態を示す点である。この点は一般に定常点と呼ばれる。ただし、点 C は微小な刺激によって定常状態を脱する不安定定常点である。定常点が安定か否かは、その点の近傍における u, v の増減傾向（$\partial u/\partial t, \partial v/\partial t$ の符号）を調べることで判定できる。この定常点の数（式（6.15）の3次曲線と直線の交点）はパラメータ a, b によって決定される。定常点が1つだけ存在する系を単安定系、2つの安定な定常点を持つ系を双安定系という。それぞれのヌルクラインを図6-25の（a)、(b)に示している。u, v 空間の任意の場所における u, v の増減傾向は、式（6.15）が示す3次曲線と直線によって領域分けされる。その増減に沿った、おおまかな時間発展の様子を図中に矢印で示している。この図から、微小な初期値の差によってその後の時間発展が大きく異なることがわかる。この初期値依存性は非線形システムが持つ大きな特徴でもある。例えば、図6-25（a）の単安定系において、定常状態 $A(u=0, v=0)$ に小さな摂動（$\delta u<a, \delta v=0$）を加えてもその領域では $\partial u/\partial t<0$ であることから元の定常状態へと戻る。しかし、ある閾値を超える摂動（$\delta u>a, \delta v=0$）が与えられると、$\partial u/\partial t>0$ となり u は一旦1まで増大した後、減少に転ずるが同時に v は増加し（$\partial u/\partial t<0$, $\partial v/\partial t>0$)、システムは u, v 空間でおおきなループを描いて、やがて定常点Aへと戻る（図6-25（a))。この現象は興奮（あるいは発火）と呼ばれる。このように、閾値を越える刺激が加えられることで一過的な興奮を起こし、その後再び定常点へ戻るような非線形素子群からなる系を興奮系と呼ぶ。なお、単安定形は基本的には全ての素子が定常状態 A へと遷移し、双安定系は2つの定常点を持つため、定常状態 A で閾値以上の摂動が加えられると定常状態 B へ遷移し、定常状態 B で閾値以上の摂動が加わった場合は定常状態 A へと遷移することがわかる。

図6-26は、(a）のようなランダムドットパターンに対して、(6.14）式の反応拡散系で自己組織的に得られる変数 u の静止パターンを（b）に、また従来法（Marr のエッジ検出手法：$\nabla^2 G$ フィルタ）で得られるパターンを（c）に示す。ここでは、(6.14）式中のパラメータを a=0.1, b=1.0, $\varepsilon=1.0\times10^{-3}$, $D_v/D_u=8.0$ と選び、単安定系でチューリング不安定条件に設定している。初期条件は、$u(x, y, t=0)$ として図6-23（a）のパターンの輝度値

(0 or 1.0) を与え、$v(x, y, t=0)=0$ とした。従来法では、三角形内部領域の構造を消すことが容易ではない。また、ガウスフィルタの平滑化を強くすると三角形のエッジの形状がシャープではなくなる。反応拡散系を用いた場合は、エッジのシャープさを保ちながら内部構造が消えている。

図6-27は、(a) のようなランダムドットパターンに対して、(6.14) 式の反応拡散系で自己組織的に得られる変数 u の静止パターンを (b) に、また従来法（平滑化と二値化）で得られる結果を (c) に示す。(6.14) 式中のパラメータを a=0.1, b=5.92, $\varepsilon=1.0\times10^{-3}$, $D_v/D_u=8.0$ と選び、双安定系でチューリング不安定条件に設定している。従来法では、平滑化の過程を経ることからどうしても三角形の角の部分が丸くなってしまう。平滑化が足りないと三角形の内部構造が残ってしまう。反応拡散系を用いた場合は、エッジのシャープさを保ちながら内部構造が消えている。また、詳しく見ると境界部分で u の変化が強調されてマッハバンド的になっており、内部は境界部分より u の値が小さくなっている。この特性は、人間の視覚機能に類似しており、反応拡散系によるアプローチが生物の情報処理に通じると考えることもできよう。

ところで、ここで紹介した反応拡散モデルによるエッジ検出や領域分割は、数値計算に

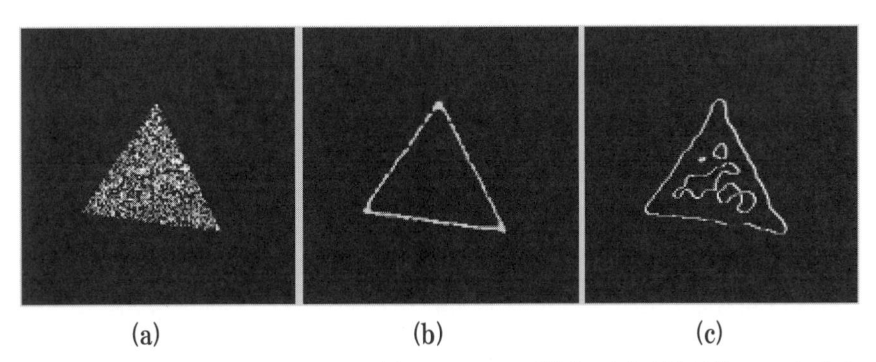

(a)　(b)　(c)

図6-26　ランダムドットパターン：(a) からのエッジ抽出、(b) 反応拡散モデルによる自己組織化的エッジ抽出、a=0.1, b=1.0, $\varepsilon=1.0\times10^{-3}$, $D_v/D_u=8.0$、(c) ∇^2G フィルタの結果[38]。

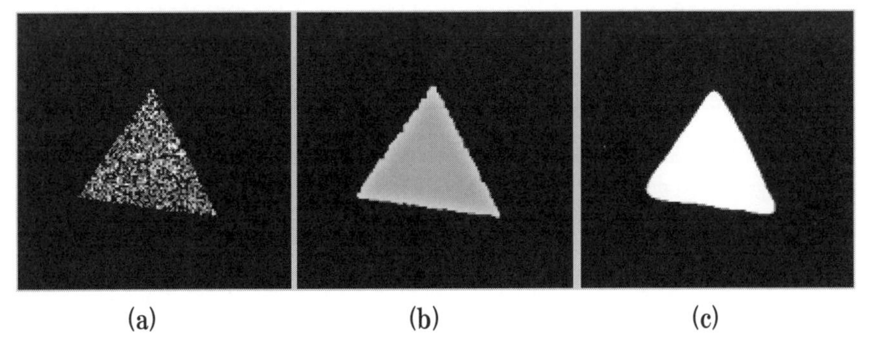

(a)　(b)　(c)

図6-27　ランダムドットパターン：(a) からの領域分割：(b) 反応拡散モデルによる自己組織化的領域分割 (a=0.1, b=5.92, $\varepsilon=1.0\times10^{-3}$, $D_v/D_u=8.0$)、(c) 従来法（平滑化＋二値化）の結果[38]。

図6-28　反応拡散モデルによるエッジ検出（自己組織的パターン形成）：パラメータ a, b, D_u, D_v, ε が同一の条件下（単安定系）で、数値計算の空間刻み Δx だけを変えシミュレーション実験を行った結果：(a) $\Delta x=1.0$、画像サイズ 128×128 画素（静止したエッジ領域が検出）、(b) $\Delta x=0.25$、画像サイズ 512×512 画素（パターンはエッジでは静止しない）[39]。

おける空間刻み、時間刻みの設定や拡散定数の選び方でその挙動が大きく異なってくる[37]。図6-28（a）、（b）は、式（6.14）の各パラメータ a, b, D_u, D_v, ε が同一の条件下（単安定系）で、数値計算の空間刻み Δx だけを変えてシミュレーション実験を行った結果である。図は、初期条件（t=0）として与えた、$u(x,\ y)$ の空間パターンの時間発展を示している。空間刻みが粗い（Δx=1.0：画像サイズ 128×128 画素）場合（図6-28（a））、パターンは時刻 $t=t4$ 以降もほとんど変化せず定常に保たれている。一方、空間刻みを細かくした（Δx=0.25：画像サイズ 512×512 画素）場合には（図6-28（b））、パターンは時間とともに広がる傾向を見せ、時刻 $t=t4$ 以降も止まる傾向は見られない。こうした振る舞いは、空間刻みを一定にして、2つの拡散係数の比を一定に保ちながら（$D_u<D_v$ のチューリング不安定条件下）拡散係数の大きさを変化させた場合でも同様の傾向が見られる。拡散係数の絶対値が大きすぎず、ゼロでもない適当な範囲でパターンの静止領域が観測される。境界領域が静止パターンとなって観測される正確な理由は現時点では明確ではない。定性的には、足の速い抑制因子の拡散が先回りして、興奮を伝播しようとする活性因子を抑え込むためと理解する事も出来る。

以上紹介したのは、非線形科学の知見を利用した画像処理の一例である。最近の研究では、反応拡散系（一変数モデル）を用いた自己組織的な図地分離・エッジ検出の試みや[40-42]、運動錯視へのアプローチ[43]や、閾値を持つ非線形システムに特有の現象として知られる確率共鳴が人の視覚情報処理系においても確認[44]されるようになり、この分野の活性化が始まっている。我々も、チューリング不安定条件を満たす2変数反応拡散系を用いて、(1) ランダムドットステレオ[37]、(2) ノイズを含むコントラストの低い画像からの情報復元と確率共鳴などの研究を進めている[39]。従来、デジタルフィルタリング、フーリエ変換、アフィン変換など線形処理を中心としてきた画像情報処理の技術は、非線形科学の力を得て新たな分野を形成する可能性を秘めている。視覚の非線形特性を活かした動画像強調技術の開発もその一例である[45]。今後、多くの研究者の参戦を期待してこの章を終える。

Coffee Break Ⅵ　大学の先生（大学紛争から大学改革へ）

その4、5年前の1968年6月2日22時48分、九州大学の箱崎キャンパスにアメリカ空軍所属の偵察機（RF-4C ファントム）が墜落します。事もあろうに、丁度建設中の大型計算機センターの屋上に墜落し、当時大学2年生（電子工学科）であった我々の情報処理演習は卒業まで行われずじまいでした。墜落事故は学生運動を活発化させ、クラス討議で夏休み前には授業ボイコットのストに突入してしまいます。スト自身は夏休み明けに自然中止になってしまいましたが、墜落事件の影響は、その年の卒業式の中止、翌年5月からの各学部自治会の無期限スト、建物のバリケード封鎖、4,000人規模の機動隊によるバリケード封鎖解除（1969年10月）と、エスカレートします。…

もともと、箱崎キャンパスは、板付基地（現福岡空港）の滑走路の延長線上にあり、騒音・高さ制限問題、航空機墜落の再発懸念などが引き金となり、わが青春の大学キャンパスは現在の伊都キャンパスに移転することとなってしまいます。耳を劈く轟音の防音教室での講義と、ファントム墜落は、若い学生達に軍事基地の実態を確認させ、反戦への誓いを確信させる貴重な体験でした。ただ、学生運動の負の遺産（？）は、1969年9月に制定された「大学の運営に関する臨時措置法（大学立法）」の制定に始まる、聖域（野放し状態？）にあった大学の管理体制が年々強化される時代の幕開けとなったことです。

Nen-Doll（6.3参照）

【参考文献】

1) 例えば、音声情報処理：現状と将来技術論文特集、電子情報通信学会論文誌 **DII, 83-DII**（2000）、pp.2057-2506.
2) H. Miike, L. Zhang, T. Sakurai, and H. Yamada, Motion enhancement for preprocessing of optical flow detection and scientific visualization, Pattern Recognition Letters, **20**（1999）, pp.451-461.
3) 三池、森、山口、非平衡系の科学Ⅲ（反応拡散系のダイナミックス）、講談社サイエンティフィック（1997）.
4) A. Nomura, H. Miike and K. Koga, Determining motion fields under nonuniform illumination, Pattern Recognition Letters, **16**（1995）, pp.285-296.
5) L. Zhang, T. Sakurai, and H. Miike, Detection of motion fields under spatio-temporal non-uniform illumination, Image and Vision Computing, **17**（1999）, pp.309-320.
6) 井口、佐藤、三次元画像処理、昭晃堂（1990）.
7) 長谷川、佐藤、内視鏡型高速3次元形状計測システム、信学論、**J83-DII**、（2000）、pp.271-279.
8) 木下、河本、バーチャルキャラクタ作成 ― デザインプロセスとインタラクティブ・アニメーションの検討 ―、日本映像学会報、No.116（2001）、p.11.
9) K. Ikeuchi, Shape from regular patterns, Artificial Intelligence, 22（1984）, pp.49-75
10) 垂水、伊東、金田、照度差ステレオ法を用いた光源位置未知画像からの多面体の面認識、信学論、**J83-DII**（2000）, pp.1895-1904.
11) S. K. Nayar and Y. Nakagawa, Shape from Focus, IEEE Transactions on Pattern Analysis and Machine Intelligence, **16**（1994）, pp.824-831.
12) 徐、画像による3次元復元と3次元CG：現状と展望、システム／制御／情報、**43**,（1999）, pp.345-352.
13) 吉澤、田代、中川、位相検出によるモアレ法の高感度化、精密機械、**51**,（1985）, pp.556-561.
14) 小関、中野、山本、光切断法を用いた実時間距離検出装置、信学論、**J68-D**、（1985）、pp.1141-1148.
15) 吾妻、登、魚森、森村、マルチスリット方式レンジファインダの開発、信学論、**J84-DII**（2001）、pp.1020-1032.
16) 田島、岩川、Rainbow Range Finderによる距離画像取得、信学論、**J73-D-II**（1990）、pp.374-382.
17) 佐藤、井口、空間コード化による距離画像入力、信学論、**J68-D**（1985）、pp.369-375.
18) 塚本、呉、古賀、三池、階層化位相シフト法による高精度な奥行き計測、信学論、**J83-DII**（2000）、pp.1962-1965.
19) 塚本、古賀、三池、階層化位相シフト法による高性能レンジファインダの実現、画像電子学会論文誌、**30**（2001）、pp.388-396.
20) 大橋、傳田、高田、江島、正弦波格子で対応付けるステレオ法、映像の認識・理解シンポジウム MIRU2000、pp.I-51-56.
21) H. Miike, K. Koga, T. Yamada, T. Kawamura, M. Kitou and N. Takikawa, Measuring surface shape from specular reflection image sequence, Jpn. J. Appl. Phys., **34**（1995）, pp.1625-1628.
22) H. Miike, S. Tsukamoto, K. Nishihara, T. Kuroda, Simultaneous evaluation of microscopic defects and macroscopic 3-D shape of planer object derived from secular reflection image sequence, IEICE Trans. Inf. & Syst., **E-84-D**（2001）, pp.1435-1442.
23) 三池、木下、長、河本、山根：バーチャルキャラクタを用いたインタラクティブシステム；厚生科学研究・研究成果発表会抄録集（2001.12）、pp.20-21.
24) 河本、山根、長、木下、三池：高齢者向け情報端末のためのインタラクティブ・アニメーション；映像情報メディア学会冬季大会講演予稿集（2001.12）、p.68.
25) 林、人々と造り手を結ぶ、コミュニケーションメディアとしてのデザイン、ハイテクシンポジウム山口2002「創成デザイン教育研究シンポジウム：商品価値のあるものづくりのための工学とデザイン」（2002.11. 宇部）講演資料集.

26）例えば、乾、Q＆Aでわかる脳と視覚、サイエンス社（1993）.

27）例えば、黒田、空間を描く遠近法、彰国社（1992）.

28）K. Nagata, A. Osa, S. Tsukamoto, T.Kinoshita, and H.Miike, Relationship between apparent visual angle and distance, Proceedings of the Second Asian Conference on Vision（Gyeongju, Korea, 2002.7）p.23.

29）A. Osa, K. Nagata, S. Tsukamoto, T. Kinoshita, M. Ichikawa, and H. Miike, A human-oriented rendering based on perception of visual angle and viewing distance, Proceedings of the second IASTED International Conference on Visualization, Imaging, and Image Processing,（Maraga, Spain, 2002.9）pp.545-550.

30）長田、三輪、長、一川、水上、多田村、三池、知覚される大きさと観察距離の関係を示す拡大率関数：実空間で得られる視覚印象を表現する画像生成に向けて、認知科学、**15**（2008）、pp.100-109.

31）K. Nagata, A. Osa, M. Ichikawa, H. Miike, Magnification rate of objects in a perspective image to fit to our perception, Japanese Psychological Research, **50**（2008）, pp.117 -127.

32）例えば、沢田、自己組織化の科学、オーム社（1996）、吉川、非線形科学、学会出版センター（1992）.

33）三池、化学反応のつくる時間・空間リズム、数理科学 No.418（自然がうみだす多様な散逸構造）（1998）pp.41-47.

34）A. M. Turing, The chemical basis of morphogenesis, Philos. Trans. Roy. Soc. Lond. B, **237**（1952）pp.37-72.

35）H. Kuhnert et al., Nature, Vol.337（1989）pp.244

36）R. FitzHugh, Impulses and physiological states in theoretical models of nerve membrane, Biophys. J., **1**（1961）pp.445-446.

37）A. Nomura, M. Ichikawa, H. Miike, Solving random-dot stereograms with a reaction- diffusion model under the Turing instability, Proceedings of the 10th international DAAAM Symposium, Vienna, Austria 1999.10, pp.385-386.

38）A. Nomura, M. Ichikawa and H. Miike, Edge Detection and Segmentation with a Reaction-Diffusion Mechanism, Proceedings of ACIVS2002, Ghent, Belgium,（2002.9）pp.300-306.

39）海老原、真原、櫻井、野村、長、三池、反応拡散モデルによるノイズを含む画像・低コントラスト画像からの領域分割とエッジ検出、画像電子学会誌、**32**（4）（2003）、pp.378-385.

40）上山、湯浅、細江、伊藤、反応拡散方程式を用いた動きによる図地分離 — 形成されたパターンの界面と主観的輪郭 —、電子情報通信学会論文誌 **J81-DII**（1998）、pp.2767-2778.

41）A. Nomura, M. Ichikawa, R.H. Sianipar, H. Miike, Edge detection with reaction-diffusion equation having a local average threshold, Pattern Recognition and Image Analysis, **18**（2008）, pp.289 -299.

42）K. Miura, A. Osa and H. Miike, Self-Organized Feature Extraction in a Three- Dimensional Discrete Reaction-Diffusion System, Forma, **23**（2008）, pp.19 -23.

43）A Simulation of the Footsteps Illusion Using a Reaction Diffusion Model, K. Miura, A. Osa, and H. Miike, IEEJ Trans. EIS. **129**（2009）, No.6, pp.1156 -1161.

44）E. Simonotto et al., Visual perception of stochastic resonance, Physical Review Letters, **78**（1997）No.6, pp.1186-1189.

45）映像情報メディア学会誌 **71**（4）、pp.J144-J150（2017）、視覚の時間応答特性を基にした画像強調手法 — 抑制性応答と興奮性応答の時間差がもたらす効果 —、大高、長、長峯、三池.

[附録(実践編)]

附章A パソコンによる連続画像入力システム

本章では、科学計測用の動画データを得ることを目的として独自開発した、カラー動画入力システムについて紹介する。Windows OS と Linux OS での開発例を示すことで、読者がパソコンによる連続画像入力の基本を理解し、科学的計測・解析を行う感覚を身に付けることを期待する。

A. 1 はじめに

最近では、パソコンに動画を取り込むことのできる比較的安価なシステムがいくつか市販されているが、これらのシステムは基本的にパソコンで動画を楽しむことを目的に作られたものである。つまり、再生したときに人間の目に動画として見えれば良いのである。したがって、後で定量的な解析することを前提とした科学計測用にはいくつかの問題があり、そのままでは使えないことが多い。

科学計測用の動画データ取り込みシステムとしては、以下の機能が必要と考えられる。

1) 画面内の取り込み位置、サイズが任意に指定できる（空間サンプリングの自由度）。

2) 取り込みの時間間隔が正確で、任意に指定できる（時間サンプリングの正確さと自由度）。

3) 画像データはそのまま（非圧縮の Raw Image Format で）保存できること。

1）は、解析したい対象が画面の一部分に映っている場合に必要な機能である。必要な部分だけ切り出すことにより、データサイズを縮小できる。2）は、速度の解析など、時間が関係する場合に重要である。また、植物の成長のように変化が遅い場合は取り込み間隔を長くするなど、取り込み間隔の可変性が要求される。3）は、画像に含まれる情報を失わないために必要な機能である。市販されている安価な動画取り込みシステムのほとんどは、取り込み時にデータ圧縮が行われている。ハードディスクなどに保存する際、限られた容量でできるだけ多くの画像を記憶するためである。通常できるだけ圧縮率を上げるために非可逆圧縮が行われている。非可逆圧縮を行うと、完全に元のデータへ戻すことはできない。つまり、圧縮すると画像に含まれる情報の一部が失われてしまう。市販されている安価なシステムでは、上に述べたような機能を持つものはない。

我々は、上記の機能を有する独自の動画取り込みシステムを開発した。比較的安価な静止画用の画像入出力ボードとパソコンを組み合わせたものである。当初は MS-DOS 上で動作するものを開発したが、時代の流れとともに改良を重ね、現在は Windows（9X, Me, 2000, Xp）環境で動作する。また最近は、PC-UNIX も普及しつつある。PC-UNIX の 1 つである Linux 上で動作するシステムの開発も進めており、本章の最後で紹介する。

A．2　アナログビデオ信号とデジタル画像

（1）　画像とビデオ信号

画像は全て、2次元的な広がりをもった濃淡（あるいは色）の分布である。これを1本の信号線で送受信するために、ある約束事に従って1次元の時間的な信号に変換する。以下、話を簡単にするために白黒画像で考える。

図 A-1（a）のように、画面を水平の細い帯（水平走査線）に分割する。そしてこの1本1本の走査線上の明るさ（輝度）を描くと、図 A-1（b）のようになる。これを矢印のように左から右へと電圧に変換し、さらに画面の1番上の走査線から順番に接続することにより、1次元の電圧波形に変換できる。こうして得られた1次元の時間波形を映像信号（video signal）と呼ぶ。実際の走査は、図 A-2（a）に実線と点線で区別して示したように1本おきに行われる。最初は走査線（scan line）の奇数番目（実線）だけを走査し、次に偶数番目（点線）だけを走査する。こうした走査方法を飛び越し走査（interlaced raster scanning）と呼ぶ。そして、奇数番目の走査線だけからなる画面を奇数フィールド（odd field、図 A-2（b））、偶数番目の走査線だけからなる画面を偶数フィールド（even field、図 A-2（c））という。1枚の完全な画面はフレーム（frame）といい、2つのフィールドを合わせたものである。このように1つのフレームを2つのフィールドに分割するの

(a)画面の走査

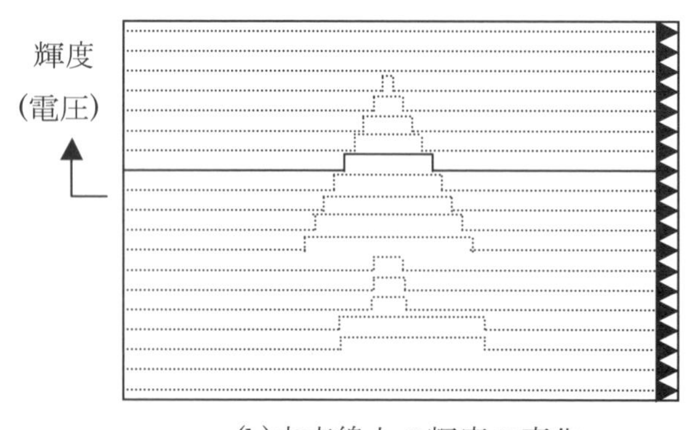

(b)走査線上の輝度の変化

図 A-1　画面走査と映像信号

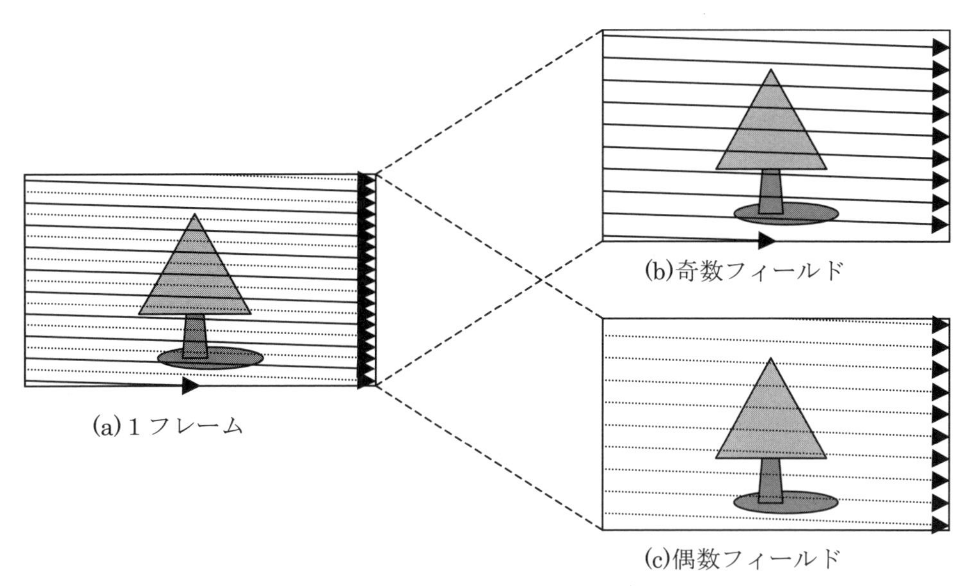

図 A-2　飛び越し走査と画面の構成

は、テレビのモニタ上に動きのある画像を表示する際のチラツキを抑えたり、動きを滑らかに見せるためである。

こうして画像から変換された映像信号をモニタ上に再現するためには、走査線上の輝度の変化だけでなく、個々の水平走査線やフィールド、フレームなどの始点と終点の位置が明確でなければならない。これらの情報を表示側に与える信号として、各水平走査線の間には水平同期信号（horizontal sync）が、各フィールド間には垂直同期信号（vertical sync）が輝度信号（映像信号）と逆極性のパルスとして加えられている。このような輝度信号と水平・垂直同期信号を合成した信号を複合映像信号（composite video signal、カラーの場合は色信号も含まれる）と呼ぶが、以下本書では単にビデオ信号という。ビデオ信号にはいくつかの方式があり、日本ではNTSC方式が用いられている（コラム1参照）。

図 A-3はビデオ信号の概略を示したものである。図 A-3（a）は1水平走査間のビデオ信号を取り出したもので、横の1点鎖線によって上部の映像信号部分と下部の同期信号部分に分けられる。この電圧レベルをペデスタルレベル（pedestal level）と呼ぶ。画像の黒レベルは、図に示すように、これよりわずかに上に設定されている。1水平同期区間は約63.5μs(=1H）で、4.7μs幅の負方向の水平同期信号で区切られている。図 A-3（b）、（c）はそれぞれ奇数フィールド、偶数フィールド区間の信号波形である。それぞれ切り込みパルスのある3H幅の部分が垂直同期信号である。垂直同期信号およびその前後の切り込みパルスや等価パルスについての詳細はここでは省略する。詳しくは巻末に示したテレビジョンや、ビデオ信号関連の参考書1)、2）を参照されたい。図 A-3（b）、（c）の両端の点線部分は、それぞれ逆のフィールド部分である。2つのフィールドの実線部分を接続したものが1フレームのビデオ信号となる。1フレームに相当する時間は1/30秒である。

コラム 1　アナログビデオ信号の方式[1、2)]

日本で用いられているビデオ信号は、NTSC（National Television System Committee）方式と呼ばれるカラー・テレビジョン信号方式である。アメリカもこの方式である。NTSC 方式以外では、イギリスやドイツで用いられている PAL（Phase Alternating by Line）方式、フランスやロシアなどで用いられている SECAM（Sequential Color and Memory）方式がある。各方式と主な規格を表 A-1 に示す。NTSC 方式はほぼ統一されているが、PAL 方式と SECAM 方式は細かい点で少し異なる規格がいくつか存在する。

1 つの画面を水平の細い帯状に分けて考える。この水平の帯状のものを走査線といい、走査線の数は多いほど画面は稠密（緻密）になる。NTSC 方式は他の方式と比べると走査線数が少ない。

走査線を左上から右下に順にたどることを走査という。このような走査をノン・インターレス方式という。走査の方法としてはもう 1 つある。1 つの画面を 2 回に分けて走査する。つまり、1 回目の走査では走査線 1 本飛ばしに行い、2 回目の走査で 1 回目に飛び越した部分を行う。このような走査を 2：1 インターレス（飛び越し）方式という。1 秒当たりの画面数が同じとすると、ノン・インターレス走査に比べインターレス走査の方が動きが滑らかに見えるという特徴がある。しかし、インターレス走査方式では、走査線の幅程度の細い線や小さな点でそれが動かない場合、チラツキが発生するという問題もある。これは、2 回の走査のうち一方では走査線上にあって映るが、他方の走査ではその部分が飛び越されて映らないという場合に発生する。一般に、TV 放送では伝送帯域の制限から 1 秒間に送れる画面数は多くできないので、少ない画面数でも動きが滑らかに見えるインターレス走査方式が用いられている。これに対してパソコン画面では、細かい線や点を表示するのでチラツキの少ないノン・インターレス走査方式が用いられている。

インターレス走査方式では、2 回の走査で 1 つの画面が構成される。これをフレームという。そして 1 回の走査をフィールドという。すなわち、2 フィールドで 1 フレームとなる。フィールド周波数は、1 秒間のフィールド数に等しい。つまり、フィールド周波数が高いほど 1 秒間に表示される画面数は多くなるので動きが滑らかに見えチラツキも少なくなる。NTSC 方式は他の方式よりフィールド周波数が高い。

カラーで色の情報を送る場合、光の 3 原色である R（赤）、G（緑）、B（青）の強さを信号として送ればいいが、実際は輝度（白黒信号）と色差信号（R, G, B から輝度を差し引いた信号）で送られる。これはカラー放送が開始される前に白黒放送が普及していたためで、両立性（白黒放送をカラー受像機で見ることができる、またカラー放送を白黒受像機で見ることができる）を考慮して採用された。色差信号の変調方式については複雑なので省略する。

表 A-1　ビデオ信号の方式

	NTSC	PAL	SECAM
走査線数	525	625	625
走査方式	2：1 インターレス	2：1 インターレス	2：1 インターレス
フィールド周波数（Hz）	60	50	50
映像帯域幅（MHz）	4.2	5 ～ 6	5 ～ 6
色信号の変調方式	搬送波抑圧 直角 2 相変調	搬送波抑圧 直角 2 相変調	FM 変調

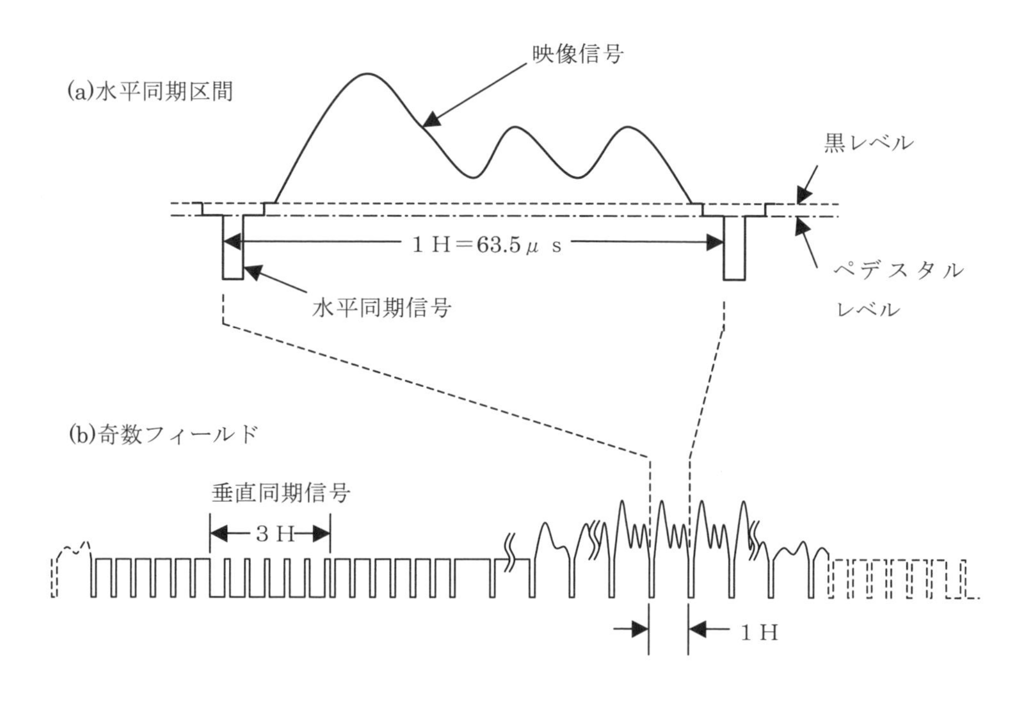

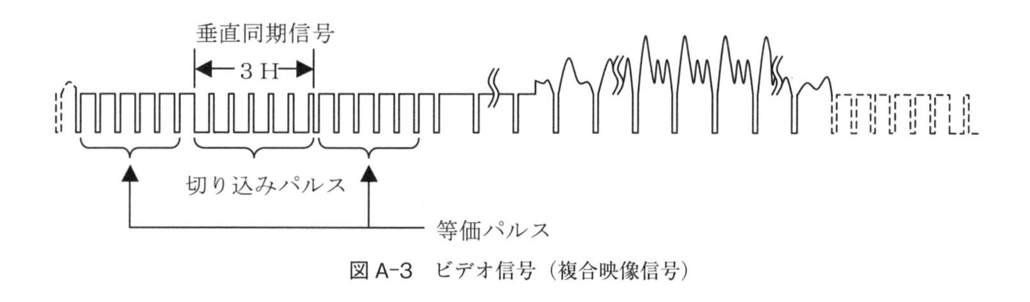

図 A-3　ビデオ信号（複合映像信号）

従って1秒間に30枚（フレーム）の画面が、フィールドで考えると60枚の画面が送受信される。

（2）ビデオ信号のデジタル化

一般に、時間的に連続な電圧波形（アナログ値）を計算機で処理する場合、一定時間間隔ごとの電圧値を2進の数値（デジタル値）に変換する。時間的に連続な波形を一定時間間隔ごとの値で代表させることを時間的標本化（sampling）といい、その値を2進数値に置き換えることを量子化（quantization）と呼んでいる。標本化と量子化を合わせて単にデジタル化（digitization）と呼ぶ。デジタル化は、実際の電子回路ではA/D変換器（analog to digital converter）を用いて行われる。量子化は連続的な値を持つ標本化電圧値を離散

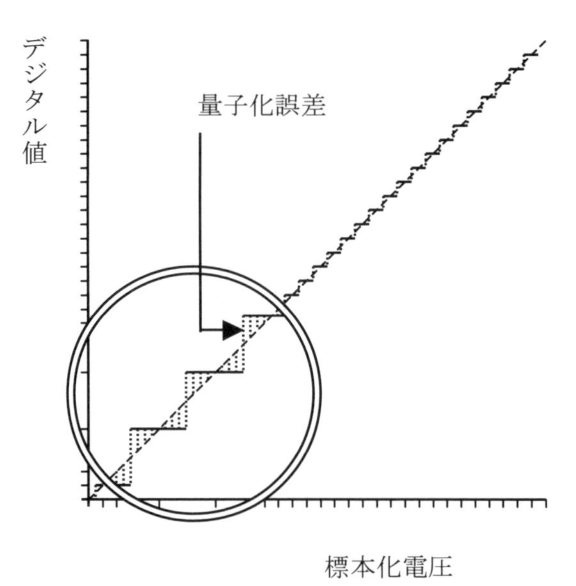

図 A-4　量子化誤差

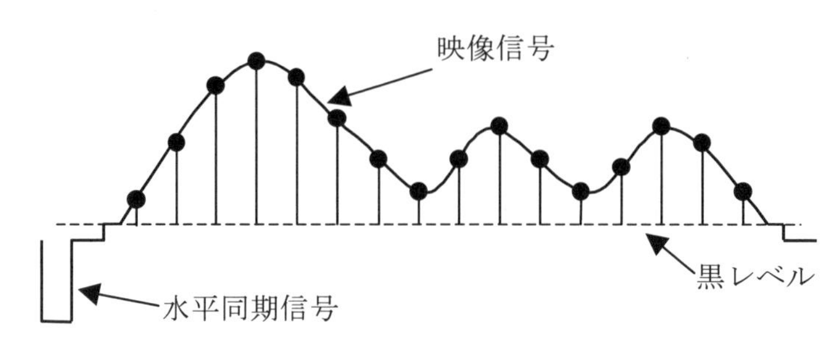

図 A-5　ビデオ信号のデジタル化

的な 2 進数（デジタル値）に変換するものであり、図 A-4 に示すようにその変換は階段状になる。従って円内の拡大部分の点線で示したような誤差が本質的に生じる。これを量子化誤差（quantization error）という。量子化誤差は、A/D 変換器のビット数が多いほど小さくなる。一般的なアナログ電圧を扱う場合は 8 ～ 16 ビットの A/D 変換器が用いられるが、ビデオ信号を扱う場合は 8 ビット（256 階調）のものが一般的である。

ビデオ信号を、面単位で、計算機で取り扱える数値データに変換するには、水平同期信号や垂直同期信号を検出し、これらに同期する必要がある。1 枚の画面（フレーム）は、左上から右下に向かって走査されているので、まず垂直同期信号を検出し、そこからフレーム区間の変換を開始する。また 1 本の水平走査線区間では、図 A-5 に示すように水平同期信号に同期させる。そして映像信号部分を黒丸で表した一定時間間隔ごとの電圧値で代表させ、この電圧値に比例した 2 進数値を得るようにする。

数値（ディジタル値）に変換したデータを元の画面のように 2 次元的に配置すると図 A

-6（a）のようになり、これをデジタル画像と呼ぶ。丸印は標本化した点を表すが、デジタル画像では2次元の画面を縦横一定間隔ごとに空間的標本化を行い、各標本点（以下画素という）の輝度を量子化したものと見る事ができる。画素の空間的な間隔 *dx*（横）と *dy*（縦）の比（アスペクト比）は、ビデオ信号を標本化するときの時間間隔と1水平走査線区間の時間的長さに関係する。デジタル画像ではこの比は1：1であることが望ましく、ほとんどの画像入出力装置では1：1になるように設計されている。

ビデオ信号から変換したデジタル画像では、注意しなければならないことがある。画面全体を走査するのに時間がかかることから、画面全体が同時刻の画像ではないということである。すなわち、厳密には時間的同時性が成り立たない。最初に走査された画素と最後に走査された画素では33.3ms（1/30秒、1フレームの時間的長さ）の時間差がある。細かく見ると、隣り合う横方向の画素間での時間差は映像信号の標本化間隔（A/D変換器の変換間隔）に依存するが、一般的な画像入出力装置ではこれは0.1μs程度である。一方、隣り合う縦方向の画素間では、飛び越し走査を行うため異なるフィールドとなり、16.7ms（1/60秒、1フィールドの時間的長さ）の時間差がある。ところが、縦方向に1画素飛ばした画素間では、同じフィールドなので63.5μs（1水平走査区間の時間的長さ）となり、縦方向で隣り合う画素間の時間差より小さい。画面としてみると、2つのフィールド間には全体的に1/60秒の時間差があり、動きのある部分は2つのフィールドで異なった画像になっている。フレームは1/60秒時間の異なる2つのフィールドを合成して1つにしたものであるから、動く部分は2重に見える（コラム2参照）。

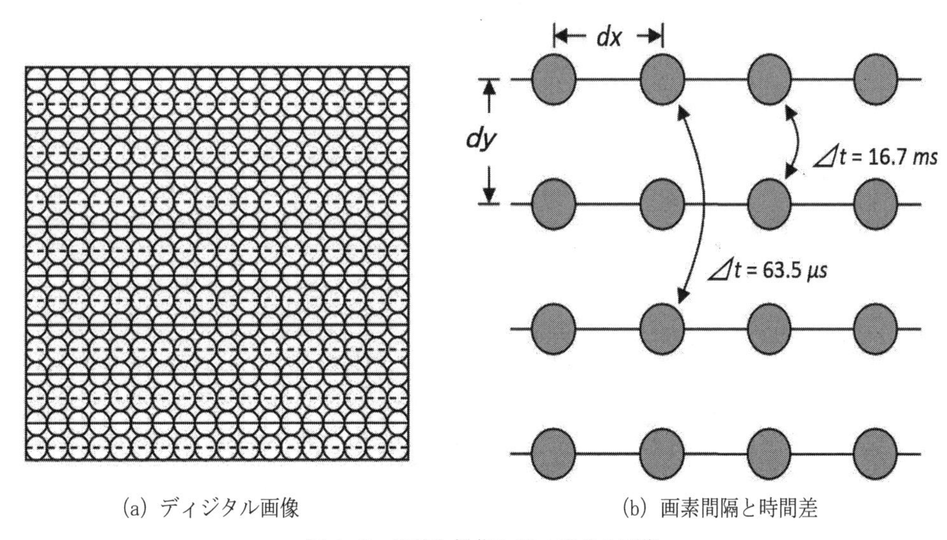

(a) ディジタル画像　(b) 画素間隔と時間差

図A-6　飛越し操作とディジタル画像

(3) デジタル動画像

ビデオ信号を一定時間間隔でデジタル画像に変換すれば、動きのある画像データが得られる。これをデジタル動画像と呼ぶ。上に述べた、動きのある部分は 2 重に見えるという問題は、デジタル動画像をパソコンなどで単に再生して楽しむ上では問題ないが、画像処理や画像解析を行う場合は考慮しなければならない。

ビデオ信号から動きのあるデジタル動画像を得る場合、基本的にフィールド単位でデジタル画像に変換することが望ましい。フィールド単位では 1 秒間に最大 60 画面取れそうであるが、そうはいかず 30 画面までである。つまり、厳密に見ると、奇数フィールドと偶数フィールドでは走査線 1 本分空間的な位置のずれがあり、画像の処理や解析で問題となることがある。そこでどちらか一方のフィールド（本システムでは奇数フィールド）だけ取るようにする。また、フィールド画面では、縦方向の空間的な画素間隔が 2 倍になる。画素間隔のアスペクト比（縦横比）を 1：1 に保つために、横方向の画素を間引く必要がある。

(4) カラー画像

光には R（赤）、G（緑）、B（青）の 3 原色がある。この 3 原色の光を適当な強さで混合することにより、様々な色を表現できる。カラー画像は、RGB3 色に対応する 3 枚の画像を合成したものと考えればよい。従ってカラー画像の取り込みは、色を RGB に分解し、それぞれの色の強さ（白黒の場合の輝度に相当）をデジタル値に変換すればよいことになる。カラー画像では白黒と比べデータ量は 3 倍になるが、多くの色を表現できる。例えば RGB 各 8 ビット（256 階調）で量子化する場合、256×256×256＝1,677,216 色が表現できる。

コラム 2　プログレッシブ（プログレス）スキャン CCD カメラ

プログレッシブスキャンとは、1 画面（フレーム）の全画素読み出し方式を意味する。プログレッシブスキャン CCD カメラは、全画素読み出し方式の CCD カメラということになる。さらにこのようなカメラは高速な電子シャッター機能を合わせ持っており、1 画面（フレーム）を 1/60 ～ 1/10000 秒で取り込むことができる（フレームシャッター機能）。高速シャッターを用いることにより、速い動きの対象もブレなく鮮明に取り込むことができる。プログレッシブスキャン CCD カメラの出力信号は、ノンインターレススキャン（順次走査）またはインターレススキャン（飛越走査）で出力される。このような機能を持ったカメラでは、フレーム（またはフィールド）画面内での同時性が確保できる。

このような機能を持ったカメラの例として、SONY の DXC-9000[3] がある。このカメラは、フレームシャッター機能により撮影したフレーム画面を、NTSC 方式で 2 つのフィールド（偶数／奇数）画面として出力することもできる。この方式で撮影すると、ビデオ信号が NTSC 方式（インターレススキャン）であっても、動きのある部分が 2 重に見えることはない。

A．3　画像入出力ボード

（1）　画像入出力ボードの概要

本システムでは、画像入出力ボードとしてマイクロテクニカ社[4]のボードを使用している。いくつかのタイプがあるが、本システムで対応しているものの主な仕様を表A-2にまとめる。ISA（Industry Standard Architecture）バス（IBM PCATおよびその互換機）用とPC-98バス（NEC PC98シリーズ）用、およびPCI（Peripheral Component Interconnect）バス用がある。

表にあげた全てのボードは、横1024画素×縦512画素を単位としたフレームメモリを1面または2面持っている。実際に取り込むときの画面の横の画素数は、640または512である。横640画素のときは1つのフレームメモリに1画面分しか記憶できないが、横512画素の場合は2画面分記憶できる。本システムでは横の画素数は512とする。

メモリアクセスには表に示すように3つの方式がある。I/Oマップ方式では、フレームメモリのアクセスは1つのI/Oポートを通して行う。フレームメモリのアドレスは、画面のX座標､Y座標を別のI/Oポートを通して指定することで行う。この方式では､フレームメモリのアクセスを行うと、フレームメモリのアドレス（X座標）が自動的に＋1される機能が用意されており、通常この機能を使う。他の方式と比較すると、この方式はフレームメモリのアクセスに最も時間がかかる。I/Oバンク方式では、フレームメモリの1ライン分が、1M以下の主メモリのアドレスに割り当てられる。割り当てられたライン内ならCPUから直接アクセス可能である。割り当てるライン（画面のY座標）は別のI/Oポートを通して行う。プロテクトメモリ方式は、1M以上のアドレスにフレームメモリを割り当てるものである。フレームメモリへのアクセスは3つの方式の中では最も高速である。この方式ではフレームメモリの全アドレスは直接CPUからアクセス可能であるが、Windows環境では特殊なデバイスドライバなどを必要とする。本システムでは、ISAバスおよびPC-98バスのボードは特殊なデバイスドライバは使用せず、I/Oマップ方式またはI/Oバンク方式でアクセスする。PCIバスのボードは、メーカ提供のDLL（Dynamic Link Library：ダイナミックリンクライブラリ）およびVxD（Virtual X Driver仮想ドライバ）を使用し、プロテクトメモリ方式でアクセスする。

表A-2　画像入出力ボードの主な仕様

ボードタイプ	MT98-MN	MT98-CL	MTAT-CL	MTAT-MC	MTPCI-MN	MTPCI-CL
対応バス	PC-98	PC-98	ISA	ISA	PCI	PCI
カラー	白黒 （256階調）	カラー （1677万色）	カラー （1677万色）	カラー （1677万色）	白黒 （256階調）	カラー （1677万色）
フレームメモリ	1024×512×8ビット 640×480　1画面 512×512　2画面	1024×512×24ビット 640×480　1画面 512×512　2画面	1024×512×24ビット 640×480　1画面 512×512　2画面	1024×512×24ビット 640×480　1画面 512×512　2画面	1024×512×8ビット2面 640×480　2画面 512×512　4画面	1024×512×24ビット2面 640×480　2画面 512×512　4画面
メモリアクセス	I/Oバンク方式 プロテクトメモリ方式	I/Oマップ方式	I/Oマップ方式	I/Oバンク方式 プロテクトメモリ方式	I/Oバンク方式 プロテクトメモリ方式	I/Oバンク方式 プロテクトメモリ方式
コントロール	I/Oポート	I/Oポート	I/Oポート	I/Oポート	I/Oポート	I/Oポート

（2）画像入出力ボードの制御

画像入出力ボードの制御は、I/O ポートを通して行う。I/O ポートのアドレスは、PCI バス以外のボードではボード上の DIP スイッチで設定する。PCI バスのボードでは、Windows の機能（Plug&Play）によって自動的に設定される。自動設定された I/O ポートのアドレスは、メーカ提供の画像入出力ボード用ライブラリを使って知ることができる。

MTPCI-CL について、I/O ポートの割り当てを表 A-3 に示す。ポート 0（コマンド OUT/ ステイタス IN）は、画像の取り込みや表示を制御するためのコマンド出力と、ビデオ信号やボードの状態を調べるためのステイタス入力として使われる。ポート 2（モード OUT）は、ボードの動作モードの設定やフレームメモリの切り替えなどを行う。ポート 4（Y アドレスセット）は、CPU からフレームメモリへアクセスするときの画面上の Y 座標を指定する。このポートは I/O バンク方式でフレームメモリをアクセスするときのみ意味があり、プロテクトメモリ方式では使われない。それぞれのポートの機能は図 A-7 に示すようになっている。

MT98-MN、MTAT-MC、MTPCI-MN の制御ポートはほとんど MTPCI-CL と同じである。MTAT-CL、MT98-CL はフレームメモリへのアクセスが I/O マップ方式であるため、他と少し異なる。I/O ポートの割り当てを表 A-4 に示す。ポート 0、2、4 は、フレームメモリのアクセス用である。アクセスするアドレスをポート 2（X アドレスセット）、ポート 4（Y アドレスセット）で画面上の座標として指定し、ポート 0（データアクセス）を通して読み書きする。ポート 6、7 はボードの制御用で、機能は MTPCI-CL のポート 0、2 とほとんど同じであるが、モード OUT ポートの機能が少し異なる。モード OUT ポートの機能を図 A-8 に示す。ビット 2、3 でアドレスの自動インクリメントを指定できる。これを指定しておくと、横 1 ラインのデータを連続してアクセスする場合はいちいちアド

表 A-3　MTPCI-CL の制御ポート

ポート番号	機能	アクセス単位
ポート 0	コマンド OUT（出力）	バイト
	ステイタス IN（入力）	
ポート 2	モード OUT（出力）	バイト
ポート 4	Y アドレスセット（出力）	ワード

表 A-4　MTAT-CL ／ MT98-CL の制御ポート

ポート番号	機能	アクセス単位
ポート 0	データアクセス（入出力）	バイト
ポート 2	X アドレスセット（出力）	ワード
ポート 4	Y アドレスセット（出力）	ワード
ポート 6	コマンド OUT（出力）	バイト
	ステイタス IN（入力）	
ポート 7	モード OUT（出力）	バイト

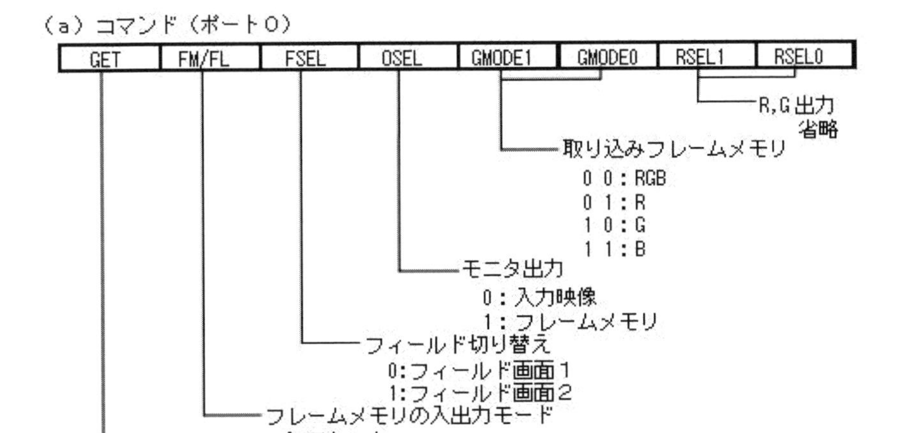

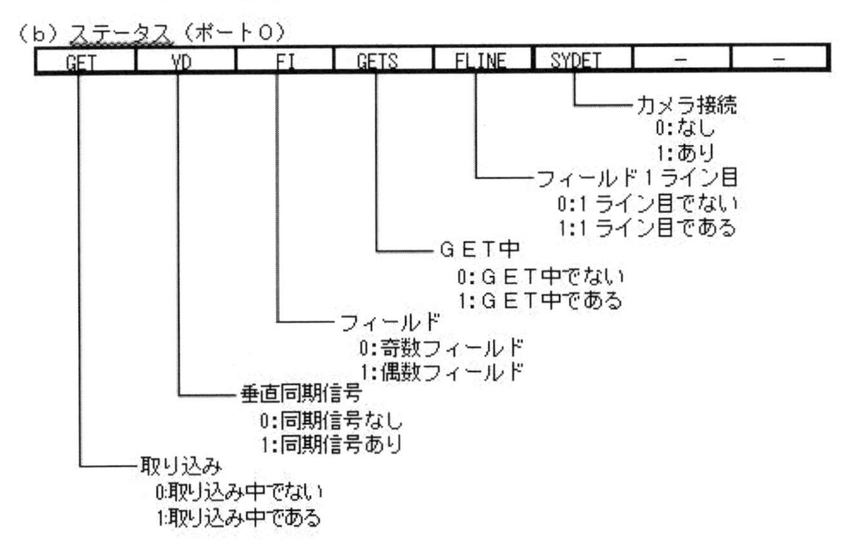

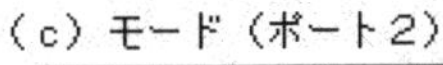

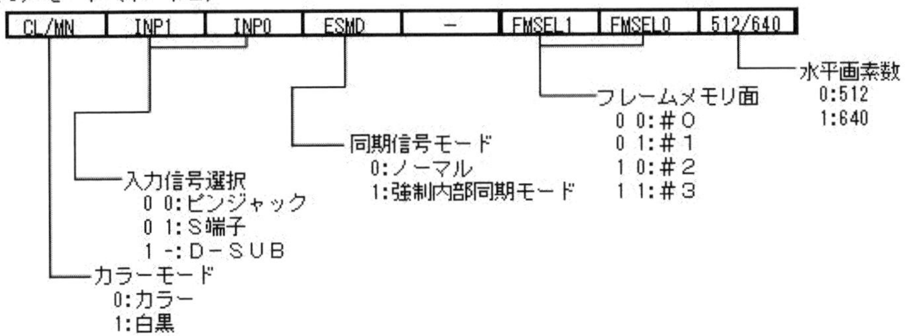

図A-7　MTPCI-CLの制御ポードと機能

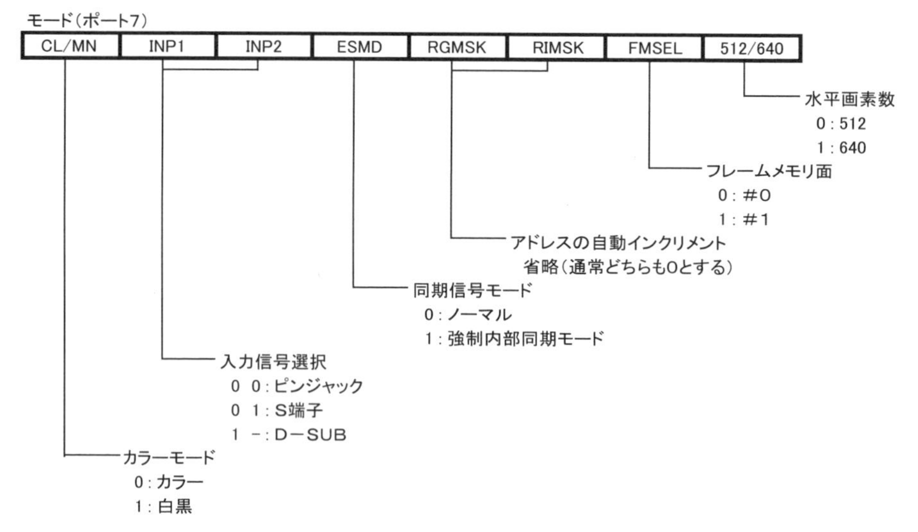

図 A-8　MTAT-CL/MT98-CL の制御ポートと機能

レス（座標）を設定する必要はない。

A．4　連続画像入力システム

（1）　システム構成

システムの構成を図 A-9 に示す。画像入出力ボードは、パソコンの拡張用バス（ISA バス、PC-98 バスまたは PCI バス）に取り付けられている。TV カメラからのビデオ信号は、画像入出力ボードの A/D 変換器でデジタル値に変換され、ボード上のフレームメモリに取り込まれる。1 画面取り込んだ後、画像データはフレームメモリから主メモリへ転送される。以下、適当な時間間隔でフレームメモリへの取り込みと主メモリへの転送を繰り返すことにより、連続画像（動画像）の取り込みができる。一連の取り込みが終わったあと、主メモリの画像データはファイルとしてディスクなどの外部記憶装置に保存する。画像データをフレームメモリから直接ディスクへ転送することも可能であるが、ディスクアクセスには時間がかかり、取り込み速度が遅くなる。少しでも高速化するために、主メモリをデータバッファとして使う。従って、本システムでは主メモリ容量以上の動画データは取り込めない。

逆の手順により、保存した画像データを TV モニタで動画として再生することもできる。すなわち、ディスクから画像データを主メモリに読み込み、適当な時間間隔で画像ボード上のフレームメモリに画面単位で転送する。フレームメモリのデジタルデータはボード上の D/A 変換器でアナログ値に変換され、同期信号と合成されてビデオ信号として出力される。これを TV モニタで映像として見る。

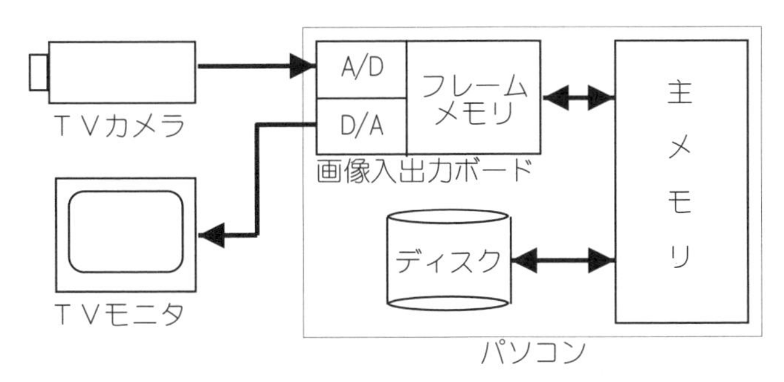

図A-9　システム構成

(2) ビデオ信号と取り込み開始のタイミング

画像ボードのステイタス入力から得られる情報のうち、V.SYNC（垂直同期信号：ステイタスのVDビット）、FIELD（フィールド信号：ステイタスのFIビット）、GET（取り込み中：ステイタスのGETビット）のタイミングチャートを図A-10に示す。1フレーム（1/30秒）分である。V.SYNCは約0.6ms幅のパルスで、1/60秒間隔で出ている。FIELD信号は、奇数フィールドでL、偶数フィールドでHとなる。

画像の取り込みは、フィールドモードでは奇数フィールドを、フレームモードでは奇数フィールドから始まる1フレームを取ることにする。動画を対象とする場合、フィールドモードで取り込むべきであると前に述べた。一方、動きがない静止画の場合はフレームモードでもよい。フレームモードの方が空間的な分解能を高くできる。そこで、本システムではフィールドモード／フレームモードどちらでも取り込めるようにした。奇数フィールドから取り込みを開始するために、本システムでは画像ボードのFIELD信号をモニタし、FIELD信号の立下りエッジで取り込みコマンド（コマンドのGETビットに1を書きこむ）をボードに送ることにする。すなわち、タイミングチャートのSTARTに上向き矢印で示すタイミングで取り込みコマンドを送る。画像ボードは、取り込み命令を受け取ると、次のV.SYNCの立下りエッジから取り込みを開始するようになっている。取り込みを開始すると、図に示すようにステイタスのGET信号がHになる。GET信号は、フレームモードでは1フレーム取り込むと自動的にLに戻る。フィールドモードでは自動的にLに戻らないので、GET信号をモニタし取り込みを開始したらGET信号をLに戻すコマンド（コマンドのGETビットに0を書きこむ）を送る。なお、図のGET信号は、フレームモードの場合である。

以上のことを考慮した同期信号検出ルーチンおよび取り込み開始ルーチンのフローチャートは、図A-11に示すようになる。

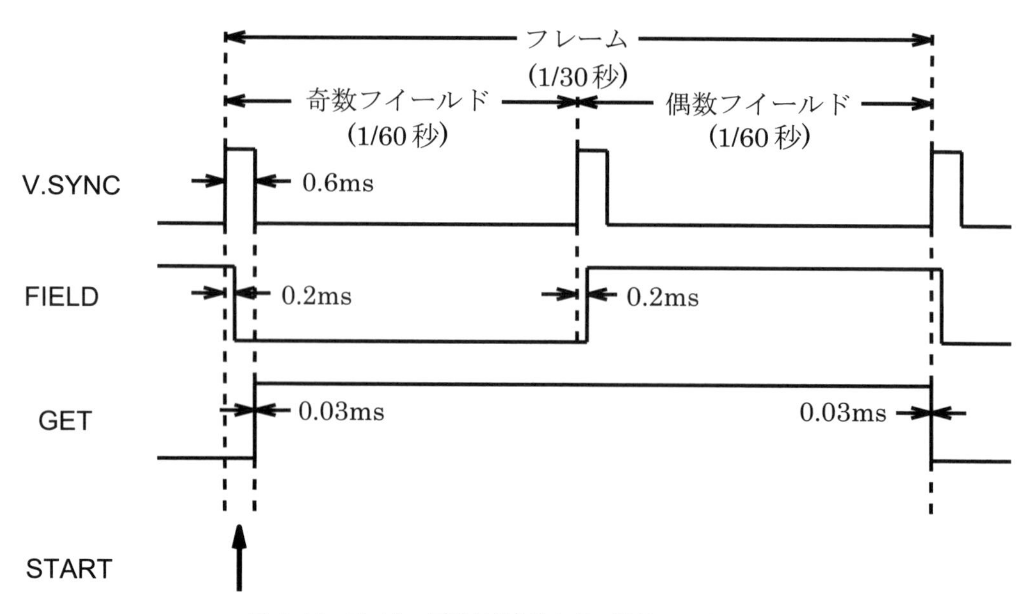

図 A-10　ビデオの同期信号と取り込み開始のタイミング

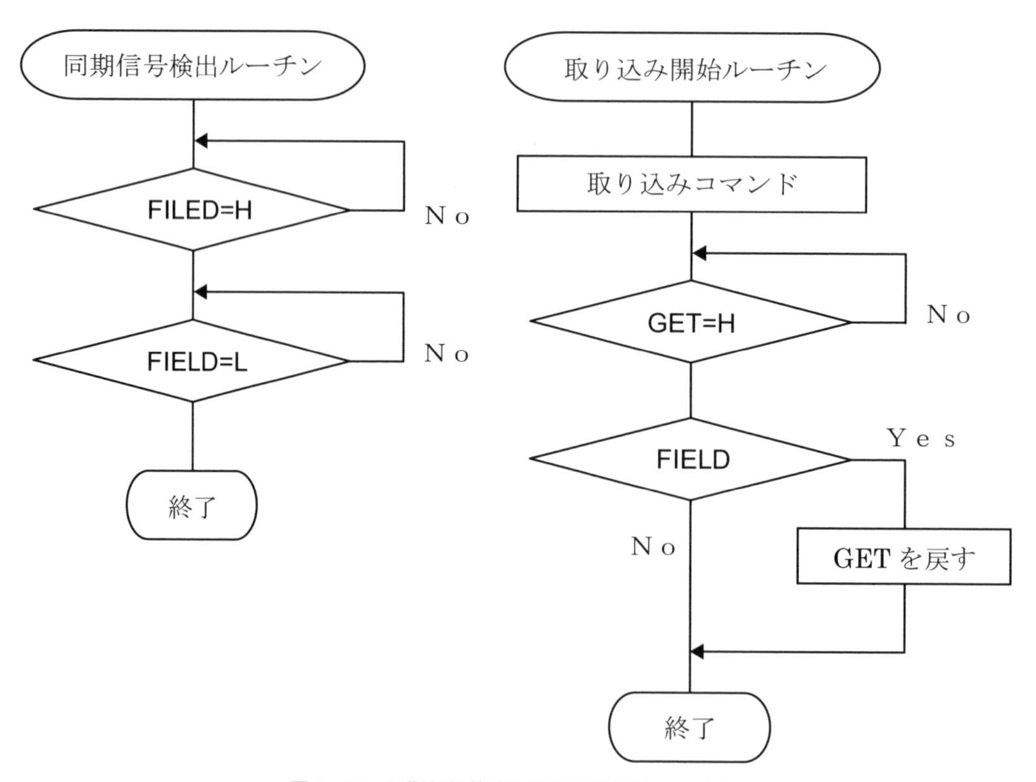

図 A-11　同期信号検出と取り込み開始ルーチン

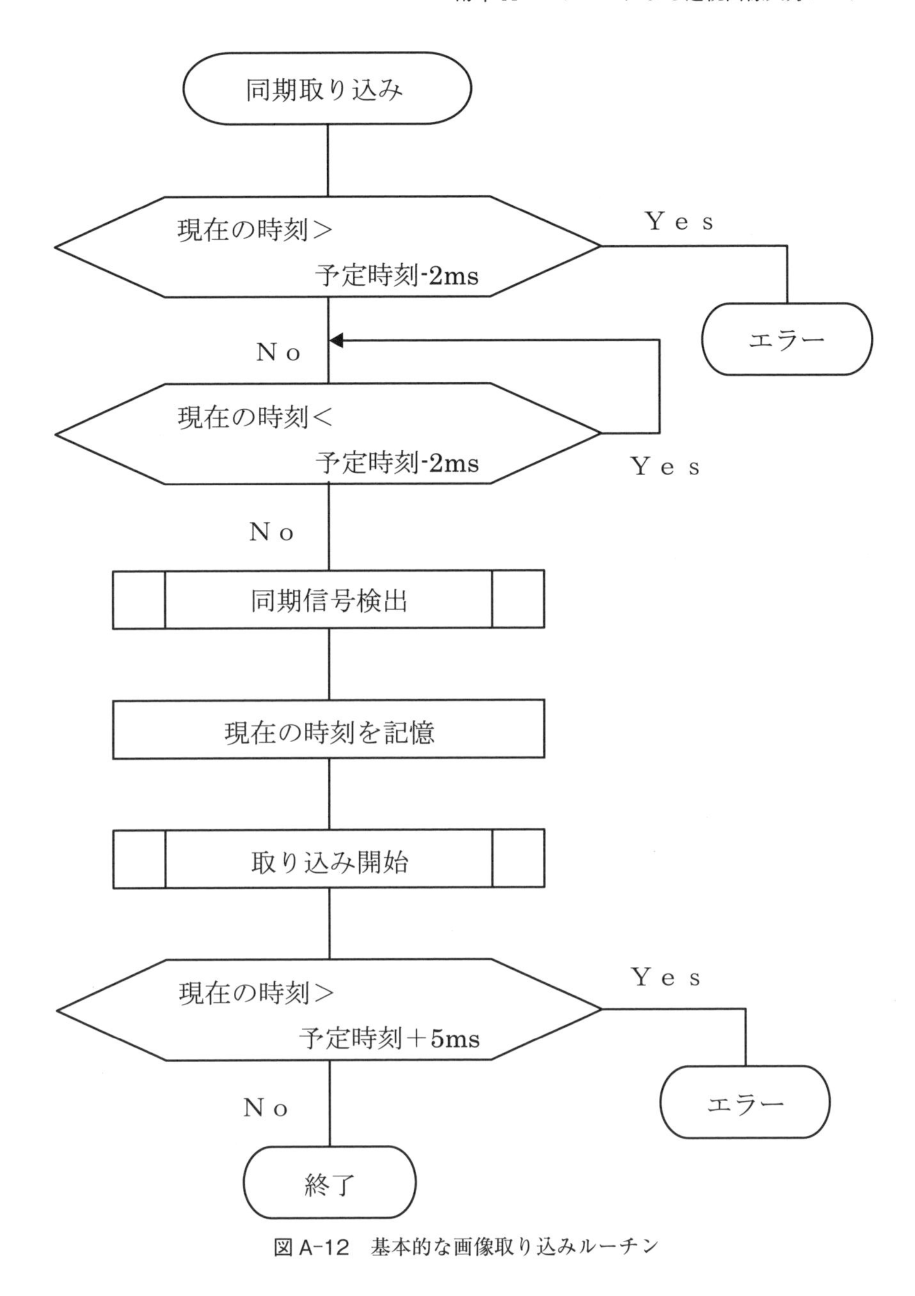

図A-12　基本的な画像取り込みルーチン

（3）基本的な取り込み手順

取り込みの時間間隔は、フレーム間隔（1/30秒=33.3ms）単位で任意に設定でき、正確でなければならない。そのためにはシステムに高精度な時計が必要である。幸いWindowsは1ms精度のクロックを提供しているので、これを用いることにする[5)]。ビデオ信号とシステムの同期を取りながら、一定時間間隔で画像を取り込む基本的な手順を図A-12のフローチャートに示す。

同期取り込みルーチンでは、前回の取り込み時に同期信号を検出した時刻を記憶している。最初に、記憶されている時刻に指定された取り込み間隔を加え、次の取り込み時刻を計算する。そしてすでに予定時刻を過ぎていたらエラーとする。これは画面サイズが大きくて、フレームメモリから主メモリへのデータ転送に時間がかかり過ぎる場合に発生する。エラーでなければまだ予定時刻が来ていないことになる。そこで予定時刻の少し前（約2ms前）まで待ち、同期信号検出ルーチンに入る。同期信号を検出すると、その時の時刻を記憶しておく。これが次回の取り込みにおける前回の取り込み時に同期信号を検出した時刻になる。そして取り込み開始ルーチンに入る。ここで取り込みを開始した時刻が予定時刻より大きく遅れていたら（5ms以上としている）エラーとする。これはビデオ信号の質が悪い（ノイズが多くて同期信号が乱れている）場合に発生する。

計測を目的とした動画像取り込みシステムでは、指定した時間間隔で正確に取り込めることが重要である。そこで本システムでは取り込みを開始する前と後で時刻をチェックし、一定時間間隔で取り込めないときは取り込みエラーとするようにした。

（4） フレームメモリへの取り込みと主メモリへの転送タイミング

画像入出力ボード上のフレームメモリはマルチポートDRAMを使用しており、画像取り込みと関係なくCPU側からアクセスすることが可能である。また、フレームメモリは2画面分（以上）の画像データを記憶できる容量がある。そこで、取り込みを高速化するために、画像データのフレームメモリへの取り込みと、フレームメモリから主メモリへの転送を並行して行うようにする。すなわち、図A-13のタイミングチャートに示すように、フレームメモリの＃0と＃1に交互に画像を取り込む。取り込み動作と並行して、画像を取り込んでいない方のフレームメモリの画像データを主メモリへ転送するようにする。

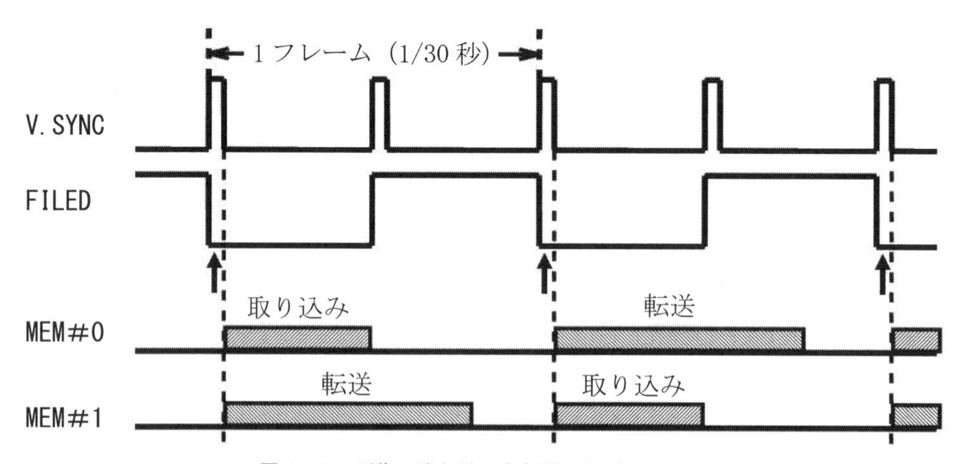

図A-13　画像の取り込みと転送のタイミング

A．5　システムの機能と操作

（1）　メインメニュー

本システムの全メニュー構成は図A-14のようになっており、システムを起動すると、図A-15のようなメニュー画面が表示される。Windows環境での利点は、グラフィカルなユーザインターフィースで分かりやすく、操作方法が統一されていることである。また、ほとんどの操作はマウスでできるようになっている。従って、Windows上で動作するソフトを使ったことがあれば、初めて使うソフトでも比較的簡単に使える。本システムでも、このようなWindows環境の利点を生かしたものになっている。以下、それぞれの機能について述べる。

（2）　ボード設定

システムの設定として、最初に使用する画像入出力ボードを選択しなければならない。これを行うのがボード設定である。メインメニューでボード設定をクリックすると、図A-16のようなダイアログボックスが表示される。ここで実際に使用する画像入出力ボードに合わせて、ボードタイプを選択する。また、画像取り込み時の画面のモード（フィールド／フレーム）、色（白黒／カラー）の設定もここでできるようになっている。システムや状況に合わせて各項目を設定し、OKボタンをクリックすると完了する。ここで設定した内容はシステムに記憶されるようになっているので起動のたびに設定する必要はないが、最初に起動したときはボードタイプを実際のハードウエアと合わせておかなければならない。

（3）　画像の取り込み

画像を取り込むことが本システムの中心的な機能である。メインメニューで取り込みをクリックすると、図A-17のダイアログボックスが表示される。

位置（サイズ）は、切り出す画面範囲を指定する。切り出す画面は四角形とし、その範囲の左上座標（位置）と縦横の長さ（サイズ）で指定する。上と左のスライドバーで位置を、右と下のスライドバーでサイズを調節する。それぞれのスライドバーの中にある四角のボタンをドラッグすると値を大きく変更できる。またそれぞれのスライドバーの両端に付いている▲のボタンをクリックすると細かく調節できる。このときTVモニタにはTVカメラからの映像が表示され、それに重ねて切り出す範囲が枠として表示されるようになっている。画面全体は、フレームモードでは512×512画素、フィールドモードでは256×256画素なので、切り出す画面範囲の数値はこの範囲内である。

間隔（速度）は、画面単位での取り込み間隔である。ビデオ信号の1フレームの時間（1/30秒=33.3ms）を1として指定する。テキストボックス内に直接数値を書き込むか、横に付いた小さな▲のボタンをクリックして値を増減する。テキストボックスの下に、ms単位で取り込みの時間間隔が表示される。

枚数は取り込み画面数である。間隔（速度）と同じように、テキストボックス内に直接数値を書き込むか、横に付いた小さな▲のボタンをクリックして値を増減する。

フレームモードは、画面モードをフィールドにするかフレームにするか切り換える。また、カラーモードは、白黒かカラーかを切り換えるが、当然カラーはカラー対応の画像入出力ボードのみ有効である。これら2つの項目は、メインメニューのボード設定でも行える。

ここまでの5項目のうち必要な項目の設定を変更し、これを有効にするには設定確定ボタンをクリックする。このとき主メモリに必要なサイズのバッファメモリを確保する。本システムは主メモリをバッファメモリとして使用し、一時的に取り込んだ全画像データをバッファメモリに置く。従って、画像データより大きな主メモリの容量が必要である。主メモリをチェックして、十分な大きさのバッファメモリが確保できないときは警告メッセージが表示される。

設定保存のボタンは、現在の設定をシステムに記憶する。設定読込ボタンは、前回システムに記憶した設定値を読み出す。ある目的では、取り込む画像の設定値はいつも同じこともあるであろう。このようなときこの機能を使うと、毎回設定する必要がない。なお、ここで記憶した設定値は、システムの起動時に自動的に読み込まれる。変更取消ボタンは、全ての設定値を取り込みダイアログボックスが表示されたときの値に戻す。

画像の取り込み開始は、連続取込と手動取込の2つのボタンがある。連続取込では、上で設定した値で自動的に全画像データを取り込む。通常の取り込みではこちらを使用する。ここで、取り込む画面のサイズと間隔の値によっては、エラーメッセージが表示されることがある。ほとんどの場合、取り込む画像のサイズが多すぎて、フレームメモリからバッファメモリへの転送が追いつかないときに発生する。これはハード的な性能からくる制限で、後で詳しく述べる。このような場合、取り込む画面サイズを小さくするか、間隔を大きくする。手動取込では、間隔（速度）の設定値は無視され、このボタンをクリックするごとに1画面取り込まれる。映像を見ながら、ある特定の場面を取り込む時に使用する。なお、取り込み中、ESC キーで中止することができる。

終了ボタンで取り込みを終わり、メインメニューに戻る。

（4）表　示

バッファメモリにある画像データを、画像入出力ボードを通して TV モニタに表示する機能である。メインメニューの表示をクリックすると、図 A-18 のようなダイアログボックスが表示される。上部の画像パラメータ欄に取り込んだときの設定値が表示されているが、この設定値を一部変更して表示する機能がある。取り込んだときと異なる速度で表示したり、画像データの全フレームでなくある範囲だけ表示したりできる。

設定欄の間隔（速度）は、画面の表示間隔を指定する。初期値は画像を取り込んだときの値である。初期値より小さくすると早送りのようになり、大きくするとゆっくりとなる。範囲は、表示する範囲を画面の番号（フレーム）で指定する。初期値は全体を表示するような範囲指定になっている。スタートの値を大きくすると途中から表示を開始し、エンドを小さくすると途中で終わる。

開始ボタンをクリックすると表示を開始し、動く映像としてTVモニタに表示される。また、開始ボタンを使わずに、ステップの小さな▲をクリックすると、1画面ずつ進めたり戻したりできる。なお、動画表示はESCキーで中止できる。

標準設定ボタンは、設定欄の各項目の値を初期値（画像を取り込んだときの値）に戻す。終了ボタンは、表示を終わりメインメニューに戻る。

当然であるが、バッファメモリに画像データが入っていないと表示されない。(2) の取り込みを行うか、(5) の読み出しを行うかで、バッファメモリに画像データを入れる。

（5） 保存と読み出し

バッファメモリに取り込んだ画像データをディスクに保存したり、逆にディスクに保存した画像データをバッファメモリに読み出す機能である。メインメニューのファイルをクリックすると、図A-19のようなプルダウンメニューが現れる。

画像データをディスクに保存する場合、プルダウンメニューの保存を選択する。すると図A-20のようなダイアログボックスが表示される。上部の画像パラメータ欄には、画像を取り込んだときの設定値が表示されている。中央部の範囲（フレーム）欄は、保存する範囲を画面番号で指定する。初期値は全範囲になっている。これは、いつ起こるかわからない現象を取り込むような場合に便利な機能である。このような場合、早めに取り込みを開始して長めに取り込んでおく。そして取り込んだあと表示して必要な範囲を選び、ディスクに保存するようにする。標準設定ボタンは、範囲を初期値（画像を取り込んだときの値）に戻す。キャンセルボタンは、保存を中止する。OKボタンをクリックすると、さらに図A-21のようなダイアログボックスが表示される。これはファイル名を付けて保存する時のWindows標準のダイアログボックスである。ファイル名の欄に適当な名前を打ち込み、OKボタンをクリックする。なお、本システムではファイル名の拡張子はprm（Parameters：パラメータ）と決められているので、それ以外を指定しても無効である。また他のWindowsプログラムと同様、すでにあるファイルに上書きすることもできる。

画像データをディスクから読み出す場合、プルダウンメニューの読み出しを選択する。すると図A-22のようなダイアログボックスが表示される。これはファイルを開く時のWindows標準の形式で、拡張子prmのファイルだけ表示されるようになっている。他のWindowsプログラムと同じ要領で、読み込むファイルを選択する。画像データは、主メモリに確保したバッファメモリに全て読み込む。メモリ容量をチェックし、十分なバッファメモリが確保できないときはエラーメッセージを表示し読み込みを中止する。

プルダウンメニュー（図A-19）にはもう1つ保存（BMP）がある。これは、そのときにTVモニタに表示されている画面（フレームメモリにある画像データ）をWindows標準の画像ファイル形式であるBMP形式で保存するものである。従って、これは動画ではなく1枚の静止画である。BMP形式で保存すれば、Windows上の色々な画像ツールで処理することができる。プルダウンメニューの終了はメインメニューの終了と同じで、画像取り込みシステムを終了する。

（6）ボード制御

画像入出力ボードにコマンドを送り、直接制御する機能である。ボードの動作チェックを行うためのもので、基本的なものしかない。

メインメニューのボード制御をクリックすると図A-23のようなダイアログボックスが表示される。スルーは、TVカメラからのビデオ信号をそのままTVモニタに表示する。ホールドは、その瞬間のビデオ信号をフレームメモリに取り込み、それをTVモニタに表示する。クリアは、フレームメモリをクリアする（0を書きこむ）。TVモニタは真っ黒になる。ボード設定は、メインメニューのボード設定と同じである。終了でメインメニューに戻る。

（7）情　報

当初はシステム開発時のデバッグ用として作成したものでいくつかの情報を表示するが、通常の使用時にも有用なものもあるのでそのままにしてある。情報の表示場所は、起動時のメインメニューのウィンドウである。ウインドウサイズを縦に大きくすると見えるようになる。不要であればまた小さくしておけばよい。

情報メニューをクリックすると図A-24のようなプルダウンメニューが現れる。最初の画像パラメータは、現在設定されている画像の設定値に加えて、全画像データサイズ、全取り込み時間が表示される。起動時はこの情報が表示されるようになっている。図A-24はウインドウサイズを縦に大きくし、画像パラメータが表示されている状態である。

メモリ情報は、バッファメモリとして現在確保している容量および確保可能な最大容量などを調べて表示する。データ転送速度は、現在設定されている取り込み画面サイズで、フレームメモリからバッファメモリへの転送時間を表示する。取り込み時にエラーメッセージが出る場合、ここでチェックしてみるとよい。NEC PC-98シリーズ用の初期のWindowns95（4.00.950a）はタイマー機能にバグがあり、正確でなかった。タイマーチェックはこれを調べるものである。バージョンは、本システムのバージョンを表示する。

A．6　データファイルと初期化ファイル

（1）データファイルのフォーマット

取り込んだ画像のデータは、2つのファイルで保存される。1つはパラメータファイルで、拡張子が“prm”である。もう1つはイメージファイルで、拡張子が“img”である。

パラメータファイルはテキスト形式で、以下のような書式で取り込み時の画像のパラ

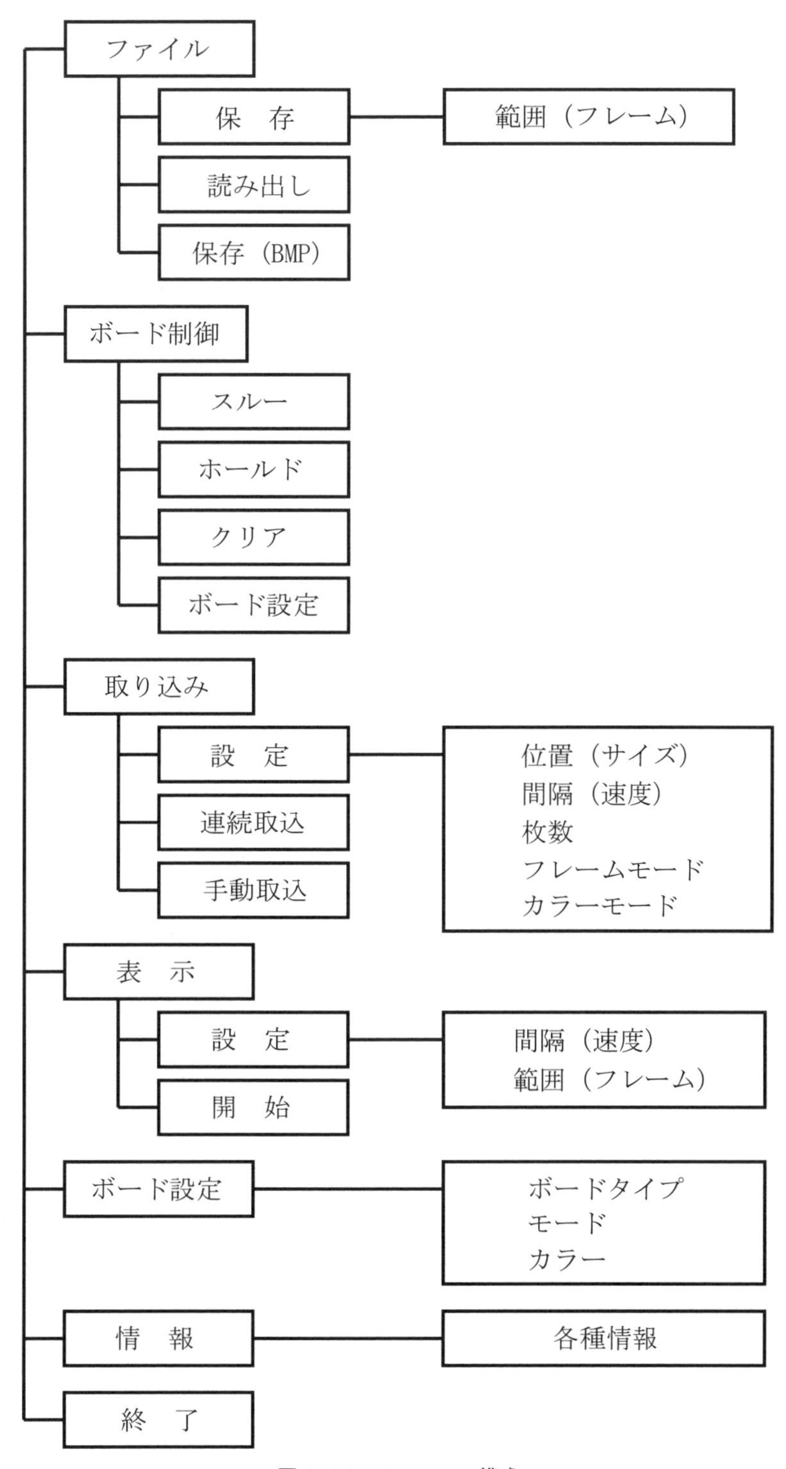

図A-14　メニューの構成

図 A-15　システム起動画面（メニュー画面）

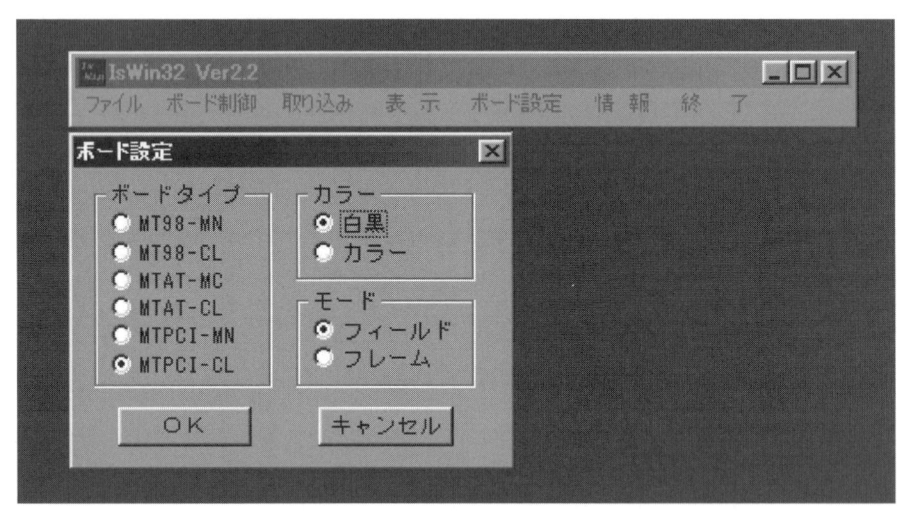

図 A-16　ボード設定ダイアログボックス

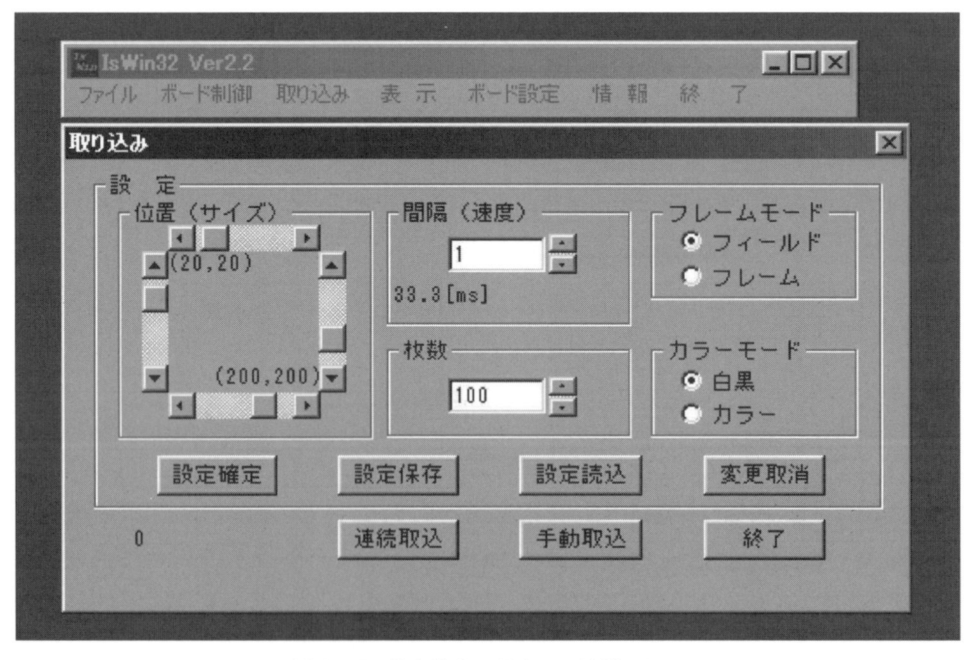

図 A-17　取り込みのダイアログボックス

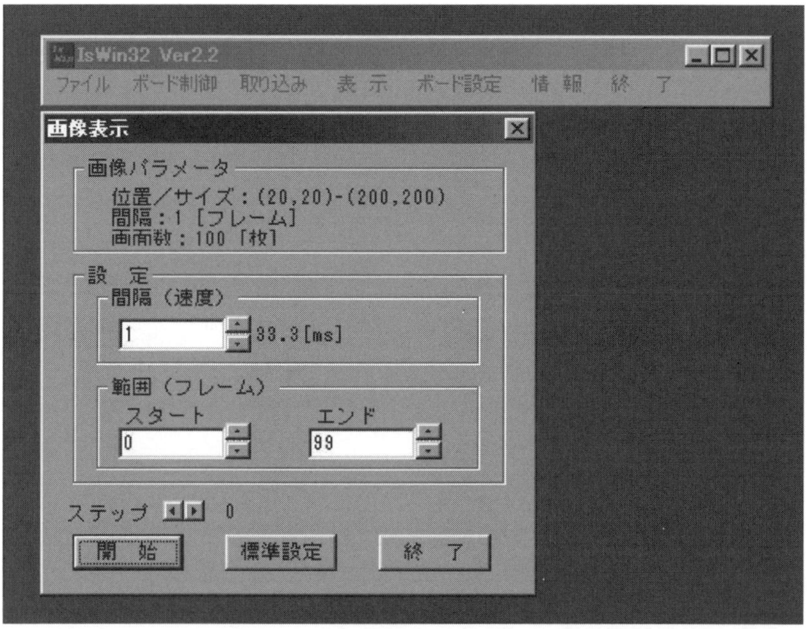

図 A-18　表示のダイアログボックス

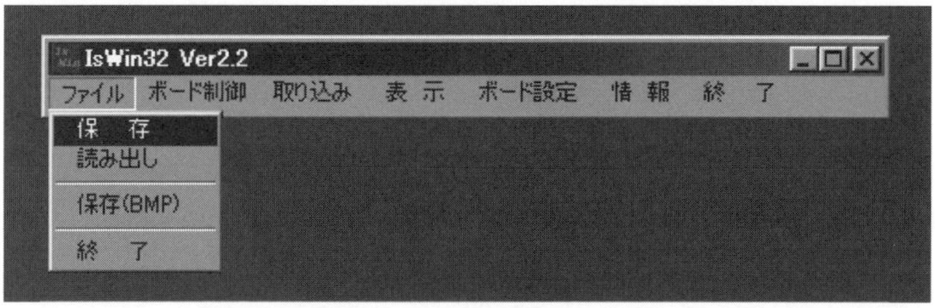

図 A-19　ファイルのプルダウンメニュー

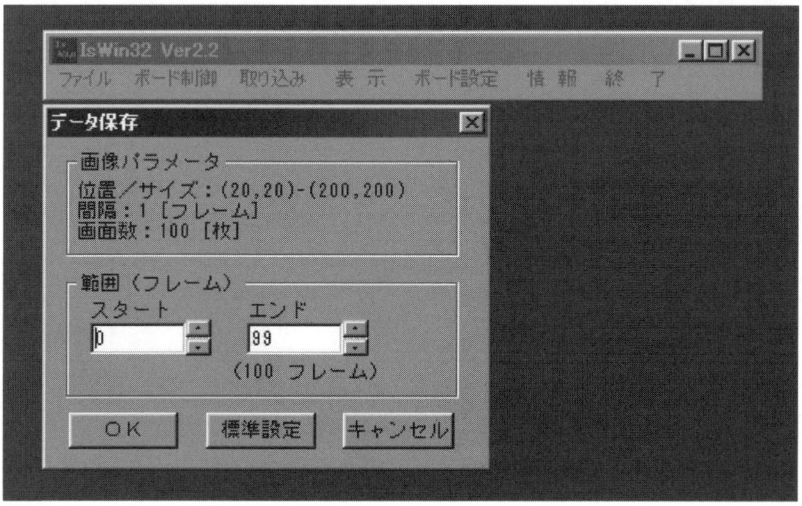

図 A-20　データ保存のダイアログボックス

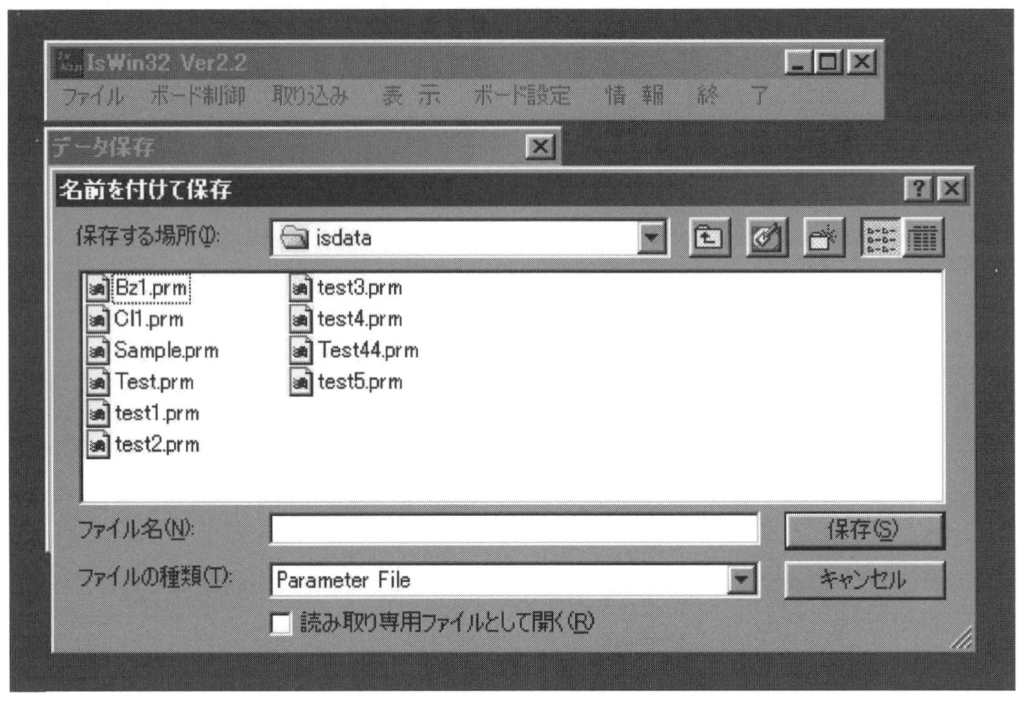

図 A-21　ファイル名を付けて保存のダイアログボックス

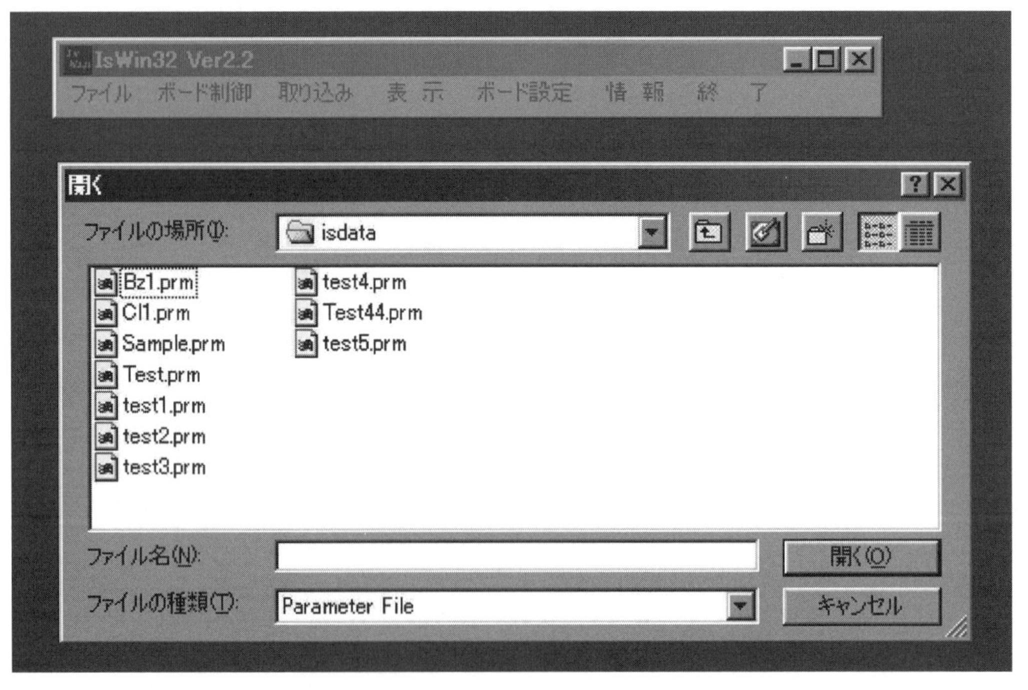

図 A-22　ファイルを開く時のダイアログボックス

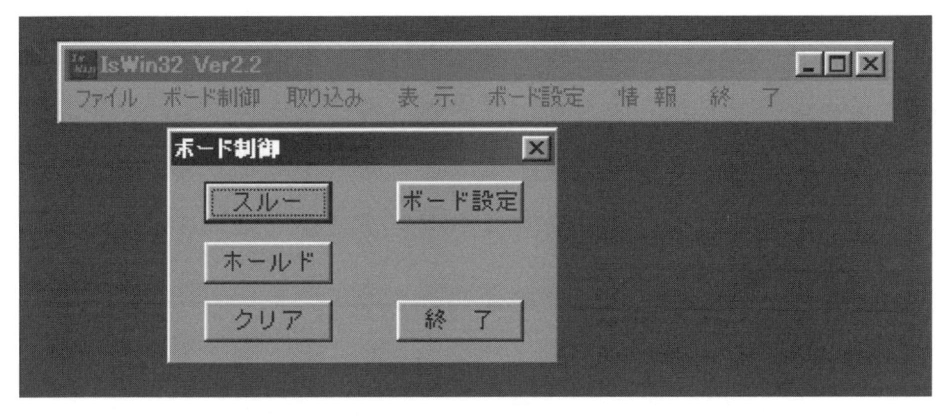

図A-23　ボード制御のダイアログボックス

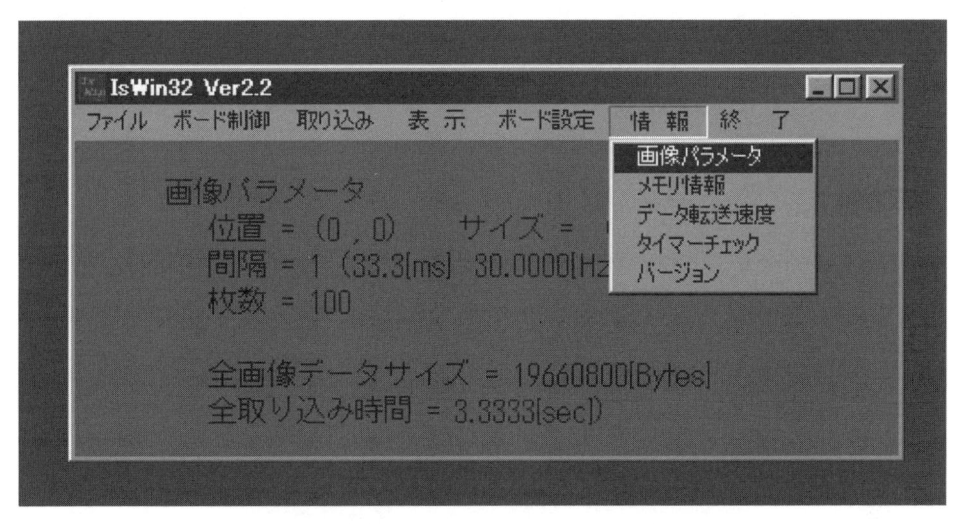

図A-24　情報のプルダウンメニューと情報表示画面

メータ（設定値）が書き込まれている。

［パラメータファイル（*.prm）の書式］

イメージデータファイルの名前

左上のX座標、左上のY座標、X方向の画素数、Y方向の画素数

枚数

取り込み間隔

イメージデータはバイナリ形式で、画像データだけが書き込まれている。画面の左上から右下に向かって、1バイト／1画素で輝度情報が格納されている。カラーの場合は、画面単位でR、G、Bの順に並んでいる。これが取り込んだ画面数続く。

［イメージファイル（＊.img）の書式］

I（x0, y0, t0）、I（x1, y0, t0）、I（x2, y0, t0）, . . . ――1ライン
I（x0, y1, t0）、I（x1, y1, t0）、I（x2, y1, t0）, . . .
.
.
.
（以上 1画面）

I（x0, y0, t1）、I（x1, y0, t1）, I（x2, y0, t1）, . . .
.
.
.

（2）初期化ファイル

本システムでは、各種の設定値を初期化ファイル（iswin32.ini）に保存し、システムの起動時または必要なときに読み込むようになっている。初期化ファイルの内容をリスト1に示す。

画像ボードのI/Oポートアドレスやフレームメモリのアドレスは任意に設定できるようになっている。ボードに設定したこれらの値と本システムを合わせなければシステムは動作しない。これらの情報を記述しているのが初期化ファイルの中ほどにある“；＊＊＊各ボードの情報＊＊＊”より下に記述されており、システム起動時に読み込まれる。ここには現在本システムで対応している6種類のボードのセクションがある。

それぞれのボードのセクションで、I/Oポートの開始アドレスをIO_BASEに、メモリの開始アドレスをMEM_BASEに16進数で記述する。ここで、MT98-CL、MTAT-CLではフレームメモリをI/Oマップ方式でアクセスするのでメモリアドレスは必要ない。これらのボードではMEM_BASEの項目は不要であるが、他のボードと書式を合わせるために残してある。また、PCIバス用のMTPCI-MN/CLでは、I/Oポートアドレスとメモリアドレスはパソコン起動時にWindowsの機能（Plug&Play）によって他のハードウエアとアドレスが重ならないように自動的に設定される。ボードの設定値は、メーカ提供のボード制御用ライブラリを通して得るようになっている。従ってPCIバス用ボードではIO_BASEとMEM_BASEの項目は必要ないが、やはり他のボードと書式を合わせるために残してある。

WAIT_MODEは、取り込み時にボード上のフレームメモリを2画面分使って取り込みと転送を並行して行うか、フレームメモリを1画面分しか使わず、取り込みと転送を直列に行うかを指定するフラグである。ボードによって取り込みと転送を並行して行うと、データに雑音が入ることがある。このようなとき、取り込みと転送を直列に行うと雑音が入らなくなる。通常は“0”で並行動作とするが、雑音が入るとき“1”にしてみる。

TYPEはシステムで識別するためのボードタイプの番号である。COLORの項目は、

リスト1　初期化ファイルの内容

```
[Window]                    ；起動時のウィンドウサイズ
Size_X=461
Size_Y=46

[Image Prms]                ；起動時の画像パラメータ
X0=0
Y0=0
XL=256
YL=256
SI=1
NF=100

[Board]                     ；起動時の画像ボードと設定
TYPE=5 MTPCI-CL
FRAME=0
COLOR=0

; *** 各ボードの情報 ***
[MT98-MN]
TYPE=0
COLOR=0
IO_BASE=0x7d0
MEM_BASE=0xdfc0
WAIT_MODE=0

[MT98-CL]
TYPE=1
COLOR=1
IO_BASE=0x7d0
MEM_BASE=0
WAIT_MODE=0

[MTAT-MC]
TYPE=2
COLOR=1
IO_BASE=0x320
MEM_BASE=0xdf00
WAIT_MODE=0

[MTAT-CL]
TYPE=3
COLOR=1
IO_BASE=0x320
MEM_BASE=0xdf00
WAIT_MODE=0

[MTPCI-MN]
TYPE=4
COLOR=0
IO_BASE=0
MEM_BASE=0
WAIT_MODE=0

[MTPCI-CL]
TYPE=5
COLOR=1
IO_BASE=0
MEM_BASE=0
WAIT_MODE=0
```

ボードが白黒用（0）かカラー用（1）かを示す。TYPEとCOLORの項目は変更してはいけない。

その他のセクションは、システムが自動的に書き込むので、手動で書き込んだり変更する必要はない。[Window] セクションは、メインのメニューウィンドウのサイズが保存されている。[Image Prms] セクションは取り込む画像のパラメータである。取り込みのダイアログボックスで、設定保存のボタンを押されたときの値が書き込まれている。[Board] セクションは、ボード設定ダイアログボックスで選択したボードタイプが書き込まれている。

A．7　システムの性能および仕様

（1）データ転送速度

本システムでは、取り込み可能な画面サイズや時間間隔に制限がある。画像取り込み時に行っている処理は、フレームメモリから主メモリへのデータ転送がほとんどである。しかしながらデータ転送速度が十分でなく、全てのボードで全画面をリアルタイム（フレーム間隔＝1/30秒）で取り込むことはできない。

図A-25は、フレームメモリから主メモリへのデータ転送時間を計測した結果である。ここでは取り込み範囲を画面の中央付近の正方形とし、その1辺の画素数を横軸にとった。そして縦軸に転送時間をとった。図（a）にMT98-CLを、図（b）にMTAT-MCを、図（c）にMTPCI-CLの結果を示す。フィールドモードのみ示す。それぞれ2本のグラフは、カラーと白黒である。また、横軸に平行な点線は1/30秒のラインであり、グラフがこの線より下であればリアルタイムで取り込み可能であることを示す。

ボードによって転送速度に差があることがわかる。転送速度の違いは、フレームメモリのアクセス方法の違いからくると考えられる。PCIバスのプロテクトメモリ方式であるMTPCI-CLが最も高速である。その次がI/Oバンク方式のMTAT-MCである。最も遅いのはI/Oマップ方式であるMT98-CL/MTAT-CLである。一般に、I/Oポートのアクセスはメモリアクセスに比べて時間がかかる。このためI/Oマップ方式は遅くなる。次にI/Oバンク方式とプロテクトメモリ方式を比べてみると、I/Oバンク方式ではバス（ISAバスまたはPC-98バス）の仕様から、8または16ビットアクセスとなる。これに対してプロテクトメモリ方式では32ビットアクセスが可能である。一度にまとめてアクセスできる分、プロテクトメモリ方式の方が高速となる。

それぞれのボードでカラーと白黒を比較してみると、同じ画面サイズで転送時間はおよそ3倍になっている。カラーではRGBの3色あるのに対して白黒では明暗だけであり、白黒に比べてカラーでは画像データが3倍になるためである。

MTPCI-CLの白黒では、どの画面サイズでも転送時間は点線より下にあり、全画面がリアルタイムで取り込めることを示している。しかしカラーでは、リアルタイムで取り込めるのは160×160画素までである。リアルタイムを優先する場合は画面サイズを小さく

(a)MT98-CL

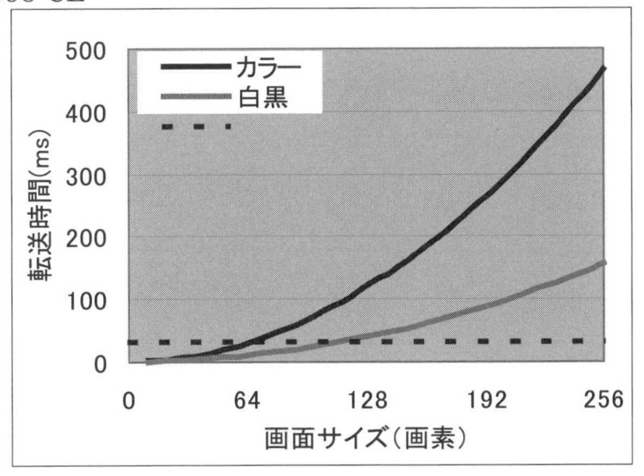

(b)MTAT-MC

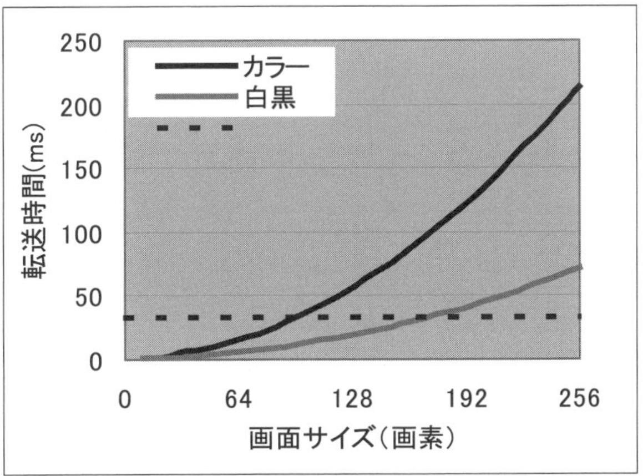

(c)MTPCI-CL

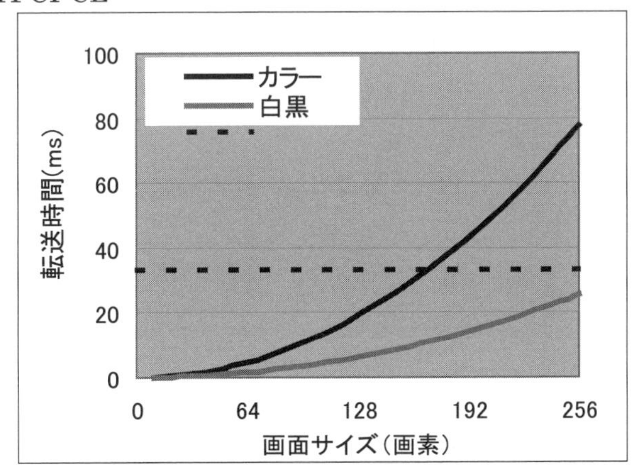

図 A-25　画面サイズとデータ転送時間

し、画面サイズを優先する場合は取り込み間隔を長くしなければならない。

データ転送速度は、CPU 性能に直接比例しない。MTPCI-CL の場合で、いくつかの機種で計測した結果を表 A-5 に示す。フレームモードの白黒で、画面サイズを 256×256 画素とした場合の転送時間である。CPU クロック周波数が高いほど転送時間が短いとは言えないことが分かる。これはマザーボードの違い、特に CPU バスと PCI バスを橋渡しするチップセットの性能の違いが影響していると思われる。

表 A-5　機種によるデータ転送速度の違い

マザーボード	CPU（クロック）	チップセット	ベースクロック	転送時間
ASUS P5A	K6-2（350MHz）	ALi Alladin V	100MHz	25.2ms
ASUS P2L97	Pentium Ⅱ（233MHz）	i440LX AGP	66MHz	31.5ms
ASUS P3B-F	Pentium Ⅱ（400MHz）	i440BX AGP	100MHz	33.2ms
ASUS P2B	Pentium Ⅱ（350MHz）	i440BX AGP	100MHz	33.5ms
BIOSTAR M7TBD	Pentium Ⅳ（1.9GHz）	i845	400MHz	40.0ms

PCI クロック：33MHz
OS：Windows98、Me
画像ボード：MTPCI-CL
フィールドモード、256×256 画素、白黒

（2） システムの仕様

本システムの主な仕様を表 A-6 にまとめる。動作環境（OS）としては、Windows（9X, Me, 2000, Xp）の載った NEC PC98 シリーズまたは IBM PCAT およびその互換機パソコンである。画像取り込みボードはマイクロテクニカ社のもので、現在 6 つのタイプに対応している。

画像取り込み時のモードとして、カラー／白黒、フレーム／フィールドが切り替えられる。また取り込み画像のパラメータとして、画面の位置、サイズ、時間間隔、枚数が任意に指定できる。ただし、全画面範囲を取り込むときの最小時間間隔、またはリアルタイム（1/30 秒）で取り込むことのできる最大画面サイズは、ボードのタイプおよびマシン性能に依存する[*2]。

本システムはパソコンの物理メモリをバッファとして用いているので、物理メモリ容量から OS が最低必要とするメモリ容量を引いた容量以上の画像データは取り込めない。OS が最低必要とするメモリ容量は、経験的なものとして Windows9X、Me では 30MB 程度、Windows2000、Xp では 50MB 程度である。

[*2] 本書執筆時以降、フォトロン社[6)] の画像取り込みボード FDM-PCI を使用した新たな取り込みシステムを開発した。このボードを使用したシステムでは、カラー／白黒とも全画面範囲（320×240 画素）でビデオレート（30 フレーム／秒）での取り込みが可能である。

表A-6　システムの主な仕様

動作環境（OS）	Windows（9X, Me, 2000, Xp）	
対応画像ボード	ISAバス	MATA-MC（カラー）
		MATA-CL（カラー）
	PC98バス	MT98-MN（白黒）
		MT98-CL（カラー）
	PCIバス	MTPCI-MN（カラー） MTPCI-CL（カラー）
画像取り込み時に設定可能なパラメータ	モード	フレーム／フィールド
	色	カラー／白黒＊1
	位置、サイズ	画素単位で任意＊2
	間隔	フレーム間隔（1/30秒）で任意＊3
	画面数	任意＊4

＊1：カラーはカラー対応画像ボードの場合だけ
＊2：フレームモードでは512×512まで、フィールドモードでは256×256まで
＊3：最小値は画面サイズ、ボードの種類、CPU性能による
＊4：最大値は物理メモリ容量とOSによる
　　経験的な値として、物理メモリー30～50MB程度）

コラム3　　私の開発環境

マシン：フロンティア神代オリジナル
マザーボード：ASUS P5A
（チップセット：Ali Alladin V、ベースクロック100MHz、PCIクロック：33MHz）
CPU：K6-2 350MHz
メモリ：128MB

A．8　Linuxによる動画像記録システム

（1）　はじめに

本節では、最近話題となっているフリーソフトウェアの1つであるLinuxオペレーティングシステム（OS）の下で動作するパーソナルコンピュータ（PC）を使用した動画像記録システムを紹介する。LinuxはPOSIX（Portable Operating System Interface Based On Unix）準拠のOSであり、UNIXの下で開発されてきた多くの画像処理用ツールが使用できる。

前節では、MS-Windowsの下でデバイスドライバ（DLL）を工夫することで、主記憶上にカラー動画像をリアルタイムで記録するシステムに関して紹介したが、ここでは、記録媒体としてハードディスク装置（HDD）を使用することで、長時間の動画像記録を可能とするシステムの基本概念について説明し、その構成およびプログラムを紹介する。実施例では、OSとして標準的なLinuxカーネル[7)]を使用し、1フレーム512×512[pixel]

の画像を記録することを想定し、その基本的な手法を示す。標準的なLinuxカーネルの下でシステムを実現することは、基本機能を理解するのには適当であるが、Linuxは基本的にノンプリエンプティブなOSであるため、ここで紹介するプログラムだけでは完全なリアルタイム、すなわち定サンプリングレートでの動画像記録はできない。定サンプリングレートでの動画記録を行うには、本システムをLinuxカーネルを拡張してリアルタイムカーネル化した、RT-Linux[8)]やART-Linux[9)]に移植することやスケジューラの最適化が必要になる。Linuxのリアルタイムカーネル化の手法は、現在、完全に確立したものとは言えず、また、機種による依存性もあるため本書ではその具体的な事例は示さない。しかし、ここで紹介するシステムの移植は比較的容易だと考えられるので、試みられたい。

Linuxを使用して動画像記録システムを構築する利点として次の点が挙げられる。

1)　UNIXに準拠した環境で画像処理プログラムが開発できる。

2)　マルチプログラミング動作が比較的安定している。

3)　ネットワーク環境が充実しており、ネットワークを介した操作などが容易に実現できる。

4)　多くの商用ソフトやフリーソフトウェアを使用することができる。

5)　デバイスドライバを作成するための情報が十分に公開されている。

また、欠点としては、リアルタイムで動画像を取り込むにはリアルタイムカーネルの構築とそれに伴う機種依存の問題を解決しなければならない、ユーザインタフェースが統一されていない（柔軟とも言えるが）などがある。

ところで、一般的に動画像ボードを装着したマシンはそのデバイスを優先して使用することから、基本的にルート権限（スーパーユーザ権限）で画像取り込みプログラムの実行を行うことになる。さらに、コンピュータのリソース、特に動画像データを記録するファイルシステム（HDD）のリソースの多くを占有するため、画像処理プログラムはネットワーク上の他のコンピュータで実行する構成を取ることが望ましい。この観点からネットワーク環境に優れたLinuxは動画像記録・処理に適したOSの一つになり得ると考える。

（2）　システム構成

図A-26に本システムの構成図を示す。システムは1台のAT互換PC（以下Linuxマシン）を中心として構成されており、マイクロテクニカ社製の画像入出力ボードMTPCI-MN（表A-2参照）を介して、カメラおよびモニタをLinuxマシンと接続している。動画像をアクセス速度の遅いHDDに記録することから、このシステムでは白黒画像を対象とした。カメラなどの画像センサから取り込まれる入力信号は、標準的なNTSCコンポジットビデオ信号を対象としており、8ビットA/Dコンバータによりデジタル量に変換されてボード上のフレームメモリに記録される。カメラ、モニタは各々BNC接栓による同軸ケーブルで画像入出力ボードに接続されている。Linuxマシンではデバイスメモリ（PCIバス上の画像入出力ボード上のフレームメモリ）をユーザアドレス空間の特定領域

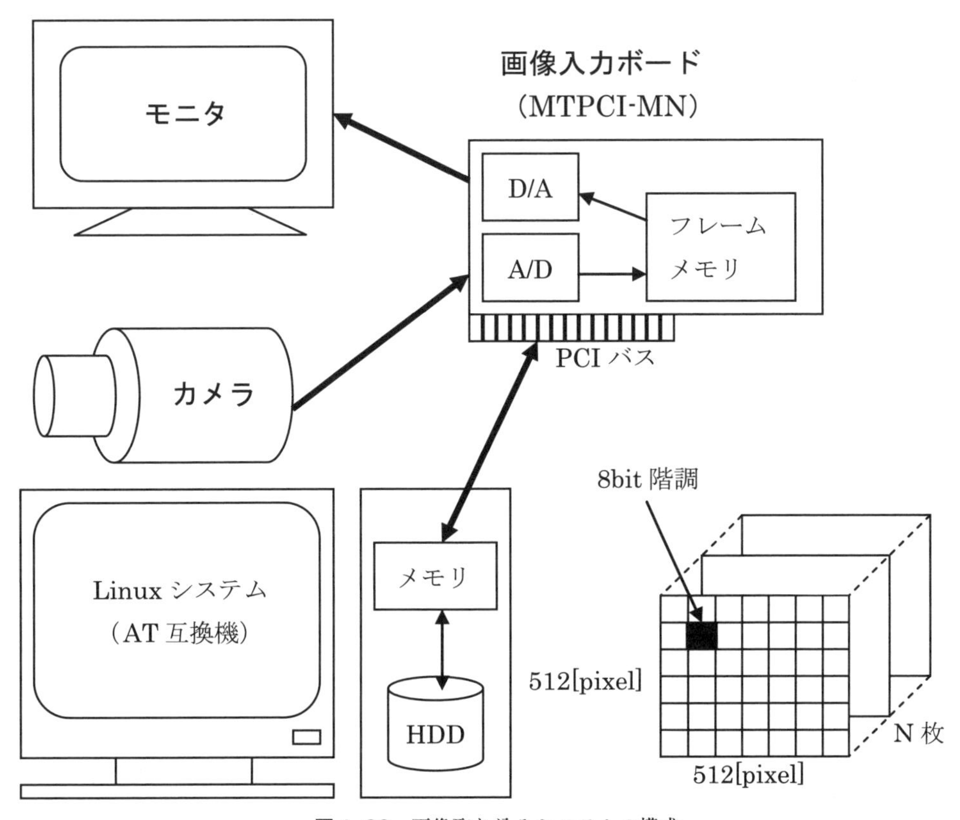

図A-26　画像取り込みシステムの構成

表A-7　システム開発環境

項　目	仕　様
PC	AT 互換機
CPU	Pentium
主記憶容量	80MB
HDD 容量	3 GB (Ultra Wide SCSI)
OS	Red Hat Linux 5.2 (kernel － 2.0.36)
開発言語	gcc － 2.7.2 、Tcl/Tk8.0

にマッピングすることにより、画像データを直接扱えるようにする。今回使用したLinuxマシンのソフトウェア開発環境を表A-7に示す。

画像出力では、カメラからの入力画像（ただし、A/D、D/A変換を通る）、または、D/Aコンバータを介してのフレームメモリの内容が常時NTSC信号として出力される。したがって、フレームメモリにPCIバス側から画像データを書き込むことにより、記録保存しておいたデジタル画像をモニタ上に再生して画像データを確認することが容易にできる。

(3) 画像取り込みのハードウェアタイミング

MTPCI-MNは2つのI/Oポートを有するが、このうちポート0が画像入出力制御用に、コマンドOUT（9bitデータ）、ステイタスIN（6bitデータ）として使用される。各ポートの機能の説明を図A-27に示す。フレームメモリへの画像取り込みは、このポート0を操作することにより行われる。画像取り込みのタイミングチャートの概略を図A-28に示す。

ここでは、フレームモードで512 × 512[pixel]の画像を取り込む場合について、その手順を説明する。まず、MTPCI-MNのI/OポートをFFF4h～FFF5hの2バイトに割り当てる。この時ポート0は、

ポート0（FFF4h～FFF5h）	コマンドポート	9bit　OUTポート
	スティタスポート	6bit　INポート

となる。この割り当てはPCIバスのコンフィギュレーション空間への操作で行えるが、これについては後述する。

図A-27のポートの機能に従って考えると、画像をフレーム毎に取り込む場合のコマンド列の概略は次のようになる。

1)　OUTポート　　FFF4hに0098hを出力する。
2)　INポート　　FFF4hのビット4（D4）をチェックし、0になるまで待つ。
3)　OUTポート　　FFF4hに0010hを出力する。

1）でOUTポートのビット3（D3）、ビット7（D7）を1にすることで、そのビットが1になった直後の垂直同期信号からフレームメモリへの画像取り込みが開始される。また、D7が1になると同時にINポートのビット4（D4）が1となり、垂直同期信号に同期して、画像取り込みが終了するとD4が0となる。2)ではこのINポートのD4をチェックすることにより画像取り込みの終了を確認している。3）ではOUTポートのD3、D7を0として画像取り込みを終了している。この操作を繰り返すことで、フレームメモリ上に、コマンドを送った時点の画像が取り込まれる。MTPCI-MNのフレームメモリはデュアルポートメモリ構成となっており、任意の時点でPCIバスを介してメモリ内容を読み取ることが可能となっている。したがって、1フレーム画像を取り込んだ時点で、そのフレームメモリ上のデジタル画像データをHDDに転送すれば連続した画像を記録・保存できる。この際、HDDへのデータ転送時間を考慮して、すなわち、データ転送が終了した時点で次の画像を取り込むようにすれば、定サンプリングレートでの連続画像記録が可能となる。ただし、この実現には前述のリアルタイムカーネルが必要となる。

(4) PCIバス制御の概要

MTPCI-MNはPCIバス上のデバイスである。このPCIバスは、パーソナルコンピュータからワークステーションにわたる標準的なインタフェース規格となっている。このPCIバスをLinuxマシンからアクセスするための基本技術を説明する。先に説明したMT-

コマンドOUT

D8	D7	D6	D5	D4	D3	D2	D1	D0
FMSEL1	GET	FM/FL	FSEL	OSEL	GMD	ESMD	FMSEL0	512/640

- D8：FMSEL1、D1：FMSEL0 --- 入力画像を取り込むフレームメモリの面選択。
- D7：GET --- GET=1で次の垂直同期信号からフレームメモリに画像入力開始。
- D6：FM/FL --- フレームメモリ入出力モード選択。　0：フレーム、1：フィールド。
- D5：FSEL --- フィールドモード時　フレームメモリの面を切換えるビット。
フレームモード時　フィールド信号の極性変換ビット。
- D4：OSEL --- モニタ出力の切換え。　0：入力画像、1：フレームメモリ。
- D3：GMD --- 連続画像取り込みの選択。　0：連続GET、1：自動終了。
- D2：ESMD --- 同期信号の選択。　0：カメラ同期信号、1：本基板内の同期信号。
- D0：512/640 --- 水平1ラインのドット数の設定。　0：512、1：640。

ステイタスIN

D7	D6	D5	D4	D3	D2	D1	D0
GET	VD	FI	GETS	FLINE	SYDET	未使用	未使用

- D7：GET、D4：GETS --- GET中を示す。　0：GET中でない、1：GET中。
GETは垂直同期信号に同期しセット、リセット。
GETSはGETコマンドでセット、終了はGETビットと同じ。
- D6：VD --- 垂直同期信号タイミング。
- D5：FI --- インタレースのフィールドを示すタイミング信号。垂直同期信号毎に反転。
0：奇数フィールド。1：偶数フィールド。
- D3：FLINE --- 各フィールドの有効画像の最初の1ライン時のみ「1」。
- D2：SYDET --- カメラなどが接続されている時、「1」。

図A-27　ポート0の機能

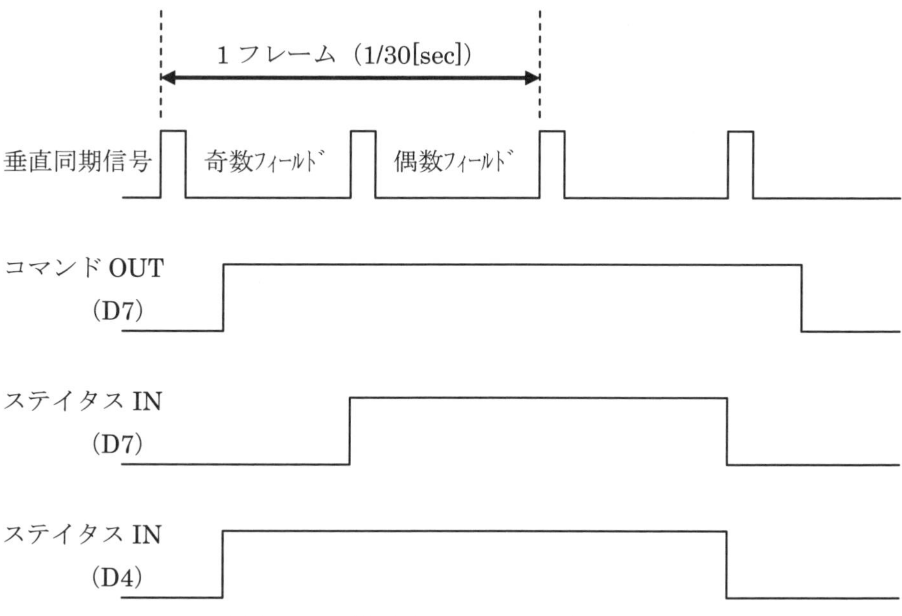

図A-28　画像取り込みのタイミングチャート

PCIMN 上のデュアルポート構成のフレームメモリは、この PCI バス上の物理アドレス空間に割り当てられている。

Linux では I/O ポートに割り当てられたハードウエアにアプリケーションレベルで自由にアクセスすることを許可するための関数 iopl () が用意されている。iopl () は引数で指定した I/O 特権レベルに現在のプロセスを変更する。iopl () を用いて I/O 特権レベルを変更することにより、PCI バス上のコンフィギュレーション・レジスタ、I/O ポート、フレームメモリに Linux マシン側からアクセスできるようになる。また、inl ()、outl () などの I/O 関数を使用したポートへのアクセスが可能となる。

PCI バスには、接続するデバイスの特性・種類・動作方式などを設定するためのコンフィギュレーション・レジスタがある。このレジスタにアクセスするためのアドレス空間がコンフィギュレーション・アドレス空間であり、この空間にアクセスするための PCI バスサイクルをコンフィギュレーション・サイクルという。PCI デバイスは、それぞれ一式のコンフィギュレーション・レジスタを持っている。図 A-29 にコンフィギュレーション空間ヘッダを示す。

MTPCI-MN における PCI コンフィギュレーション・レジスタの設定に関して以下に説明する。全ての PCI デバイスは、コンフィグレーション・レジスタの 00h ～ 03h にデバイス固有の値を格納している。したがって、この固有な値を持つ PCI デバイスを PCI バスに接続された全ての拡張ボードの中から探すことにより、MTPCI-MN のコンフィグレーション・レジスタ、すなわち MTPCI-MN ボードを特定できる。MTPCI-MN の場合はこの固有な値、すなわちベンダ ID、およびデバイス ID は、

・ベンダ ID　(10B5h)
・デバイス ID　(9050h)

となっている。したがって、コンフィグレーション・レジスタ・アドレス 00h ～ 03h のデータが 905010B5h になるボードを探せば良い。

コンフィグレーション・レジスタの 18h ～ 1Bh は、Local Address Space 0 のための PCI Base Address 2 で、この 18h ～ 1Bh にはプロテクトモード（リニアアドレス）で使用する場合の PCI バス上のメモリのスタートアドレスを書き込む。ここでは、スタートアドレスとして Linux システムの物理メモリ（主記憶メモリ）が存在しない 90000000h 以上のアドレスにセットする。このアドレスがフレームメモリの PCI バス側（Linux システム側）でのスタートアドレスとなる。

（5） メモリマッピング

カメラから取り込まれた画像は、MTPCI-MN 上のフレームメモリに格納されるが、このままでは Linux システムからフレームメモリへは直接アクセスできない。アクセスできるようにするには、このフレームメモリ空間を Linux の仮想アドレス空間に割り当て

PCI ｺﾝﾌｨｷﾞｭﾚｰｼｮﾝ ﾚｼﾞｽﾀｱﾄﾞﾚｽ	31　24	23　16	15　8	7　0	PCI Writable
00H	Device ID　(9050H)		Vendor ID (10B5H)		No
04H	Status		Command		Yes
08H	Class Code			Revision ID	No
0CH	BIST	Header Type	Latency Timer	Cache Line Size	Yes(7:0)
10H	PCI Base Address 0 for Memory Mapped Configuration Register				Yes
14H	PCI Base Address 1 for I/O Mapped Configuration Register				Yes
18H	PCI Base Address 2 for Local Address Space0 (ﾌﾟﾛﾃｸﾄﾒﾓﾘｱﾄﾞﾚｽｾｯﾄ)				Yes
1CH	PCI Base Address 3 for Local Address Space1 (ﾘｱﾙﾒﾓﾘｱﾄﾞﾚｽｾｯﾄ)				Yes
20H	PCI Base Address 4 for Local Address Space2 (I/O ﾎﾟｰﾄｱﾄﾞﾚｽ)D0=1				Yes
24H	PCI Base Address 5 for Local Address Space3				Yes
28H	Cardbus CIS Pointer (Not Supported)				Yes
2CH	Subsystem ID		Subsystem Vendor ID		No
30H	PCI Base Address for Local Expansion ROM				Yes
34H	Reserved				No
38H	Reserved				No
3CH	Max Lat	Min Gnt	Interrupt Pin	Interrupt Line	Yes(7:0)

図 A-29　コンフィギュレーション空間ヘッダ

てやる必要がある。更に、Linux システムからフレームメモリにアクセスできるようにし、フレームメモリの内容をファイルとして Linux システムの HDD に保存する必要がある。

Linux システムではメモリマッピングを行うことにより、ユーザプログラムからデバイスメモリへ直接アクセスすることが可能になる。キャラクタ型デバイスファイル（character device file）の一つである /dev/mem は、Linux システムのメインメモリイメージのキャラクターデバイスファイルであり、このデバイスファイルのバイトアドレス（byte address）は物理メモリアドレスとして解釈される。したがって、このデバイスファイルを使用することによりフレームメモリのアドレス空間にアクセスすることができる。

画像を連続して取り込むユーザプログラムでは、画像フレームメモリに頻繁にアクセスするため、mmap（）関数を使用し、/dev/mem を仮想アドレス空間へマッピングする。

mmap () 関数の書式は、以下のようになっており、

```
void *mmap (void *start, size_t length, int prot, int flags, int fd,
off_t offset);
```

fd で指定されたファイル（この場合は /dev/mem）のオフセット（offset）から length バイトの長さをメモリにマップする。このとき、メモリ上の start アドレスからはじめるようにマップし、実際にオブジェクトがマップされたアドレスは mmap () 関数が返すようになっている。また、引数 prot には、メモリ保護をどのように行うか、そのメモリがどのように使われるかを指定する。

（6） ファイルへの保存と画像表示

mmap () 関数によりマッピングされたアドレス空間のデータ（デジタル画像）を HDD へファイルとして保存するには、fwrite () 関数を使用する。fwrite () 関数の書式は、以下のようになっており、

```
fwrite (const void *ptr, size_t size, size_t nmemb, FILE *stream);
```

ptr に mmap () 関数によりオブジェクトがマップされたアドレスを設定する。また、size は個々のデータのサイズ（ここでは、1byte)、nmemb にはデータの個数（ここでは、512×512)、stream にはオープンされたファイルストリームのポインタを設定する。これにより、HDD へ 1 フレーム分の画像データを記録保存できる。

MTPCI-MN ボードではフレームメモリの内容を D/A 変換し、NTSC 信号として出力するようになっている。したがって、ファイルに保存した画像データをフレームメモリに書き込むことにより、画像再生が可能となる。この場合も mmap () 関数により、画像フレームメモリを Linux システムの仮想アドレス空間にマップし、そこに HDD 上のファイルの画像データを書き込めば良い。

（7） 画像取り込みプログラム

これまでの説明に従い、画像の取り込みから HDD への保存、モニタへの再生画像表示という一連の動作をさせるユーザプログラムを作成した。プログラム言語にはカーネルとの親和性やデバイスドライバの作成に適していることから、C 言語（gcc）を使用した。

（8） 画像データ処理プログラム

次に、ファイルに保存した画像データをもとに画像処理を行うことになるが、最も簡単なアプリケーションとして、画像データを X-Window システム上で表示する例を紹介する。ここでは、X-Window システム上などで簡単に GUI プログラムが作成できる Tcl/Tk[10] を使用し、画像フレームを表示するプログラムを作成した。ただしこのプログラムを実行する際、PGM 形式の画像データ表示関数を使用できるように、画像データの先頭に予め PGM ヘッダ情報を付加しておく必要がある。表示例を図 A-30 に示す。

図A-30　Tcl/Tkによる画像表示例

Tcl/TkはC言語とのインタフェースを有しているため、C言語で画像処理プログラムを開発し、Tcl/Tkで画像表示関係のユーザインタフェースを実装すれば、比較的容易に画像処理システムが構築できる。また、HALCON[11]のようなLinuxシステム上で使用できる高度な画像処理専用ソフトウェアを使用すれば、ユーザインタフェース部分も含め専用ソフトウェアで実現できるため、画像処理システム全体を簡便に構築したい場合はこのような専用ソフトウェアとここで説明した画像記録システムとを組み合わせて使用するのが良いだろう。

以上、ここではLinuxシステム上で動画像データを記録・解析するための基本技術に関して解説した。PC上で簡便で安価な画像処理システムを構築する上で、これらの技術が参考になれば幸いである。

Coffee Break Ⅶ　大学の先生（大学紛争から大学改革へ）

それでも、その後の1970年代、そして1980年代を通して、大学のキャンパスは比較的平穏で自由闊達な時代を迎えます。団塊の世代の子供たちが18歳となり、大学への進学率の急速な上昇と伴に、大学の学生定員や教職員の定員は大幅に増大します（臨時定員増）。この時代、新たな学部・学科の新設は勿論、新たな大学の設置も次々に認可され、右肩上がりの時代が続きます。幸い筆者自身も、1991年には大学教授の肩書きを得ています。大学院修了後（単位取得退学）に、国立大学の助手、講師、助教授と昇任し、当時は西ドイツのMax-Planck研究所への留学（1987年度）を経験させて頂き教授職を得たのですが、それからの25年は大学改革と教育・研究の両立に走り続ける人生となってしまいました。

この25年の間に、憧れの大学教授（科学者）のイメージは変化し、学長のガバナンスの下に管理運営の行き届く環境での「大学の先生」のミッションには、教育・研究に社会貢献が加わりました。地方の大学には、地域創生への貢献や地域社会との連携が最大ミッションの一つとなり、象牙塔の住人であり仙人に近い存在でもあった教授のイメージは大きく変わります。学生により身近で、サービス精神に徹した教育職員像が、今の大学の先生ではないかと実感しています。特に近年は、発達障害やうつ病の学生の割合が増え、国立大学と言っても、先生の時間の多くは学生指導（生活、進路・就職、そして教育研究）に充てられています。また、研究室も、多くの学部で小講座制から大講座制に移行し、従来の教授の下での助教授、講師・助手、教務員といった階層性（階級制？）が崩れ、各教員が独立した研究テーマで、少人数の学生を個別に指導する体制が取られています。今は、教授、准教授、助教、そして助手へと職位が変化し、教授から助教までが講義を担当し、研究室を主宰する独立した研究者としての教育研究活動が保証されています。それだけに、助け合う風土は衰退し、孤立する教員も増えています。例外は医学部で、いまだに象牙塔のイメージは拭えないようです。一方、殆どの理系・文系学部の教授たちは、小講座というお山の大将の地位を追われ、家内制手工業の孤独な経営者という役を演じさせられているようです。この傾向は21世紀になって一段と深化し、日本の大学の生産性（特に研究論文）の大幅な低下に拍車がかかっています。25人のノーベル賞受賞者を出してきた日本の頭脳は、1970年代から1990年代にかけての、伸び伸びとした大学キャンパスの環境によって育てられ花開いたという事実を再認識する必要が有るようです。

Nen-Doll（6章参照）

【参考文献】

1）特集 基礎からのビデオ信号処理技術、トランジスタ技術 SPECIAL No.31、CQ 出版社、(1992).

2）特集　ビデオ信号処理の徹底研究、トランジスタ技術 SPECIAL No.52、CQ 出版社、(1995).

3）DXC-9000 http://www.sony.jp/pro/products/DXC-9000/

4）株式会社マイクロ・テクニカ http://www.microtechnica.co.jp/

5）Windows95　API バイブル 1, 2, 3, 翔泳社、(1996).

6）株式会社フォトロン http://www.photron.co.jp

7）M. Bech, H. Bohme, M. Dziadka, U. Kunitz, R. Magnus, D. Verworner: LINUX KERNEL INTERNALS, ADDISON-WESLEY (1997).

8）Victor Yodaiken, http://rtlinux.cs.nmt.edu/~rtlinux/.

9）汎用 OS とデバイスドライバを共有できる実時間オペレーティングシステム、石綿、松井、信学技法、**CPSY97－119**, pp.41-48, Feb. (1998).

10）入門 Tcl/Tk、須栗、秀和システム (1998).

11）HALCON ユーザーズマニュアル、リンクス社 (http://www.linxworld.com).

附章B オプティカルフロー推定プログラム

本章では、第3章で紹介した勾配法によるオプティカルフロー推定法を実現するアルゴリズム、およびプログラムの実例を示す。すなわち、勾配法の基礎式の各微係数の計算の実際から、大域的最適化や局所最適化手法の実現例を示すことで、読者が独自システムに組み込むことを可能にする。

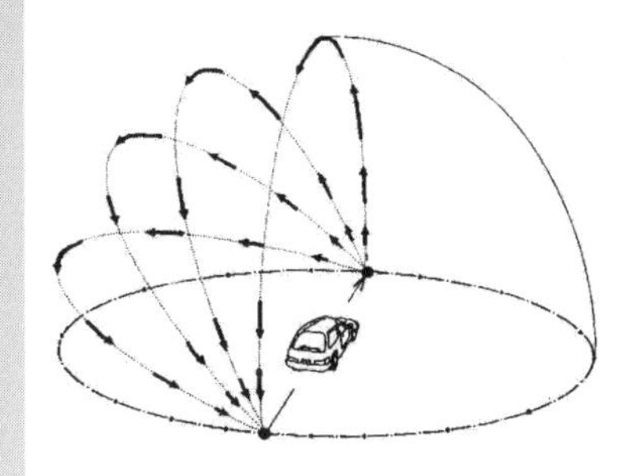

ここでは、C 言語を用いたオプティカルフロー推定法のプログラム例を紹介する。動画像データは、配列：***data に格納されており、そのデータ型は符号なし 8bit の unsigned char 型である。また、動画像の x, y, t 方向のサイズは整数型の変数：SX, SY, ST で表している。解析の結果得られるオプティカルフローベクトルの x, y 方向の 2 成分は、浮動小数点型の配列：**u, **v に格納する。

B. 1 基礎式の微係数の計算

微分形式の基礎式を用いる手法では、動画像の濃淡分布の時空間勾配を計算する必要がある。動画像中の離散的な座標 $P=(x, y, t)$ において、$\partial f/\partial x$ は例えば前進差分を用いて以下のように求める。

$$\left.\frac{\partial f}{\partial x}\right|_P = f(x+1, y, t) - f(x, y, t) \tag{B.1}$$

従って、動画像の x 方向の微係数を求める C 言語の関数：pdx() は、以下の通りである。

リスト B.1

```
double pdx ( unsigned char ***data, int x, int y, int t )
{
        return ( data [t] [y] [x+1]-data [t] [y] [x] ) ;
}
```

他の y, t 方向の微係数も同様に計算できる。実際には一点のみの微係数を用いるのではなく、ある局所領域で得られる微係数の平均を用いることが普通である。これ以降のプログラムでは、関数 pdx(), pdy(), pdt() は x, y, t 方向の微係数を計算するものとする。

B. 2　Horn と Schunck の大域的最適化法

最も基本的な微分形式の基礎式を用いたときの、Horn と Schunck の大域的最適化法の実現方法を紹介する。まず、式（3.21）における $\nabla^2 u$, $\nabla^2 v$ を以下のように離散化する。

$$
\begin{aligned}
\nabla^2 u(x,y,t) &= \bar{u}(x,y,t) - u(x,y,t) \\
\nabla^2 v(x,y,t) &= \bar{v}(x,y,t) - v(x,y,t) \\
\bar{u}(x,y,t) &= \frac{1}{6}\{u(x-1,y,t)+u(x,y+1,t)+u(x+1,y,t)+u(x,y-1,t)\} \\
&\quad + \frac{1}{12}\{u(x-1,y-1,t)+u(x-1,y+1,t)+u(x+1,y+1,t)+u(x+1,y-1,t)\} \\
\bar{v}(x,y,t) &= \frac{1}{6}\{v(x-1,y,t)+v(x,y+1,t)+v(x+1,y,t)+v(x,y-1,t)\} \\
&\quad + \frac{1}{12}\{v(x-1,y-1,t)+v(x-1,y+1,t)+v(x+1,y+1,t)+v(x+1,y-1,t)\}
\end{aligned}
\tag{B.2}
$$

ここで、$\bar{u}$, $\bar{v}$ は座標（x, y, t）周りのその点を除いた局所空間領域でのオプティカルフロー場の平均を意味している。$\nabla^2 u$, $\nabla^2 v$ を式（B.2）によって近似すると、式（3.21）は次式のように書き換えることができる。

$$
\begin{aligned}
(\alpha^2+f_x^2+f_y^2)(u-\bar{u}) &= -f_x(f_x\bar{u}+f_y\bar{v}+f_t) \\
(\alpha^2+f_x^2+f_y^2)(v-\bar{v}) &= -f_y(f_x\bar{u}+f_y\bar{v}+f_t)
\end{aligned}
\tag{B.3}
$$

Horn と Schunck の手法は各時刻において、オプティカルフロー場を推定する手法である。時刻 t において、推定すべきオプティカルフローベクトルの未知変数は（$u(x, y)$, $v(x, y)$）なので、画像平面上のすべての画素点において得られる式（B.3）を連立させて解を推定することになる。従って連立方程式は、（画像サイズ×2）元となる。例えば、画像のサイズが 128×128 画素の場合、未知変数およそ 3 万の大規模な連立方程式となる。連立方程式の解を求める方法として Gauss の消去法が知られているが、この方法は計算時間の点から大規模な連立方程式の解法としては適用が困難である。例えば、Horn と Schunck は Gauss-Seidel 法を用いて、反復計算によって解を推定した。n 回めの推定で得られたオプティカルフローのベクトルを（u^n, v^n）で表すことにすると、n+1 回めの解は次式で推定する。

$$
\begin{aligned}
u^{n+1} &= \bar{u}^n - \frac{f_x(f_x\bar{u}^n+f_y\bar{v}^n+f_t)}{\alpha^2+f_x^2+f_y^2} \\
v^{n+1} &= \bar{v}^n - \frac{f_y(f_x\bar{u}^n+f_y\bar{v}^n+f_t)}{\alpha^2+f_x^2+f_y^2}
\end{aligned}
\tag{B.4}
$$

但し、（u, v）の初期値は適当な値（通常ゼロ）を与えておく。また、反復計算における解の収束判定は行わず、あらかじめ与えた回数だけ反復する方法を採用する。Horn と

Schunckによると、反復回数は画像のサイズ程度で十分であるとされている。以下にHornとSchunckの方法を実現する関数を関数名hs（）として示す。この関数に与えるパラメータは反復回数Nと重みαであるので、プログラムではそれぞれN, alphaとして関数hs（）に与えることにする。

なおHornとSchunckのアルゴリズムはOpenCVやMATLABで実現されている。また、"IPOL Journal: Image Processing On Line"（http://www.ipol.im/）では、Webシステム上で実現されている。

リスト B.2

```
int hs ( unsigned char ***data, int SX, int SY, int N, double alpha,
        double **u, double **v )
{
        int x, y, n ;
        double fx, fy, ft ;
        double lu, lv ;
        double a, tt ;
        double local_average ( ) ;

        for ( n=0; n<N; ++n )
                for ( y=1; y<SY; ++y ) for ( x=1; x<SX; ++x ) {
                        lu = local_average ( x, y, u ) ;
                        lv = local_average ( x, y, v ) ;

                        fx = pdx ( data, x, y, 0 ) ;
                        fy = pdy ( data, x, y, 0 ) ;
                        ft  = pdt  ( data, x, y, 0 ) ;

                        a = fx*lu + fy*lv + ft ;
                        tt = alpha*alpha + fx*fx+fy*fy ;
                        u [y] [x] = lu - fx*a/tt ;
                        v [y] [x] = lv - fy*a/tt ;
                }

        return 0 ;
}

double local_average ( int x, int y, double **d )
{
        return ( ( d [y-1] [x] + d [y] [x+1] + d [y+1] [x] + d [y] [x-1] ) / 6.0
        + ( d[y-1] [x-1] + d [y-1] [x+1] + d [y+1] [x+1] + d [y+1] [x-1] ) / 12.0 ) ;
}
```

B. 3　Cornelius と Kanade の手法

HornとSchunckの方法と同様に、式（3.39）を整理して、Gauss-Seidel法を適用する。n回めの推定で得られたオプティカルフローのベクトルとϕを（u^n, v^n, ϕ^n）で表すことにすると、n+1 回めの解は次式で推定する。

$$
\begin{aligned}
u^{n+1} &= \bar{u}^n - \frac{\beta^2 f_x (f_x \bar{u}^n + f_y \bar{v}^n + f_t - \bar{\phi}^n)}{\alpha^2 + 2\alpha^4\beta^2 + \alpha^2\beta^2(f_x^2 + f_y^2)} \\
v^{n+1} &= \bar{v}^n - \frac{\beta^2 f_y (f_x \bar{u}^n + f_y \bar{v}^n + f_t - \bar{\phi}^n)}{\alpha^2 + 2\alpha^4\beta^2 + \alpha^2\beta^2(f_x^2 + f_y^2)} \\
\phi^{n+1} &= \phi^n + \frac{f_x \bar{u}^n + f_y \bar{v}^n + f_t - \bar{\phi}^n}{\alpha^2 + 2\alpha^4\beta^2 + \alpha^2\beta^2(f_x^2 + f_y^2)}
\end{aligned}
\tag{B.5}
$$

式（B.5）を用いて解を推定する関数：ck（　）を以下に示す。ここで、反復回数Nと重み付けパラメータ：α, βをそれぞれ N, alpha, beeta で表し、関数 ck（　）に与えることにする。また、ϕの推定結果は浮動小数点型の配列：**p に格納する。

リスト B.3

```
int ck ( unsigned char ***data, int SX, int SY, int N, double alpha, double beeta,
        double **u, double **v, double **p )
{
        int x, y, n ;
        double fx, fy, ft ;
        double lu, lv, lp ;
        double a, tt ;
        double local_average () ;

        for ( n=0; n<N ; ++n )
                for ( y=0; y<SY; ++y ) for ( x=0; x<SX; ++x ) {
                        lu = local_average ( x, y, u ) ;
                        lv = local_average ( x, y, v ) ;
                        lp = local_average ( x, y, p ) ;

                        fx = pdx ( data, x, y, 0 ) ;
                        fy = pdy ( data, x, y, 0 ) ;
                        ft = pdt  ( data, x, y, 0 ) ;

                        a = fx*lu + fy*lv + ft - lp ;

                        tt = alpha*alpha + 2.*pow (alpa,4.)*beeta*beeta
                        + alpha*alpha*beeta*beeta*(fx*fx+fy*fy) ;

                        u [y] [x] = lu - beeta*beeta * fx * a/tt ;
                        v [y] [x] = lv - beeta*beeta * fy * a/tt ;
                        p [y] [x] = lp + a/tt ;
                }

        return 0 ;
}
```

B. 4　局所的最適化法

式（3.23）に基づいた、時間・空間の局所領域においてオプティカルフローの一様性を仮定する局所的最適化法の関数：lom() は以下のとおりである。与えるパラメータは、オプティカルフローが一様と仮定する矩形領域の大きさを決める Lx, Ly, Lt である。

リスト B.4

```
int lom ( unsigned char ***data, int SX, int SY, int ST,
          int Lx, int Ly, int Lt, double **u, double **v )
{
          int x, y, t, x0, y0, t0 ;
          double fx, fy, ft ;
          double fxx, fxy, fyy, fxt, fyt ;
          double delta ;

          t0 = Lt ;
          for ( y0=0; y0<SY; ++y0 )
                    for ( x0=0; x0<SX; ++x0 ) {
                              fxx = fxy = fyy = ftx = fyt = .0 ;
                              for ( t=t0-Lt; t<=t0+Lt; ++t )
                                        for ( y=y0-Ly; y<=y0+Ly; ++y )
                                                  for ( x=x0-Lx; x<=x0+Lx; ++x ) {
                                                            fx = pdx ( data, x, y, t ) ;
                                                            fy = pdy ( data, x, y, t ) ;
                                                            ft  = pdt ( data, x, y, t ) ;
                                                            fxx += fx*fx ;
                                                            fxy += fx*fy ;
                                                            fyy += fy*fy ;
                                                            fxt  += fx*ft ;
                                                            fyt  += fy*ft ;
                                                  }

                              delta=fxx*fyy-fxy*fxy ;
                              u [y0] [x0] = ( fxy*fyt-fyy*fxt ) / delta ;
                              v [y0] [x0] = ( fxy*fxt-fxx*fyt ) / delta ;
                    }

          return 0 ;
}
```

B. 5　照明条件を考慮した局所的最適化法

照明の強度が時間的に変化する非定常照明条件の場合に対応可能なプログラムを示す。基礎となるのは、式（3.49）である。与えるパラメータは、オプティカルフローの一様性を仮定する空間局所領域の大きさを決めるパラメータ：L_x, L_y である。プログラムではそれぞれ Lx, Ly で表す。解析の結果得られる照明の時間変化の効果を表すパラメータ w は、浮動小数点型の配列：**w に格納される。なお、関数 gauss() は連立方程式を解くための関数で、連立方程式の係数を **dim にセットして gauss() を呼ぶと、dim[] [3] に解が格納される。

リスト B.5

```
int nsi ( unsigned char ***data, int SX, int SY, int ST,
          int Lx, int Ly, double **u, double **v, double **w )
{
          int i, j ;
          int x, y, t, x0, y0 ;
          double delta, dim [3] [4], s [4] ;

          for ( y0=0 ; y0<SY ; ++y0 )
                    for ( x0=0 ; x0<SX ; ++x0 ) {

                              for ( i=0 ; i<3 ; ++i )
                                        for ( j=0 ; j<4 ; ++j )
                                                  d [i] [j] = .0 ;

                              for ( y=y0-Ly ; y<=y0+Ly ; ++y )
                                        for ( x=x0-Lx ; x<=x0+Lx ; ++x ) {
                                                  s [0] = pdx ( data, x, y, 0 ) ;
                                                  s [1] = pdy ( data, x, y, 0 ) ;
                                                  s [2] = -data [0] [y] [x] ;
                                                  s [3] = -pdt ( data, x, y, 0 ) ;

                                                  for ( i=0 ; i<3 ; ++i )
                                                            for ( j=i ; j<4 ; ++j )
                                                                      dim [i] [j] += s [i] * s [j] ;
                                        }

                              for ( i=0 ; i<3 ; ++i )
                                        for ( j=0 ; j<i ; ++j )
                                                  dim [i] [j] = dim [j] [i] ;

                              gauss ( dim ) ;
                              u [y0] [x0] = dim [0] [3] ;
                              v [y0] [x0] = dim [1] [3] ;
                              w[y0] [x0] = dim [2] [3] ;
                    }

          return 0 ;
}

int gauss ( double matrix [3] [4] )
{
          int i, j, k ;
          double tmp, tmpm ;
```

```
	for ( k=0 ; k<3 ; ++k ) {
		if ( matrix [k] [k]==.0 && swap (matrix,k)==-1 )
			return -1 ;
		for ( j=k+1 ; j<3 ; ++j ) {
			tmp = matrix [j] [k]/matrix [k] [k] ;
			for ( i=k+1 ; i<4 ; ++i )
				matrix [j] [i] -= tmp*matrix [k] [i] ;
		}
	}

	for ( k=2 ; k>=0 ; --k ) {
		for ( tmp=.0, j=k+1 ; j<3 ; ++j )
			tmp += matrix [j] [3] * matrix [k] [j] ;
		matrix [k] [3] = ( matrix [k] [3] - tmp ) / matrix [k] [k] ;
	}

	return 0 ;
}

int swap ( double matrix [3] [4], int n )
{
	int i, j, mi ;
	double max, tmp ;

	for ( max=.0, mi=n, i=n+1 ; i<3 ; ++i )
		if ( (tmp=fabs (matrix [i] [n]))>max )
			max=tmp, mi=i ;

	if ( mi==n ) return -1 ;

	for ( i=n ; i<4 ; ++i ) {
		tmp = matrix [mi] [i] ;
		matrix [mi] [i] = matrix [n] [i] ;
		matrix [n] [i] = tmp ;
	}

	return 0 ;
}
```

照明が不均一な場合に対応可能なプログラムは、基礎式（3.46）を用いるが、ここでは簡単のため、$q\sqrt{u^2+v^2}=q'$ とおき、線形の最小二乗法により解を推定することとする。そうすると、非定常照明条件の場合のプログラム（リスト B.5）において、y, x のループを時間方向のみにすればその他は全く同じとなる。

B. 6　ボケ過程を考慮した局所的最適化法

基礎式（3.29）において、簡単のため $\nabla\cdot\boldsymbol{v}=0$, $\nabla D=\boldsymbol{0}$, $\phi=0$ と仮定する。すると基礎式は次式のように簡単化される。

$$\frac{\partial f}{\partial t}+v\cdot\nabla f-D\nabla^2 f=0 \tag{B.6}$$

式（B.6）は、照明の時間変化を考慮した基礎式（3.48）の fw の項を $D\nabla^2 f$ に置き換えたものである。従って、リスト B.5 のプログラムにおいて s[2]=laplacian(data, x, y, 0)；と変更すればよい。但し、laplacian() は、$\nabla^2 f$ を計算する以下のような関数である。

リスト B.6

```
double laplacian (unsigned char ***data, int x, int y, int t )
{
        double lap ;

        lap =   ( (double) data [t] [y] [x+1]/6.
                + (double) data [t] [y] [x-1]/6.
                + (double) data [t] [y+1] [x]/6.
                + (double) data [t] [y-1] [x]/6.
                + (double) data [t] [y+1] [x+1]/12.
                + (double) data [t] [y+1] [x-1]/12.
                + (double) data [t] [y-1] [x+1]/12.
                + (double) data [t] [y-1] [x-1]/12.
                - (double) data [t] [y] [x] ) ;

        return lap ;
}
```

B. 7　積分形式を用いた手法

積分形式の基礎式（3.24）において $\phi=0$ の場合、次式を得る。

$$\frac{\partial}{\partial t}\int_{\delta S} f ds=-\oint_{\delta C} f\boldsymbol{v}\cdot\boldsymbol{n}dc \tag{B.7}$$

ここで積分領域として、簡単のため図 B.1 のような $\delta S=(2H_x+1)\times(2H_y+1)$ からなる矩形状の領域を考える。$t=0, 1$(frame) の 2 枚の画像 $f(x, y, 0), f(x, y, 1)$ を用いたとき、δS における濃淡値の積分の時間変化 S_t は次式となる。

$$S_t=\frac{\partial}{\partial t}\int_{\delta S} fds=\sum_{y=y_0-H_y}^{y_0+H_y}\sum_{y=y_0-H_y}^{y_0+H_y}\left\{f(x, y, 1)-f(x, y, 0)\right\} \tag{B.8}$$

また、$t=0$ における線積分は、

$$\oint_{\delta C} f\boldsymbol{v}\cdot\boldsymbol{n}dc=uS_x+vS_y$$

$$S_x=\sum_{y=y_0-H_y}^{y_0+H_y}\left\{f(x_0+H_x, y, 0)+f(x_0+H_x+1, y, 0)\right.$$

$$\left.-f(x_0-H_x, y, 0)-f(x_0-H_x-1, y, 0)\right\}/2 \tag{B.9}$$

$$S_y = \sum_{x=x_0-H_x}^{x_0+H_x} \{ f(x, y_0+H_y+1, 0) + f(x, y_0+H_y, 0)$$
$$- f(x, y_0-H_y, 0) - f(x, y_0-H_y-1, 0) \} /2$$

積分領域を正方形とし、その大きさを示すパラメータ H_x, H_y を整数型の変数：hb で表すとすると、式（B.9）の S_x, S_y、および式（B.8）の S_t を求めるための関数:sx(), sy(), st() は以下のようになる。

リスト B.7

```
double sx ( unsigned char ***data, int x, int y, int t, int hb )
{
        double s ;
        int j ;

        for ( s=.0, j=-hb ; j<=hb ; ++j )
                s += data [t] [y+j] [x+hb] + data [t] [y+j] [x+hb+1]
                        - data [t] [y+j] [x-hb] - data [t] [y+j] [x-hb-1] ;

         return ( s/2. ) ;
}

double sy ( unsigned char ***data, int x, int y, int t, int hb )
{
        double s ;
        int i ;

        for ( s=.0, i=-hb ; i<=hb ; ++i )
                s += data [t] [y+hb] [x+i] + data [t] [y+hb+1] [x+i]
                        - data [t] [y-hb] [x+i] - data [t] [y-hb-1] [x+i] ;

        return ( s/2. ) ;
}

double st ( unsigned char ***data, int x, int y, int t, int hb )
{
        double s ;
        int i, j ;

        for ( s=.0, j=-hb ; j<=hb ; ++j )
                for ( i=-hb ; i<=hb ; ++i )
                        s += data [t+1] [y+j] [x+i] - data [t] [y+j] [x+i] ;

        return s ;
}
```

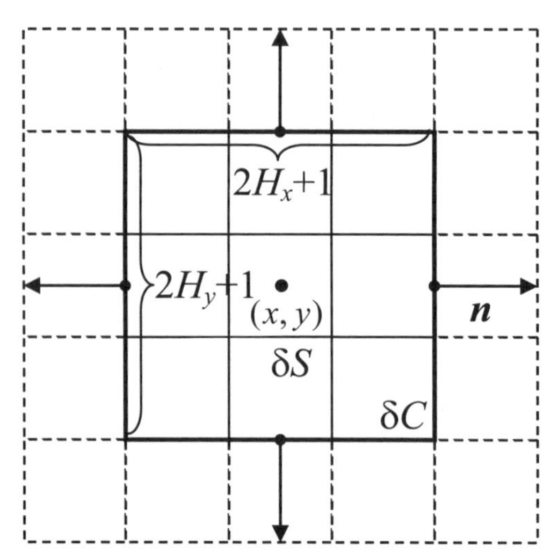

図 B-1　積分法における積分領域の取り方。積分領域 δS として座標（x, y）を中心として（$2H_x$+1）×（$2H_y$+1）画素からなる矩形領域をとる。太枠線は δS を囲む閉曲線を、$\boldsymbol{n}$ は閉曲線 δC に対する外向き単位法線ベクトルを表す。

従って、積分形式を用いた手法において、局所最適化法の拘束条件を採用するならば、局所最適化法のプログラム（リスト B.4）の関数 pdx(), pdy(), pdt()を関数 sx(), sy(), st()で置き換えればよい。なお、Gupta は式（3.25）をさらに時間について積分した方法を提案している[1)]。積分形式では、平滑化の操作が含まれているので、基礎式そのものがノイズの影響を受けにくくなっている。また、積分形式を動画像に適用することは、より解像度の低い動画像に対して適用することに対応する。

【参考文献】

1)　N. Gupta and L. Kanal: Gradient Based Image Motion Estimation without Computing Gradients, *IJCV*, 22 (1997), pp.81-101.

Coffee Break Ⅷ　大学の先生（大学紛争から大学改革へ）

国立大学の法人化（2004年）、それに伴う複数の第三者機関による大学の外部評価は、大学の教育研究体制を大きく弱体化させているようにも見えます。学長のガバナンス強化をとおして、大学の運営体制の改革やグローバル化への対応という大義名分はあるものの、結果としての教育研究費の削減や自己点検評価に伴う事務作業量の増大が負担となっています。特に国立大学では、毎年の効率化係数による運営費交付金の削減がボディーブローの様に効き、校費による研究費の配分はほぼ零査定となり、科学研究費などの外部資金の獲得に頼る事となっています。その結果、教育研究現場における教育職員の自由時間が奪われ、調査・研究・論文投稿の時間確保が困難な事態を招いています。

中国の台頭による研究論文の爆発的な増大も有りますが、国立大学のミッション再定義や研究大学20数機関を選出した文部科学省の大学戦略も影響し、法人化以降の日本全体としての研究論文数は伸び悩んでいます。また、研究自体も結果の出やすい短期的テーマが選ばれ、敢えて長期的で挑戦的なテーマの選択は少ないように思われます（Wedge 2017.12 pp.12-25 国立大学の成れの果て — ノーベル賞がとれなくなる — 参照）。こうした現状をどのように打開・改善するかの提案は、大学の教育研究者自身から発せられるべきで、決して産業界や政界から出されるべきものでは無いと感じています。大学の先生方のプライドと自信を取り戻し、21世紀人類の課題に挑戦する真のリーダーたる人材として活躍して欲しいものです。このためにも、現状のシステム改革が大学内部の議論の中から生まれるのが正常な姿ではないかとも考えますが、外圧による変革の歴史を持つ日本の体質は簡単には変えられないのかも知れません。

Nen-Doll（6章参照）

むすび（光陰矢の如し）

本書は、12 年前に出版予定で準備していたものですが、高等教育機関の改革の波（国立大学や高等専門学校の法人化など）に巻き込まれ、編著者の多くが教育研究から大学運営・経営に軸足を移さざるを得なくなり、十分な時間が取れないまま「お蔵入り」寸前となっていました。私自身も定年退職の時期を過ぎ、新たな出会いと縁により 12 年ぶりに見直す機会を得て、復活版を出すこととしました。ブランクの期間が長過ぎ、文献のフォローが十分ではなく、内容も多少陳腐になりつつあるものも含まれますが、AI 時代の現代においても、次世代の技術者や若い研究者の参考になるのではとも考えました。

最近、私自身は動画像計測処理の研究から一歩進んで、脳の視覚情報処理の理解に興味を持っています。特に、動的な錯視現象の理解が“非線形科学”の視点で追及可能なのではないかと考え、視覚心理現象の運動鮮鋭化（Motion Sharpening）機能やフットステップ（Foot Steps）錯視の再現に取り組んでいます。脳科学への非線形科学的なアプローチは、“意識”の理解にも通じると考え、残された貴重な自由な思索の時間を楽しんでいます。この 12 年間は、まさに“光陰矢の如し”でしたが、21 世紀の世界が抱える多様な課題（気候変動、グローバル化、パンデミックなど）に対応できる科学技術も大きく変容しようとしています。情報科学の分野でも、従来の解析的なアプローチとは異なる新たな技術開発（ビッグデータやディープラーニングなどを活用した AI 技術など）が進められています。これからどのような発展があるか楽しみですが、本書の出版が契機となって新たな展開があることを期待して、筆をおきます。

本書の研究を博士･修士論文テーマとして取り組んで頂いた、当時の学生諸君（敬称略：山本英明、木村毅、三浦一幸、治部成記、L. Zhang、櫻井建成、水上嘉樹、岡田耕一、塚本荘輔、大高洸輝、山根淳平、河本幸生、長田和美、海老原麻由美）および博士研究員の諸氏（真原仁氏、長峰祐子氏、鈴木将氏）、更に研究室歴代の秘書の方々（河村さん、岡野さん、角井さん、平山さん、平石さん、岸本さん、中島さん、河野さん、林さん、悠さん、國分さん、望さん、泉さん）に改めて謝意を表します。また、本書の復活の機会を与えて頂いた、山口学芸大学および山口芸術短期大学の教職員の皆様に感謝します。

イラスト：Haruka Miike

2018 年 5 月

著者を代表して　三池秀敏

【著者紹介】

三池秀敏（みいけ ひでとし）：太宰府市出身、九州大学大学院博士課程単位取得退学（1976 年 4 月）後、山口大学勤務（1976 年 5 月～ 2016 年 3 月）。この間、Max-Planck 研究所（西ドイツ）博士研究員（1987 年度）、および山口大学理事・副学長（2012 年度～ 2015 年度）を経験。2016 年 4 月より、山口学芸大学および山口芸術短期大学。現在、同大学・学長。非線形科学とその応用研究（動画像処理）に従事。最近は、錯視研究を介した視覚機能の理解や、基礎デザイン教育手法の確立に努力している。工学博士。

古賀和利（こが かずとし）：佐賀市出身、山口大学大学院修士課程修了（1976 年 3 月）後、山口大学勤務（1976 年4 月～現在）。この間、工学部・工業短期大学部、および教育学部（1999 年 10 月～ 2013 年 10 月）に勤務。また、東北大学工学部客員研究員（1978 年度）、および教育学部長（2009 年度～ 2012 年度）を経験し、現在、国立大学法人山口大学理事・副学長。工学博士。

橋本　基（はしもと はじめ）：周南市（旧徳山市）出身、山口大学大学院工学研究科・修士課程修了（1979 年 3 月）後、山口大学工学部勤務（1979 年度～ 1987 年度）、国立大島商船高等専門学校勤務（1988 年度～ 1994 年度）を経て、現在、国立宇部工業高等専門学校・教授。この間、北海道大学応用電気研究所客員研究員（1984 年度）、および Max-Planck 研究所（西ドイツ）博士研究員（1989 年度）を経験。工学博士。

百田正広（ももた まさひろ）：福岡県糟屋郡出身、山口大学工学部電気工学科卒業（1979 年 3 月）後、徳山工業高等専門学校情報電子工学科勤務（1979 年 4 月～現在）。この間、山口大学工学部電気電子工学科客員研究員（1991 年 5 月～ 1992 年 2 月）。1998 年 4 月より徳山工業高等専門学校情報電子工学科・教授。博士（工学）。

山田健仁（やまだ たけひと）：山陽小野田市（旧小野田市）出身、山口大学大学院工学研究科電気工学専攻修士課程修了（1981 年 3 月）後、東京芝浦電気株式会社　総合研究所（現：株式会社東芝　研究開発センター）に勤務（1981 年度～ 1994 年度）、その間、磁気ディスク装置の開発に従事。現在、徳山工業高等専門学校情報電子工学科・教授。博士（工学）。

中島一樹（なかじま かずき）：京都市出身、京都大学大学院理学研究科化学専攻博士後期課程・中途退学（1988 年 5 月）後、山口大学工学部勤務（1988 年度～ 1998 年度）、国立療養所中部病院長寿医療研究センター老人支援機器開発部勤務（1999 年度～ 2002 年度）を経て、現在、富山大学大学院工学研究部（工学）・教授。博士（工学）。

野村厚志（のむら あつし）：山口市出身、山口大学大学院工学研究科博士後期課程システム工学専攻修了（1994 年 3 月）後、山口女子大学（現：山口県立大学）国際文化学部勤務（1994 年度～ 2000 年度）を経て、現在、山口大学教育学部・教授。博士（工学）。

長　篤志（おさ あつし）：滋賀県蒲生郡出身、山口大学大学院理工学研究科・博士前期課程修了（1997 年 3 月）後、山口大学勤務（1997 年度～現在）。この間、山口大学工学部感性デザイン工学科勤務を経て、現在、山口大学大学院創成科学研究科・電気電子情報系専攻准教授。博士（工学）。

■編著者

三池秀敏：山口学芸大学・山口芸術短期大学　学長

古賀和利：国立大学法人山口大学　理事・副学長

■著　者

橋本　基：宇部高等工業専門学校電気工学科　教授

山田健仁：徳山高等工業専門学校情報電子工学科　教授

百田正広：徳山高等工業専門学校情報電子工学科　教授

長　篤志：山口大学大学院創成科学研究科　准教授

野村厚志：山口大学教育学部　教授

中島一樹：富山大学工学部　教授

■イラスト

三池　悠：絵本作家（大阪府箕面市）

デジタル動画像処理 ― 理論と実践 ―

2018年7月15日　初版第1刷発行

■編 著 者――三池秀敏・古賀和利
■発 行 者――佐藤　守
■発 行 所――株式会社 大学教育出版
〒700-0953　岡山市南区西市855-4
電話（086）244-1268　FAX（086）246-0294
■印刷製本――モリモト印刷㈱

ISBN978－4－86429－525－3